简明自然科学向导丛书

民以食为天

主 编 董海洲

山东科学技术出版社

主　编　董海洲

副主编　罗　欣　乔聚林

编　者　董海洲　罗　欣　乔聚林

　　　　侯汉学　宋晓庆　张仁堂

　　　　金玉红　牛乐宝　张　慧

　　　　张锦丽

前　言

　　民以食为天，揭示了食品在人类生活中的重要地位。因此，食品工业是永不衰弱的朝阳产业，是关系国计民生的重要支柱产业，也是一个国家、一个民族经济发展水平和人民生活质量的重要标志。经过改革开放30多年的快速发展，我国食品工业已经成为国民经济的重要组成部分，在社会经济发展中具有举足轻重的地位和作用。截至"十一五"末，我国食品工业规模以上企业有41867家，从业人员654万人，工业总产值达到6.31万亿元，占全国工业总产值的10.4％。"十一五"期间，食品工业企业布局趋向更合理，加快向主要原料产区、重点销售区和物流节点集中，集约化程度提高，规模企业数目有较大增长；食品工业产品结构不断优化，精深加工产品比例上升，品种档次更加丰富，市场供应保障能力大大增强；食品工业整体科技水平有所提高，自主创新能力进一步增强。

　　"十二五"期间食品工业发展的指导思想是：全面贯彻党的十七大和十七届三中全会精神，以邓小平理论和"三个代表"重要思想为指导，深入贯彻落实科学发展观，围绕全面建设小康社会和构建社会主义和谐社会的要求，坚持走新型工业化道路，以为广大人民群众提供营养健康食品为导向，按照"转方式、调结构、促转型、强创新、保安全、低碳化"的基本思路，着力构建现代食品产业体系，积极推动工业化与信息化融合，加快转变食品工业发展方式，促进产业结构调整和转型升级，加强自主创新和技术改造，淘汰落后产能，培育自主品牌，全面提升食品工业整体发展水平，确保食品安全，实现持续健康发展。

　　根据"十二五"食品工业发展的指导思想，为适应新的形势，使消费者充分认识和了解食品加工业的现状和未来，提高食品消费者、生产者、加工者的质量安全意识，加强食品监督，我们组织有关食品行业及院校的专家编写了《民以食为天》一书。本书共分五部分,系统介绍了动物性食品(肉品、蛋品、乳品)、植物性食品(果蔬、粮油食品)、混合食品(膨化、保健、休闲及新型食品)、发酵食品(酒类、调味品、有机酸、酶制剂及其他发酵食品)、软饮料(原辅料、碳酸饮料、果蔬汁、植物蛋白、瓶装水、茶、固体饮料及特殊用途饮料)的加工原理和制作工艺等。

　　本书在写作上坚持基础理论与应用技术并重、专业需求与科学普及相结合的原则,努力反映我国改革开放 30 多年来食品科学发展的新成就,在体现权威性、科学性、知识性的同时,深入浅出、通俗易懂,具有科普读物的可读性和趣味性。本书内容涵盖面广,根据食品科学的各个领域和生产环节可以很容易地查找所需了解的知识点,整书系统、全面地讲述了食品加工业知识,从而使本书适合不同年龄层次、不同学历层次读者的科普教育。

　　通过本书的学习,您可以了解食品学科,熟悉食品加工业生产的具体知识,特别是在日常生产与生活应用中能够较好地运用这些知识,更好地为生产和生活服务,促进我国食品加工业的快速发展。

　　本书编写过程中得到了有关食品行业及院校专家、学者的大力支持和帮助,谨表谢意。由于水平所限,书中尚存不当之处,敬请广大读者提出建议,以利于我们不断修改完善。

编　者

目录

一、动物性食品加工

二、植物性食品加工

三、混合性食品

四、发酵食品加工

五、软饮料的生产

一、动物性食品加工

肉的形态结构

从广义上讲,畜禽胴体就是肉。所谓胴体,是指畜禽屠宰后除去毛、皮、头、蹄、内脏后的部分,因带骨又称其为带骨肉或白条肉。从狭义上讲,肉是指胴体中的可食部分,即除去骨的胴体,又称为净肉。

从食品加工的角度上讲,肉(胴体)由肌肉组织、脂肪组织、结缔组织和骨骼组织四大部分构成,其构造、性质直接影响肉品的质量、加工用途及其商品价值,它依动物的种类、品种、年龄、性别、营养状况的不同而不同。其组成比例大致为:肌肉组织 50%～60%,脂肪组织 20%～30%,骨骼组织 15%～22%,结缔组织 9%～14%。

(1) **肌肉组织** 肌肉组织是构成肉的主要组成部分,是决定肉的质量的重要组成部分,可分为横纹肌、心肌、平滑肌三种,占胴体的 50%～60%。

横纹肌能随动物的意志完成动物的运动机能,因此又称随意肌,又因其是附着在骨骼上的肌肉,也叫骨骼肌。横纹肌由肌纤维、少量的结缔组织、脂肪组织、腱、血管、神经、淋巴等构成。

肌肉组织的结构如图所示：

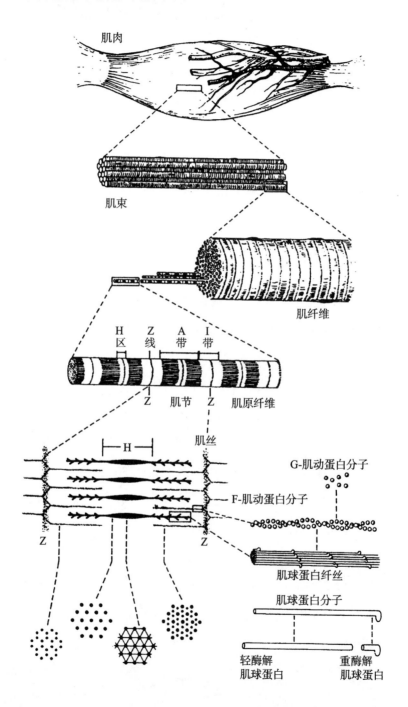

（2）**脂肪组织** 脂肪组织是疏松状结缔组织的变形。动物消瘦时脂肪消失而恢复为原来的疏松状结缔组织纤维，这些纤维主要是胶原纤维和少量的弹性纤维。脂肪的构造单位是脂肪细胞，它是动物体内最大的细胞，直径为 30～120 微米，最大可达 250 微米，脂肪细胞的脂肪滴多，出油率高。

脂肪在肉中的含量变化比较大，其在体内的蓄积主要取决于动物的种类、品种、年龄、肥育程度等。猪多蓄积在皮下、体腔、大网膜周围及肌肉间；羊多蓄积在尾根、肋间；牛多蓄积在肌肉间、皮下；鸡多蓄积在皮下、体腔、卵巢及肌胃周围。脂肪蓄积在肌束内使肉呈大理石状，肉质较好。

（3）**结缔组织** 结缔组织是构成肌腱、筋膜、韧带及肌肉内外膜、血管、淋巴结的主要成分，分布于体内各部，起到支持、连接各器官组织和保护组织的作用，使肌肉保持一定硬度，具有弹性。结缔组织由细胞、纤维和无定形基质组成，占肌肉组织的 9.0%～13.0%，其含量和肉的嫩度有密切关系。结缔组织的纤维主要有胶原纤维、弹性纤维和网状纤维三种，但以前两者为主。

（4）**骨骼组织** 骨骼占胴体的比例，猪为 5%～9%，牛为 15%～20%，羊为 8%～17%，兔为 12%～15%，鸡为 8%～17%。骨由骨膜、骨质及骨髓构成。骨髓分红骨髓和黄骨髓。红骨髓细胞较多，为造血器官，幼龄动物含量多；黄骨髓主要是脂肪，成年动物含量多。骨中水分占 40%～50%，胶原占 20%～30%，无机质占 20%。无机质主要是羟基磷灰石[$Ca_3(PO_4)_2 \cdot Ca(OH)_2$]。

肉的主要化学成分

肉的化学成分主要有水分、蛋白质、脂肪、浸出物、矿物质、维生素等，其化学成分受动物的种类、性别、年龄、营养状态及畜体的部位不同而不同。下表是几种常见畜禽肉的化学组成。

畜禽肉的化学组成

名　称	含量(%)					热量 (焦/千克)
	水分	蛋白质	脂肪	碳水化合物	灰分	
牛肉	72.91	20.07	6.48	0.25	0.92	6 186.4
羊肉	75.17	16.35	7.98	0.31	1.92	5 893.8
肥猪肉	47.40	14.54	37.34	—	0.72	13 731.3
瘦猪肉	72.55	20.08	6.63	—	1.10	4 869.7
马肉	75.90	20.10	2.20	1.33	0.95	4 305.4
鹿肉	78.00	19.50	2.50	—	1.20	5 358.8
兔肉	73.47	24.25	1.91	0.16	1.52	4 890.6
鸡肉	71.80	19.50	7.80	0.42	0.96	6 353.6
鸭肉	71.24	23.73	2.65	2.33	1.19	5 099.6
骆驼肉	76.14	20.75	2.21	—	0.90	3 093.2

（1）**水分**　水是肉中含量最多的组成成分,占70%～80%。畜禽越肥,水分的含量越少,老年动物比幼年动物含量少。肉中水分含量多少及存在状态影响肉的加工质量及贮藏性。肉中的水分存在形式大致分为结合水、不易流动的水、自由水三种。

结合水,指位于蛋白质等分子周围,借助分子表面分布的极性基团与水分子之间的静电引力而形成的一薄层水分。结合水不易蒸发,-10℃也不冻结,这部分水分只存在于肌肉细胞的内部。

不易流动的水(准结合水),指存在于纤丝、肌原纤维及膜之间的水。肉中的水大部分以这种形式存在,占总水分的60%～70%。这部分水能溶解盐及其他物质,并可在稍低于0℃的条件下结冰。

自由水,指能自由流动的水,存在于细胞间隙及组织间,约占总水量的15%。

（2）**蛋白质**　肌肉的蛋白质含量约为20%,除去水分后的肌肉的干物质中蛋白质约占4/5,依其构成位置和在盐溶液中的溶解度可分为三种蛋白

质:构成肌原纤维与肌肉收缩松弛有关的蛋白质,约占 55%;存在于肌原纤维之间,溶解在肌浆中的蛋白质,约占 35%;构成肌鞘、毛细血管等结缔组织的基质蛋白质,约占 10%。

(3) **脂肪** 肉中的化学成分以脂肪含量变化最大。肉中的脂肪分为两种:一种是蓄积脂肪,是指皮下脂肪、肾脂肪、网膜脂肪、肌肉间脂肪等;另一种是组织脂肪,指在肌肉组织内的脂肪、神经组织脂肪、脏器脂肪等。蓄积脂肪的主要成分为中性脂肪,最常见的脂肪酸为棕榈酸、油酸、硬脂酸,其中棕榈酸占中性脂肪的 25%～30%,其他为油酸、硬脂酸和高度不饱和脂肪酸。组织脂肪的主要成分为磷脂。由于磷脂含不饱和脂肪酸的百分率比脂肪高得多,因此肉中磷脂含量和肉的酸败程度有很大关系。

(4) **浸出物** 浸出物是指蛋白质、盐类、维生素等能溶于水的浸出性物质,包括含氮浸出物和无氮浸出物。浸出物成分中的主要有机物为核苷酸、嘌呤碱、胍化合物、氨基酸、肽、糖原、有机酸等。

(5) **矿物质** 肉类中的矿物质含量一般为 0.8%～1.2%。这类成分在肉中有的以游离状态存在,如镁、钙离子,有的以螯合状态存在,如肌红蛋白含铁,核蛋白含磷。肉是磷的良好来源。肉中的钙含量较低,而钾和钠几乎全部存在于软组织及体液当中。钾和钠与细胞膜的通透性有关,可提高肉的保水性。肉中尚有微量的锰、铜、锌、镍等,其中锌与钙能降低肉的保水性。

(6) **维生素** 肉中的维生素含量很少,主要有维生素 A、B_1、B_2、C、D 和叶酸等,其中主要存在于瘦肉中的水溶性 B 族维生素含量较丰富,脂溶性维生素含量较少。猪肉中维生素 B_1 的含量高,而牛肉中叶酸的含量高。此外,某些器官几乎各种维生素含量都很高,如肝。猪肉的维生素 B_1 含量受饲料影响;羊、牛等反刍动物的肉中维生素含量不受饲料影响,因为其维生素的来源主要依赖瘤胃(第一胃)内微生物的作用。同种动物不同部位的肉的维生素含量差别不大,但不同动物肉的维生素含量差异较大。

肉的品质特性

肉的品质特性主要涉及四个方面的内容,即感官特性、加工性能、营养价值、卫生和食品安全评定。比如肉的容重、比热、导热系数、色泽(颜色)、气味、

嫩度等,这些性质都与肉的形态结构、动物种类、年龄、性别、肥度、部位、宰前状态、冻结的程度等因素有关。

(1) **肉色** 猪肉一般呈鲜红色,牛肉呈深红色,马肉呈紫红色,羊肉呈浅红色,兔肉呈粉红色。老龄动物肉色深,幼龄的色淡。生前活动量大的部位肉色深。肌红蛋白含量多则肉色深,含量少则肉色淡,其量因动物种类、年龄及肌肉部位不同而异。屠宰后肌肉在贮藏加工过程中的颜色变化为深红色→鲜红色→褐色,这些变化是由于肌红蛋白的氧化还原反应所致:刚屠宰后还原肌红蛋白和亚铁血色素结合,肉色表现为深红色,然后亚铁血色素与氧结合,形成氧合肌红蛋白,肉色表现为鲜红色,再过一段时间,亚铁血色素的 Fe^{2+} 被氧化为 Fe^{3+},高铁肌红蛋白占优势,肉色表现为褐色。环境中的氧含量高则氧化快,湿度大则氧化速度减慢,温度高则加快高铁肌红蛋白的形成,pH 高则肌肉颜色暗。细菌会分解蛋白质而使肉色污浊,沾染上霉菌则会使肉表面形成白色、红色、绿色、黑色等色斑或发生荧光。

(2) **肉的风味** 肉的风味是指生鲜肉的气味和加热后肉制品的香气和滋味。风味成分复杂多样,约有 1 000 种,含量甚微,仅有少数有营养价值,不稳定,加热易破坏或挥发。呈味物质有氨基酸、核酸类、有机酸等。香气的主要成分是脂肪、游离氨基酸、含硫氮化合物等。风味强弱受动物种类、加热条件等影响。例如:牛肉的气味及香味随年龄增长而增强,大块肉烧煮时比小块肉味浓,加热可明显地改善肉的气味。但是根据试验,超过 3 小时后风味减弱。此外,肉腐败、蛋白质和脂肪分解会产生臭味、酸败味、苦涩味,若存放在有葱、蒜、鱼及化学药物的地方,则还有外加气味。牛肉的风味主要来自半胱氨酸,猪肉的风味可从核糖、胱氨酸中获得。牛、猪、绵羊的瘦肉中所含挥发性的香味成分主要存在于脂肪中,脂肪交杂状态越密,风味则越好,因此肉中脂肪沉积的多少对风味更有意义。

(3) **肉的嫩度** 肉的嫩度是指肉在咀嚼或切割时所需要的剪切力,表明了肉在被咀嚼时柔软多汁和容易嚼烂的程度,是评定肉质量的最重要的指标之一。影响肉嫩度的因素除与遗传因子有关外,主要取决于肌肉纤维的结构和粗细、结缔组织的含量及构成、宰后生物化学变化、热加工、肉的 pH 等。大部分肉经加热蒸煮后嫩度改善,其总体嫩度明显增加,品质变化较大。但牛肉在加热时一般是硬度增加,这是由于肌纤维蛋白质遇热凝固

收缩,使单位面积上肌纤维数量增多所致。pH 在 5.0～5.5 时肉的韧度最大,而偏离这个范围则嫩度增加。宰后鲜肉经过成熟,其肉质变得柔软多汁,易于咀嚼和消化。在 2℃ 放置 4 天,半腱肌嫩度显著增加,而腰肌则变化较小。

(4) 肉的保水性 肉的保水性即持水性、系水性,是指肉在压榨、加热、切碎、搅拌时保持水分的能力或在向其中添加水分时的水合能力。实质上是肌肉蛋白质的网状结构、单位空间及物理状态捕获水分的能力,捕获水分越多,保水性越大。肉中蛋白质、pH、添加酸或碱、金属离子、畜禽种类、年龄、性别、饲养条件、肌肉部位及屠宰前后处理等因素都会影响肉的保水性。

(5) 肉的比热和冻结潜热 肉的比热和冻结潜热随其含水量、脂肪比率的不同而变化。一般含水量越高,则比热和冻结潜热越大;含脂肪量越高,则比热和冻结潜热越小。另外,冰点以下比热急骤减少,这是由肌肉中水结成冰而造成的,因为肉的比热小于水。肉的种类不同,其比热和冻结潜热也不同。

(6) 肉的冰点 肉中水分开始结冰的温度称为冰点,也叫冻结点。它随动物种类、死后的条件不同而不完全相同。此外,还取决于肉中盐类的浓度。盐类的浓度越高,冰点越低。肉的冰点通常在 -1.7～-0.8℃,猪肉、牛肉的冰点在 -0.6～-1.2℃。

(7) 肉的导热系数 肉的导热系数大小取决于冷却、冻结和解冻时温度升降的快慢,也取决于肉的组织结构、部位、肌肉纤维的方向、冻解状态等。肉的导热性弱,但是肉的导热系数随温度下降而增大,这是因为冰的导热系数比水大 2 倍多,故冻结之后的肉类更易导热。

畜禽屠宰前的饲养管理

(1) 待宰畜禽的饲养 畜禽运到屠宰场后,先经过兽医检验,合格后再按照产地来源、批次、体重及体质强弱等情况进行分栏饲养,对肥育状况良好的畜禽所喂饲料量以能够恢复途中遭受的损失为原则。对于瘦弱的畜禽,应采用直线肥育或强化肥育的方式,使其在短时间内能够快速增重,快速育肥,改善肉质。

(2) 宰前休息 在运输畜禽时,由于环境的改变而易引起畜禽过度的紧张导致疲劳,破坏或抑制其正常的生理功能,致使血液循环加速、体温上升,肌肉组织内的毛细血管扩张充血,血液大量流向肌肉毛细血管内或渗入肌肉组织内,这样不仅在屠宰时易造成放血不全,而且肌肉的运动会使乳酸增加,加速肌肉的腐败。因此为了避免放血不全和消除应激反应,畜禽运到屠宰场后一般让其休息1天,消除疲劳,提高肉质性能。

(3)**宰前断食、供水** 畜禽屠宰前应进行断食,断食时间因品种的不同而不同。一般牛羊在宰前断食24小时,猪12小时,家禽12～24小时。断食的目的主要为:有利于放血完全和内脏清洗;防止肉质污染;节省饲料,降低成本,减少劳力消耗;减弱畜禽挣扎的程度,便于宰杀和放血,保证人员安全。宰前虽然断食,但是不能断水,应保证其正常的生理机能。但是在宰前2～4小时要停止供水,目的是防止畜禽被倒挂屠宰放血时胃内容物从食道流出,污染胴体。

家畜的屠宰工艺

各种家畜的屠宰工艺大致相同,均包括淋浴、致昏、刺杀放血、烫毛或剥皮、开膛解体、屠体整修、检验盖印等工序。

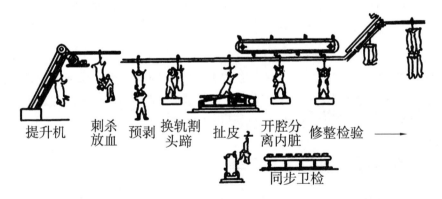

提升机　刺杀放血　预剥　换轨割头蹄　扯皮　同步卫检　开腔分离内脏　修整检验　→

羊的屠宰工艺示意图

(1)**淋浴** 屠宰前对动物用20℃的温水进行2～3分钟的冲洗,目的是除去表面的污物和细菌,易于导电,利于后面的麻电致昏工序。

(2)**致昏** 致昏(或击晕)就是指使家畜在宰杀前短时间内处于昏迷状态。常用的致昏方法有机械、电击、枪击、CO_2窒息等。致昏的作用为:可以使放血完全,提高肉质;使宰后肉身保持较低的 pH,增强肉的贮藏性;减轻了工人的体力劳动,提高安全性。

国内一般采用电击晕的方法,在生产上称为"麻电"。它是使电流通过屠畜,以麻痹中枢神经而使其晕倒。此法还能刺激心脏活动,便于放血。对于猪麻电器,有手握式和自动触电式两种。牛麻电器有手持式和自动麻电装置两种。羊的麻电器与猪的手握式麻电器相似。在使用手握式麻电器时,穿胶鞋并带胶手套的工人将两端分别浸沾5%的食盐水(增加导电性)的电极一端用力按在眼与耳根交界处1~4秒即可。自动麻电器为自动触电而晕倒的一种装置。将猪麻电时,将其赶至狭窄通道,打开铁门,一头一头按次序由上滑下,头部触及自动开闭的夹形麻电器上,倒后滑落在运输带上。

电击晕要依动物的大小、年龄而实行,注意掌握电压、电流和麻电时间。电压、电流强度过大,时间过长,引起血压急剧增高,造成皮肤、肌肉和脏器出血,甚至休克死亡;电压、电流强度过低,时间过短,达不到致昏的目的。

畜禽屠宰时的电击晕条件

畜种	电压(伏)	电流强度(安)	麻电时间(秒)
猪	70~100	0.5~1.0	1~4
牛	75~120	1.0~1.5	5~8
羊	90	0.2	3~4
兔	75	0.75	2~4
家禽	65~85	0.1~0.2	3~4

(3) **刺杀放血** 家畜致昏后应快速放血,以9~12秒为最佳,最好不超过30秒,以免引起肌肉出血。常用的方法有刺颈放血、切颈放血(三管切断法)、心脏放血。

刺杀放血的姿势有倒悬刺杀放血法和平卧刺杀放血法,一般倒悬放血时间为牛6~8分钟,猪5~7分钟,羊5~6分钟,平卧式放血需延长2~3分钟。若从牛取得其活重的5%的血液,猪为3.5%,羊为3.2%,则可视为放血效果良好。

(4) **浸烫、煺毛或剥皮** 家畜放血后,在解体前,猪需要烫毛、煺毛,也

9

可以剥皮,牛、羊一般需要进行剥皮。放血后的猪经6分钟沥血,然后将屠体放在烫毛池内,浸泡大约5分钟。池内最初水温以70℃为宜,随后保持在60～66℃。若想获得猪鬃,可在烫毛前将猪鬃拔掉。生拔的鬃弹性强、质量好。

煺毛又称刮毛,分机械煺毛和手工煺毛。手工煺毛劳动强度大,条件差,易得职业病。现在多采用机械煺毛,主要用刮毛机,国内有三滚筒式刮毛机、拉式刮毛机和螺旋式刮毛机三种。在国外,燎毛多用烤炉或火喷射,温度可以高达1 000℃以上,时间为10～15秒,可起到高温灭菌的作用。在国内一般使用喷灯燎毛,燎毛时将喷灯上下缓慢移动,对整个屠体进行燎烤。最后用刮刀刮去焦毛(称之为刮黑),再用清水冲洗干净。

牛、羊屠宰后需剥皮。剥皮分手工剥皮和机械剥皮。手工剥皮劳动量繁重,机械剥皮既可以减轻工人的劳动强度,又可以提高工作效率。最后是割颈肉,根据GB99591平头规格处理。

(5) **开膛解体** 煺毛或剥皮后开膛最迟不超过30分钟,摘取内脏,否则会影响脏器和肌肉的质量。摘取内脏后对胴体劈半。劈半分为冲背和劈半两个过程,所谓冲背是指从尾椎沿脊椎到颈部垂直切开皮肤和皮下脂肪的过程,它的目的是便于劈半。劈半就是开膛后将胴体劈成两半(猪、羊)或四分体(牛),劈半分为手工和电锯两种。

手工劈半是先将两后肢分开,然后拉开胴体腹腔。电锯劈半中,若为桥式劈半机劈半,则先将头去掉,用手提式电锯劈半时,可将头连在半肉身上,以便检验咬肌。目前,常用的是往复式劈半电锯。劈半时注意不要劈偏,劈半后将骨屑冲洗干净。

(6) **屠体修整** 修整包括干修和冲洗两道工序,修整的目的是消除或减少胴体上能够造成微生物繁殖的任何损伤和污血、污秽等,同时使外观整洁,提高商品价值。

(7) **检验、盖印** 屠宰后要进行宰后兽医检验。合格者盖以"兽医验讫"的印章,然后经过自动吊秤称重、入库冷藏或出厂。

家禽的屠宰工艺

家禽的屠宰工艺大致分为候宰、致昏、宰杀放血、烫毛、脱毛、去绒毛、清

洗、去头、切脚、取内脏、检验、修整、包装等步骤。

(1)**候宰**　加工时屠宰不完的必须进行短期的饲养,饲养过程中要放置足够的水盆或水槽,以免家禽宰前饮水时扎堆而使禽体受伤,甚至相互践踏引起死亡。宰前3小时要使其停止饮水,避免屠宰时胃内容物外流造成污染。

(2)**电昏**　电昏电压为30～50伏,电流0.5安以下。禽只通过电昏槽时间一般鸡为8秒以下,鸭为10秒左右。电昏时间以电昏后在60秒内能自动苏醒为宜。过大的电压或电流会造成家禽锁骨断裂,心脏停止跳动,放血不良。

(3)**宰杀放血**　宰杀可以采用人工作业或机械作业,通常有三种方法:口腔放血法(又称斜刺延脑法)、切颈放血法(又称三管切断法,指用刀切断气管、食管、血管)和动脉放血法。禽只在放血完毕进入烫毛工序之前,应该确保其呼吸作用完全停止,避免禽体吸入烫毛槽内的污水而污染屠体。

一般而言,鸡的放血时间为90～120秒,鸭为120～150秒。但冬天的放血时间一般比夏天长。活禽的血液含量一般占体重的8%,放血时约有6%的血液流出体外。

(4)**烫毛**　烫毛的水温和时间因禽体大小、性别、重量、生长期以及加工用途的不同而不同。烫毛的一般方法见下表。

	温度(℃)	时间(秒)	优点	缺点
高温烫毛	71～82	30～60	便于拔毛,降低禽体表面的微生物数量,屠体呈黄色,较吸引人,便于零售	表层受到热伤害,反而使贮藏期比低温处理短,而且温度高易引起胸部肌肉纤维收缩使肉质变老,也易导致皮下脂肪与水分的流失,故尽可能不采用高温处理

11

	温度(℃)	时间(秒)	优点	缺点
中温烫毛	58～65（鸡通常采用65，鸭60～62）	30～75（鸡35，鸭120～150）	羽毛较易去除，外表稍黏、潮湿，颜色均匀、光亮，适合冷冻处理，适合裹浆、裹面的炸禽	由于角质脱落，失去保护层，在贮藏期间微生物易生长
低温烫毛	50～54	90～120	禽体外表完整，适合各种包装，而且适合冷冻处理	羽毛不易去除，必须增加人工去毛，且部分部位（如脖子、翅膀）必须再给以较高温的热水（62～65℃）处理

（5）**脱毛** 屠体浸烫后即可进行脱毛，有手工脱毛和机械脱毛。手工脱毛有以下要点：去毛要按照顺序进行，一般是先右翅羽，后肩头毛，再左翅羽和背毛，然后是胸腹毛，接下来是颈毛，最后是尾毛。机械脱毛主要是利用橡胶刺的拍打与摩擦作用脱除羽毛。它的优点是去毛快、不损伤皮肤，减轻了劳动强度，劳动生产率提高四五倍，缺点是大毛、小毛基本可以去净，但残有少量的翅尖毛和尾毛，因此还要经过人工处理。

（6）**去绒毛** 禽体经过浸烫拔毛后，还残留有绒毛，去绒毛一般有三种方法。一种为钳毛，用拔毛钳子从颈部开始逆毛倒钳，将绒毛去净。另一种为松香拔毛。先熬制松香溶液（食用油与松香比为11∶89），在锅里加热至200～220℃充分搅拌，使其熔成胶状液体，再移入保温锅内，保持温度为120～150℃备用。将屠禽挂在钩上，浸入熔化的松香液中，然后浸入冷水中（约3秒）使松香硬化。待松香不发黏时，打碎剥去，绒毛即被粘掉。若松香拔毛操作不当，会使松香在禽体天然孔或陷窝深处未被除掉，食用时可引起中毒，现在已有专用脱毛石蜡，对人体健康没有任何危害。第三种为火焰喷射机烧毛，此法速度较快，但不能将毛根去除。

（7）**清洗、去头、切脚** 屠体脱毛后，在去内脏之前必须充分清洗。一般采用加压冷水冲洗。是否去头要根据消费者的喜好。目前，大型工厂均

采用自动机械从胫部关节切下。高过胫部关节的为"短胫",但是这样不但影响外观,还易遭到微生物污染,并影响取内脏时屠体挂钩的正确位置,若是切割位置低于胫部关节的为"长胫",必须再以人工方式切除残留的胫爪,使关节露出。

(8) **取内脏** 取内脏前必须再挂钩,重新悬挂在另一条挂钩上。取内脏共分四步:先切尾脂腺,然后开膛,但要避免粪便污染屠体,再切除肛门,最后扒出内脏。

(9) **检验、修整、包装** 掏出内脏,经检验合格后再进行修整,包装后即可入库贮藏。在库温－24℃情况下,经12～24小时使肉温达到－12℃,即可长期贮藏。

猪分割肉的品种和规格

猪分割肉的规格和要求因地区的消费情况不同而不同,一般分为四种:Ⅰ号肉、Ⅱ号肉、Ⅲ号肉、Ⅳ号肉。

(1) **Ⅰ号肉** 取自部位是猪的颈背部,因此又称为颈背肌肉,每块肉都不带皮、脂肪和骨骼。每块肉的质量不低于0.80千克,表面脂肪残留量要求不高于2%。

(2) **Ⅱ号肉** 取自部位是猪的前胸肩胛骨及前腿,每块肉均除去皮、肥膘、骨骼,肉中允许肌膜、筋、腱的存在,整块肌肉不破缺为好,每块肉净重不低于1.35千克,表面脂肪残留量要求不高于1%。

(3) **Ⅲ号肉** 取自部位是脊背部,又称背最长肌或里脊肉,有的又称眼肌或大排肌肉。每块肌肉去除皮、肥膘、骨骼,尽量修去肌肉上附着的脂肪,肌肉上的肌膜尽量保持完整,以不损坏为好,每块肉的质量不低于0.55千克,表面脂肪残留量要求不高于0.5%。

(4) **Ⅳ号肉** 取自部位是猪的后腿,又称为后腿肌肉,每块肌肉尽量除去皮、肥膘、骨骼,并且尽量修掉肌肉表面的脂肪,筋膜和筋络允许保留,整块肌肉以不被破坏为好,每块肌肉净重不低于2.2千克,表面脂肪残留量要求不高于0.5%。

分割肉的加工条件与要求

分割肉的加工对生产场地、卫生条件、温度、湿度、原料肉的质量等都有较高的要求。

(1) 对生产场地的要求 分割肉加工车间的设置应符合厂房设计的总体布局,应流水线作业,多采用封闭式和矩形车间。

地面要求 300 标号以上的水泥铺设,平整、清洁,有一定的斜度,不积水,有排水明沟,沟的流水方向与生产流水线方向相反。车间的屋角、墙角、地角均应为弧形,窗台为坡形。内墙裙一般采用白色瓷砖,高度至少在 3 米以上。车间的天花板、门窗的粉刷应采用便于清洗消毒且不易脱落的无毒浅色涂料,如过氯乙烯等。门要加纱窗,可采用暗室套门或二进门,进出为"Z"字形,门朝外拉。

车间内应有通风、降温控温设备。若湿度过高,易出现白肌,过低则不利于生产,都影响分割肉的质量和出肉率,相对湿度一般控制在 65%～75%,温度一般维持在 18～20℃。此外,车间内还要有日光灯照明、冲水、消毒、防晒、防蝇、防鼠等设施。

设置有一定量的更衣室、厕所和工间休息室,车间进口处有不用手开关的洗手设备和消毒池,生产车间要有用于消毒的 82℃ 以上的热水管,还要有足够的成品间和包装间,其温度控制在 0～4℃,相对湿度约 75%。在质量关键工序点应设置质量管理点。

车间内各种肉的加工线应平行排列,距离 2 米左右,两端的生产线与墙面的距离在 3 米以上。

切片机、工作台面及其他设备要用不锈钢或铝合金材料,禁用竹木器具。

(2) 对卫生条件的要求 分割肉加工的卫生条件要求极为严格,主要包括以下两方面:

各种容器、器具、操作台面、机械设备等要求先后采用过氧乙酸、0.5% 的甲醛和 3%～5% 的漂白粉溶液等进行严格清洗消毒。消毒液随配随用,不易久存。

加工车间的地面要消毒。换班后一般用 2%～4% 的过氧乙酸对地面进行清洗消毒。

（3）对原料肉的要求

猪的体重：要求体重在 70～90 千克，胴体长 96 厘米以上，否则将影响出肉率，达不到国家规定的标准重量要求。

猪的体形：猪的体形主要可分为驼肚形和吊肚形，这两种体形对分割肉的质量有一定的影响，以吊肚形原料猪加工分割肉为最好。

肥瘦度：有试验结果表明，肥膘厚度在 2.5 厘米以下的原料猪出肉率高，比肥膘厚度在 2.5 厘米以上的猪高出 3.2%。

胴体的检验：沾有血污、粪便及其他杂物的胴体，有明显内外伤的胴体以及刺杀放血不全的胴体，均不宜用来加工出口分割肉。选择胴体时，应该仔细注意卫检人员的检验标志。

分割肉加工工艺步骤

分割肉的加工大体上分为鲜肉的预冷、三段锯分、分割剔骨、快速冷却、包装、冻结等过程。

（1）鲜肉的预冷　鉴于冷剔骨法和热剔骨法存在的问题，目前，多采用两段式冷却综合法。其第一段降温条件是温度在 −10～−5℃，时间在 2～4小时，使肉中心温度先降到 20℃ 左右；第二段降温条件是温度在 2～4℃，时间在 14～18 小时，使肉中心温度冷却到 4～6℃。此方法的优点是操作方便，干耗较少，劳动效率高，经济效益好。不会产生肌纤维寒冷收缩的现象，肉表面干燥，肉味好，干耗比一次冷却少 40%～50%。冻结后色泽鲜艳，包装成品紧凑，无冰霜、血块等现象，外观质量也较好。

（2）半胴体三段锯分　预冷后的半胴体用钢丝传动装置送至分锯间的圆盘式分锯机，将半胴体分为三段六个部分。三段是指前肩部（在前躯第 5～6 根肋骨中间斩下颈背和前腿的部分）、后大腿部（从腰椎与荐椎连接处斩下的后躯部分）、腰部（斩下前肩部和后大腿部后留下的中间部分，即从第 5～6 根肋骨至腰荐椎连接处的部分）。六部分是指 Ⅰ、Ⅱ、Ⅲ、Ⅳ 号肉的原料肉、硬肋肌肉原料肉和小排肌肉的原料肉。分锯间温度在 20℃ 左右，相对湿度以 60% 为宜。

（3）分割剔骨　将分割后的三段由滚动滑板输送到分割间操作台自动

传送带上进行剔骨和修整。分割间的温度一般约为20℃,工人在此温度下操作比较方便。国外一般采用7～9℃的温度。工人头顶的气流速度为0.15～0.25米/秒。我国多采用0.25米/秒流速,相对湿度约60%。分割剔骨包括去脂肪、去骨、修割、检查与修整四个步骤。

(4) **检验**　经分割加工后的肉要进行感官检验和微生物检验。某些要求比较严格的肉类加工企业不仅对卫生检验比较严格,而且有一套完整的检测机构,分别设有自检、质检和专检三个检验组织。

(5) **快速冷却**　分割肉经过分割剔骨处理后即进行第二次快速冷却。主要是将肉分割后用输送装置均匀地送到快速冷却间。冷却间的温度为—1℃,约经2小时将肉温降到4～6℃,然后转入包装间进行包装。

(6) **包装**　包装间要求比较宽敞,温度在0～4℃,以保证冷却肉温度不回升。包装材料可采用瓦楞纸箱,也可采用塑料薄膜,或者两者结合。

(7) **冻结、冻藏**　包装好的分割肉由于经过了两次冷却,肉块的温度约降到4℃,为快速冻结创造了条件,不必考虑加大风速对肉干耗的影响。一般采用3米/秒的风速,冻结室的温度一般为—25～—18℃,这样不但可以加快冻结速度,而且冻结后产品色泽好。冻藏温度为—18℃以下,相对湿度控制在95%～98%,空气为自然循环。

禽肉的营养价值

禽肉通常是指鸡、鸭、鹅肉,还有鸽肉和野禽肉(如野鸡、野鸭肉)等,其营养成分与大牲畜肉的相近,是人类食物中蛋白质的重要来源。禽肉的营养很丰富,有蛋白质、脂肪、糖类、无机盐、维生素等,一般含有20%的蛋白质,能供给人体本身所不能合成而必须从食物中摄取的8种必需氨基酸。禽肉中脂肪的熔点低,一般在33～44℃,易于消化,所含的亚油酸占脂肪含量的20%,是一种重要的人体必需脂肪酸。鸡肉脂肪含量约占2%,鸭肉、鹅肉含脂肪较高,分别为7%和11%。禽类肝脏中还富含维生素A和维生素B_2。鸡肝中维生素A含量相当于羊肝或猪肝的1～6倍。禽肉含维生素E,由于维生素E具有抗氧化作用,所以一般禽脂肪可在—18℃冷藏一年也不会酸败。因此禽肉一直是被人们公认为最好的滋补食品之一。

禽内脏的营养也是较丰富的,鸡肝、鸡心、鸡肫的蛋白含量接近鸡肉,而

鸭和鹅的胗、肝的蛋白质含量则高于鸭肉、鹅肉。

肉的成熟

畜禽屠宰后,肉内部发生了一系列变化,结果使肉变得柔软、多汁,并产生特殊的滋味和气味,这一过程称为肉的成熟。成熟的肉具有以下特征:肉表面有一层风干薄膜(可防止外界微生物侵入);肉有弹性,成熟的肉组织富有弹性,使肉柔软、多汁;肉的切面具有特殊的芳香气味;肉呈酸性,pH 为 $6.0\sim6.4$,可以抑制微生物的繁殖,起到杀灭微生物的作用。这种成熟的肉多汁、味美,肉汤清亮醇香,易消化吸收,最适宜食用。畜禽肉的成熟与温度和时间有一定的关系。温度低,肉体中所进行的一系列生物化学反应速度就比较慢,成熟时间就长;温度高,生物化学反应的速度快,肉类成熟的时间也就短一些。此外,畜禽肉的成熟还与动物的体形和年龄有关。一般来讲,动物体形愈大,其肉成熟所需的时间愈长,动物的年龄愈大,其肉成熟所需的时间愈长。肉的成熟过程可分为尸僵和自溶两个过程。

(1) **尸僵**　尸僵是指刚刚宰杀的畜禽肉体是柔软的,但是经过一段时间放置,随着糖原酵解的进行,胴体肌肉失去弹性而变硬的过程。根据研究表明,尸僵的过程分为三个阶段:迟滞期、急速期、尸僵的后期。这三个阶段持续的时间与宰前动物的种类、性别、部位、宰杀方法、紧张状况、断食、加工的温度等都有关。一般鱼类肉尸发生较早,哺乳类动物发生较晚,不放血的发生早,温度高的发生早。畜禽肉经过尸僵以后,肉体中的变化并未停止。随着糖原的不断分解和乳酸的增加,胶体的保水性减少,这时尸僵开始缓解而进入自溶期。

(2) **自溶**　肌肉达到最大僵直以后,继续发生着一系列生物化学变化,逐渐使僵直的肌肉变得柔软、多汁,并获得细致的结构和美好的滋味,这一过程称为自溶或僵直解除。尸僵 $1\sim3$ 天后即开始缓解,肉的硬度降低并变得柔软,持水性回升。处于未解僵状态的肉加工后,咀嚼有硬橡胶感,风味低劣,持水性差,不适宜作为肉制品的原料。充分解僵的肉加工后柔嫩且有较好的风味,持水性也有所恢复。可以说,肌肉必须经过僵直、解僵的过程,才能成为食品原料所谓的"肉"。原料肉成熟温度和时间不同,肉的品质也不同。

成熟方法与肉品质量

0～4℃	低温成熟	时间长	肉质好	耐贮藏
7～20℃	中温成熟	时间较短	肉质一般	不耐贮藏
>20℃	高温成熟	时间短	肉质劣化	易腐败

肉的腐败

　　肉的腐败是成熟过程的继续，它是指肉类受到外界因素的影响，特别是在微生物污染的影响下，肉的成分和感官性状发生变化，并产生大量对人体有害物质的过程。比如蛋白质被水解成胺、氨、硫化氢、酚、吲哚、粪嗅素、硫化醇等，同时脂肪发生酸败形成醛酸类。新鲜肉发生腐败的特征是色泽、气味恶化，表面发黏。

　　肉类的腐败主要是由于在屠宰、加工、运输等过程中受到外界微生物的污染所致。造成肉腐败的因素还有温度、湿度、渗透压、pH、空气环境等。pH=7 左右时多数细菌易于繁殖，pH<4 或 pH>9 时细菌繁殖较难，所以动物在运输和屠宰前如果过分疲劳或惊恐，肌肉中的糖原少，肉的最终 pH 高，肉易腐败。温度是决定微生物生长繁殖的重要因素，在一定范围内，温度越高，繁殖越快。水分是仅次于温度决定微生物繁殖的重要因素，一般霉菌和酵母菌比细菌耐高渗透压。

中式火腿的加工

　　中式火腿是我国著名的传统腌腊肉制品，它是用猪的整条前后腿肉经过修整、腌制、发酵等工序加工而成的，它的特点是：皮薄肉嫩，肉质红白鲜艳，肌肉呈玫瑰红色，具有独特的腌制风味，虽然肥瘦兼具，但食而不腻，易于保藏。比较出名的有浙江的金华火腿、云南的宣威火腿和江苏的如皋火腿等。下面就以金华火腿为例讲述中式火腿的加工。

　　（1）**工艺流程**　选料→修整→腌制→洗晒→发酵→保藏。

　　（2）**操作要点**

　　① 选料：选择优质的金华猪腿，也可用其他瘦肉型猪的前后腿代替，一般选择宰后 24 小时以内的、重 4.5～6.5 千克的鲜腿。

② 修整:去毛、血污、小脚壳,用手挤出腿内的淤血,将腿修整成柳叶形。

③ 腌制:一般按照 10% 的比例加盐,分 5～7 次上盐,一个月左右上盐完毕。

④ 洗晒:清水浸泡、洗腿 2 小时左右,再进行挂晒 8 小时。

⑤ 发酵:将火腿间开挂在木架上或不锈钢架上,通常在 3～8 月份发酵3～4 个月。

⑥ 保藏:腿肉向上,腿皮向下堆叠放置,也可真空包装。

腊肉制品的加工

腊肉(广式腊肉、川味腊肉、三湘腊肉等)是以鲜肉为原料,经过腌制、烘烤(或熏制)等工序加工而成的肉制品。因多在腊月加工,故名腊肉。下面以广式腊肉为例介绍腊肉的加工。

(1) **工艺流程** 原料验收→腌制→烘烤或熏制→包装→保藏。

(2) **操作要点**

① 原料验收:五花肉或其他部位肉,肥瘦比例 5∶5 或 4∶6,切成长条。

② 腌制:用盐、糖、酱油、曲酒等腌制肉条 4～6 小时。

③ 烘烤或熏制:一般用木炭、锯木粉、板栗壳等在不完全燃烧条件下烘烤 1～3 天,温度为 45～55℃。

④ 包装与保藏:冷却后即为成品,一般采用真空包装。

西式火腿的加工

(1) **工艺流程** 原料选择→滚揉按摩→真空包装→充填装模→煮制→冷却→脱模→包装。

(2) **操作要点**

① 原料肉的选择与修整:选择的原料肉要有光泽、淡红色、纹理细腻、肉质柔软、脂肪洁白,pH 在 5.8～6.4 最为适宜,如果 pH 太低或太高,会造成原料肉对后环节黏着力不强,使产品表面或断面太湿,如 PSE 肉、DFD 肉就会影响产品的发色、风味和出品率。肉中的筋腱、膜、淋巴应剔除,并洗掉淤血等污物。

② 滚揉按摩:原料用斩拌机将肉块斩成 20 克左右大小的小肉块,与配

置好的腌制液倒入滚揉机中,在 4℃ 以下的条件下连续滚揉 1.5 小时,在充填之前再滚揉 0.5 小时。

③ 充填装模:将滚揉按摩好的原料迅速用灌肠机定量充填到肠衣中。

④ 煮制:将已经充填好的火腿放入煮锅中,在热水中进行煮制,煮制要使火腿中心温度达到 75℃ 以上。

⑤ 喷淋冷却:煮制后,用冷却水喷淋冷却,然后自然冷却后包装,再进行销售或储存。

肉松的加工

肉松的特点是呈现金黄色或淡黄色,带有光泽,絮状,纤维疏松,无异味臭味,营养丰富,易消化,食用方便,易于贮藏。除了猪肉松外还可以用牛肉、兔肉、鱼肉生产肉松。我国著名的传统产品是太仓肉松和福建肉松等。太仓肉松始创于江苏省太仓,有 100 多年的历史,下面以太仓肉松为例讲述一下肉松的制作。

① 选用瘦肉多的后腿肌肉为原料,先剔去骨头,把皮、脂肪、筋腱和结缔组织分开,再将瘦肉切成 3～4 立方厘米的方块。

② 将切好的瘦肉块和生姜、香料(用纱布包起)一起放入锅中,加入与肉等量的水,分三个阶段进行煮制。

③ 肉烂期(大火期):用大火煮,直到煮烂为止,大约需要 4 小时,煮肉期间要不断加水,以防煮干,并撇去上面的浮油。用筷子夹住肉块,稍加用力,如果肉纤维自行分离,可认为肉已煮烂。这时可将其他调味料全部加入,继续煮肉,直到汤煮干为止。

④ 炒压期(中火期):取出生姜和香料,采用中等火力,用锅铲一边压散肉块,一边翻炒。注意炒压要适时,因为炒压越早,功效越低,而炒压过迟,肉太烂,容易粘锅炒煳,造成损失。

⑤ 成熟期(小火期):用小火勤炒勤翻,操作轻而均匀。当肉块全部炒松散和炒干时,颜色即由灰棕色变为金黄色,成为具有特殊香味的肉松。

⑥ 包装和贮藏。肉松的吸水性很强,长期贮藏最好装入玻璃瓶或马口铁盒中,短期贮藏可装入食品塑料袋内。刚加工成的肉松趁热装入预先经过洗涤、消毒和干燥的玻璃瓶中,贮藏于干燥处,可以半年不会变质。

肉干的加工

肉干是以精选瘦肉为原料,经过煮制、复煮、干制等工艺加工而成的肉干制品,其成品特点是色泽光亮,红艳透明,滋味鲜美,咸中透甜,越嚼越香。肉干可根据各地不同口味制作。肉品经过干制后水分含量低,产品的贮藏期长,体积小,便于携带运输,是旅行、郊游、野餐佳品。同时也因为水分含量低,与同等重量的鲜肉相比较就具有更高的营养价值。按照原料分,肉干有牛肉干、猪肉干、兔肉干、鱼肉干等,按照风味分为五香味、咖喱味、麻辣味、孜然味等。现就肉干的一般加工方法介绍如下:

(1) **工艺流程** 原料选择→预处理→预煮与成型→复煮→烘烤→冷却包装→检验。

(2) **操作要点**

① 原料的选择和处理:一般制作肉干多采用牛肉为原料,以新鲜前后腿的瘦肉为最好。因为新鲜的前后腿瘦肉的蛋白质较高,脂肪含量少,肉质好。

② 原料的预处理:除去肉块的粗大筋腱、脂肪、淋巴、血管等不易加工的部分,切成 2 千克左右的肉块,然后放在冷水中浸泡 1 小时左右,将肌肉中余血浸出,捞出沥干。

③ 预煮与成型:将沥干的肉块放入沸水中煮。汤中可加 2% 的精盐及少许桂皮、大料等。水温在 90℃ 以上,随时清除汤里的浮油沫,待内部呈粉红色约 1.5 小时初煮完毕,然后按照产品的规格要求切成一定的形状。

④ 配料:随各地的嗜好和习惯等而定。下面介绍几种配料方法供参考试用。

配方一:瘦肉 50 千克、精盐 1.25 千克、酱油 1.5～2.5 千克、五香粉 125 克。

配方二:瘦肉 50 千克、精盐 1.5 千克、酱油 3 千克、五香粉 50～100 克。

配方三:瘦肉 50 千克、精盐 1 千克、酱油 3 千克、砂糖 4 千克、黄酒 0.5 千克、生姜 125 克、葱 125 克、五香粉 125 克。

配方四:瘦肉半成品 50 千克、精盐 0.6 千克、酱油 7 千克、砂糖 0.5 千克、姜粉 100 克、甘草粉 150 克、辣椒粉 200 克、味精 200 克、苯甲酸钠 50 克、绍兴酒 1.4

千克。

⑤ 复煮：将初煮的原汤加入配料于锅内，用大火煮开。加入配料和切好的瘦肉半成品后，改用小火焖煮。煮时应不时用锅铲轻轻翻动，待汤将要熬干时，再加入酒和味精，搅拌均匀，立即出锅，避免烧焦。取出后放在烤筛上摊开沥干、冷凉。

⑥ 烘烤：将肉片或肉丁平铺在不锈钢网盘上，放入烘房。烘房温度保持在 50～60℃，每隔 1～2 小时调一次上下筛的位置，并翻动肉干，避免烤焦，经 4～8 小时即为成品。

⑦ 包装与贮藏：肉干烘烤完毕应冷却后进行包装。如果直接进行包装，容易在包装内产生蒸气的冷凝水，使肉干表面湿度增加，不利于贮藏。经包装后的肉干放在干燥通风的地方一般可保存 2～3 个月，若装入玻璃瓶或马口铁罐中可以保存 3～5 个月。先用纸袋包装，与纸袋一起再烘烤 1 小时则可以防霉，延长保存期。

肉脯的加工

传统的肉脯是以大块的肌肉作为原料，经过冷冻、切片、腌制、烘烤、压片、切片、检验、包装等工艺加工制成。它与肉干的加工不同，肉脯不经过煮制的过程。肉脯的品种很多，但是加工过程基本相同，只是配料不同，各有特色。最近几年开始对重组肉脯进行研究，重组肉脯原料来源广泛，营养价值高，成本低，产品入口化渣，质量优良。现就重组兔肉脯的加工工艺介绍如下：

（1）**工艺流程**　胴体剔骨→原料肉检验→整理→配料→斩拌→成型→烘干→熟制→压片→切片→质量检验→成品包装。

（2）**操作要点**

① 原料肉的检验：在非疫区选购健康的肉兔，屠宰剔骨后必须经过检验，达到一级鲜肉标准的兔肉才能用于肉脯生产。

② 原料整理：对符合要求的原料肉，先剔去剩余的碎骨、皮下脂肪、筋膜、肌腱、淋巴、血污等，清洗干净，然后切成 3～5 立方厘米的小块备用。

③ 配料：辅料有白糖、鱼露、鸡蛋、亚硝酸钠、味精、五香粉、胡椒粉等。按照原辅料配比配好，某些辅料（如亚硝酸钠等）要先溶解或处理后再在斩

拌或搅拌时加到肉中。

④ 斩拌:整理后的原料肉用斩拌机尽快斩拌成肉糜,在斩拌过程中加入各种配料,并加适量的水。斩拌肉糜要细腻,原辅料混合要均匀。

⑤ 成型:斩拌后的肉糜要先静置 20 分钟左右,以使各种辅料渗透到肉组织中去。成型时先将肉铺成薄层,然后用其他的器具将薄层均匀抹平,薄层的厚度一般为 0.2 厘米左右,太厚则不利于水分的蒸发和烘烤,太薄则不易成型。

⑥ 烘干:将成型的肉糜迅速送入已经升温至 65～70℃的烘箱或烘房中,烘烤 2.5～4 小时。烘烤的温度开始时高一点,以加快脱水的速度,同时提高肉片的温度,避免微生物的大量繁殖。待大部分水分蒸发,能顺利揭开肉片时,即可揭片翻边,进一步进行烘烤。烘烤至肉片的水分含量降到 18%～20%时结束烘烤,取出肉片,自然冷却。

⑦ 熟制:将前面烘烤得到的半成品送入 170～200℃的远红外线烤炉或高温烘烤箱内进行高温烘烤,半成品经过高温预热、蒸发收缩、升温出油直到成熟,烘烤成熟的肉片呈棕黄色或棕红色,成熟后的肉片立即从高温炉中取出,不然很容易焦煳。出炉后肉片应尽快用压平机压平,使肉片平整。烘烤后的肉片水分含量不超过 13%～15%。

⑧ 切片:根据产品的规格要求,将大块肉片切成小片。切片尺寸根据销售及包装要求而定,如可以切成 8 厘米×12 厘米或 4 厘米×6 厘米的小片,每千克 60～65 片或 120～130 片。

⑨ 成品包装:将切好的肉脯放在无菌冷却室内冷却 1～2 小时。冷却室内的空气经过净化及消毒杀菌处理。冷凉的肉脯采用真空包装,也可以采用听装包装。

酱汁肉的加工

酱汁肉以苏州酱汁肉最为出名,苏州酱汁肉又名五香酱肉,是江苏省苏州市的著名产品,苏州酱汁肉的生产始于清代,历史悠久,享有盛名。产品鲜美醇香,肥而不腻,入口化渣,肥瘦肉红白分明,皮呈金黄色,适于常年生产。

(1) **工艺流程**　原料选择→整形→煮制→酱制→冷却→包装。

（2）操作要点

① 原料选择：选用江南太湖流域地区产的太湖猪为原料，这种猪毛稀、皮薄、小头细脚、肉质鲜嫩，每只猪的质量以出净肉35～40千克为宜，去前腿和后腿，取整块肋条肉（中段）为酱汁肉的原料。带皮猪肋条肉选好后，剔除脊椎骨，成为带大排骨的整条肋条肉，之后切成肉条，肉条宽约 4 厘米，肉条切好后再砍成 4 厘米方形小块。

② 酱制：按照原料规格，分批把肉块下锅用白水煮，用大火烧煮 1 小时左右，当锅内的汤沸腾时，即加入红曲米粉、绍兴酒和糖，转中火，再煮 40 分钟左右后出锅，平整摆放在搪瓷盘内。

③ 制卤：酱汁肉生产的质量关键在于制卤，食用时还要在肉上泼卤汁。卤汁好则使肉色鲜艳，产品味道甜中带咸，以甜味为主。好的卤汁具有黏稠、细腻、流汁而不带颗粒的特点。卤汁制法是将余下的 1 千克左右的白糖加入肉汤中，用小火煎熬，不断地用锅铲翻动，防止烧焦和凝块，使汤汁逐步形成糯糊状。卤汁制备好后，舀出装在带盖的缸或钵内，用盖盖严，出售时应在酱汁肉上浇上卤汁。

烧肉的加工

下面以最出名的北京月盛斋烧牛肉为例简述烧肉的加工。

北京月盛斋烧牛肉亦称五香酱牛肉，是北京的名产。它是选用膘肥的牛肉为原料，用冷水浸泡、清除淤血、清洗、剔骨，将按照部位分切成的前后腿、腰窝、腱子、脖子等切成 1 千克左右的小块，再经过调酱、装锅、酱制等过程加工而成。

（1）**调酱** 将一定量的水和黄酱拌和，把酱渣捞出，煮沸 1 小时，并将浮在汤面上的酱沫撇净，盛入容器内备用。

（2）**装锅** 将选好的原料肉按不同部位分别放在锅内。通常将结缔组织较多的放在底部，结缔组织较少的、较嫩的放在上层，然后倒入调好的汤液进行酱制。

（3）**酱制** 待煮沸后加调味料，用旺火煮制 4 小时左右。初煮时撇出汤面浮物，以消除膻味。为使肉块均匀煮烂，每隔 1 小时左右倒锅 1 次，再加适量老汤和食盐，务必使每块肉均浸入汤中。再用小火煨 4 小时，使各种调味料的

味均匀地渗入肉中。出锅时应保持肉块完整。用特制的铁铲将肉块逐一托出,并将锅内余汤冲洒在肉块上,即为成品。

烧鸡的加工

(1) **工艺流程**　原料鸡选取→宰杀整理→造型→上色油炸→煮制→成品。

(2) **操作要点**

① 原料鸡选取:选择生长 2 年以内,重量在 1～1.5 千克的嫩雏鸡或肥母鸡。若鸡不大,则鸡肉不丰满,经加工后肌肉干缩,影响外观。

② 宰杀整理:采用颈部"三管"法宰杀。将鸡杀死后放净鸡血,趁鸡尚温时放到 60℃热水中浸烫,煺毛,随后用凉水冲洗鸡身,从臀部和两腿间各切开 7～8 厘米的切口,除去食管、气管,掏出五脏,割下肛门,用清水冲净腹内淤血和污物。

③ 造型:将白条鸡放在案上,腹部向上,左手稳住鸡身,用一段高粱秆撑入腹内,在腹脯夹处割一小口,将两腿交叉插在小口内,两翅交叉插在鸡口腔内,使其成为两头尖的半圆形。把造型完毕的鸡胴体浸泡在清水中 1～2 小时,待鸡体发白后取出,表皮晾干后即可炸制。

④ 上色和油炸:沥干的鸡体用饴糖水或蜂蜜水均匀地涂抹全身,饴糖与水的比例为 1:2(若是蜂蜜水,水 60%,蜂蜜 40%),沥干,然后将鸡放入 160℃的植物油或花生油中翻炸约 1 分钟,待鸡体呈柿黄色时取出。

⑤ 煮制:将各种辅料用纱布包好平铺于锅底,然后将鸡放入,倒入老汤并加适量清水,使水面高出鸡体,上面用竹箅压住,以防加热时鸡体浮出水面。先用旺火将汤烧开,然后用文火徐徐焖煮至熟,老鸡焖 2～3 小时,幼鸡 1 小时。

盐水鸭的加工

以南京盐水鸭最出名,特点是鸭体表皮洁白,鸭肉细嫩,口味鲜美,营养丰富,具有香、酥、嫩、鲜的特点。

(1) **工艺流程**　选料→腌制→煮制→冷却→包装。

（2）操作要点

① 选料：挑选 2 千克左右的活鸭，要求活鸭的鸭体丰满、肥瘦适度。将其宰杀，去毛、去内脏后清洗干净。

② 腌制：先用干腌的方式，即用食盐和八角粉炒好后涂在鸭体的内外表面，用量一般为 6%，然后堆码腌制 2~4 小时，再用老汤卤制 2~4 小时就可以出缸了。

③ 煮制：在水中加入生姜、八角和葱，将水烧开，保持30 分钟，然后将腌制过的鸭放入烧开的水中，保持水温在 80~85℃，时间一般在 60~120 分钟，在煮制的过程中要保持水温在 90℃ 左右，温度过高会导致脂肪熔化，使肉变老，失去鲜嫩特色。

④ 冷却包装：煮制完毕静置冷却，然后真空包装，也可以直接鲜售。

生熏腿的加工

生熏腿又称生火腿，简称熏腿，它是西式肉制品的一个高档品品种，食用前需要熟制。其外形像琵琶，与金华火腿非常相似，成品为半干制品，肉质略带轻度熏烟味，清香爽口。外表呈咖啡色，内部呈现淡红色，皮的颜色为金黄色。下面介绍一下生熏腿的加工过程。

（1）工艺流程　原料选择与处理→腌制→浸水→再整形→熏制→冷却包装。

（2）操作要点

① 原料处理：选择合格的猪后腿，先将白条肉放在 0℃ 的冷库中吊挂 10 小时，使肉温降到 0~5℃，等肌肉稍微变硬时进行切割，这样腿坯就不易变形，使得产品外形美观。整形时去掉尾骨和腿面上的油、筋、奶脯，同时将四周突出的部分切掉，使成直线。整形之后的腿坯质量最好在 5~7 千克。

② 腌制：将适量的食盐、食糖、亚硝酸钠用少量的清水拌和均匀，充分溶解，然后去除水面污物。配好之后用盐水泵进行注射腌制，一般是找 5 处均匀分布的位置分别注射，注射量大约为肉重的 10%，注射好的腿坯应及时擦硝盐。将硝盐撒在肉面上，用手在肉面均匀揉搓，擦完后将腿坯抖一下，使硝盐回落到容器中，经过注射和擦硝的腿坯放在 2~4℃ 的冷库中腌制 20~24 小时。

③ 浸水腌制：把经过 20~24 小时腌制的腿坯放在缸中进行浸水腌制，

将腿坯按照层层紧密排列的方式放置,底层的皮朝下,最上面的皮朝上,肉面应该稍微低于盐水液面,盐水的用量为肉重的 1/3 即可,上面可以加上重物,避免腿坯上浮。腌制时间一般为两周左右,在此期间要翻缸两三次。翻缸的目的有三个:一是改变肉的受压部位,松动其肌肉组织,有利于盐水渗透均匀;二是检查盐水是否酸败变质,变质盐水的特征是有气泡或异味,应更换;三是翻缸可以使咸度均匀。

腌制好的腿坯出缸加工,将出缸后的腿坯放在温水中浸泡 3~4 小时,温水浸泡有两个作用:一是通过浸泡可以使肉质软化,便于清洗和修整;二是浸泡可以去除表面的盐分,避免熏制后出现"白花"盐霜,影响外形美观,同时应去除沉淀的污物和残毛油垢。

④ 再整形:经过腌制及其他处理的腿坯需要再次修整,将腿面修成光滑的椭圆形球面,然后吊挂在晾架上,去掉皮上的水分和油污,再晾制大约 10 小时,晾制过程中,肌肉里会有少量水分渗出,血管里有血水流出,用干布吸干。

⑤ 熏制:其烟熏工艺与灌肠相似,但是生熏腿的烟熏温度要高,一般为 60~70℃,开始时温度高点,烟熏时间为 8~9 小时。如果肌肉呈现咖啡色,手指按上去有一定的硬度,似干壳,皮呈金黄色,用手指敲有"扑、扑"声表示烟熏完毕。

沟帮子熏鸡的加工

沟帮子熏鸡是辽宁省著名的风味特产之一,已经有上百年的历史。产品的特点是制品呈枣红色,香味浓郁,肉质细嫩,具有熏鸡独特的香味。

(1) 原料　当年的嫩公鸡 10 只,大约 7.5 千克,食盐 250 克,香油 25 克,白糖 50 克,味精 5 克,陈皮 3.8 克,桂皮 3.8 克,胡椒粉 1.3 克,香辣粉 1.3 克,五香粉 1.3 克,砂仁 1.3 克,豆蔻 1.3 克,山奈 1.3 克,丁香 3.8 克,白芷 3.8 克,肉桂 3.8 克,草蔻 2.5 克。

(2) 操作要点

① 原料整理:宰鸡放血、煺毛,然后用火烧掉鸡体上的小毛、绒毛,在腹下开膛取出内脏,放在清水中浸泡 1~2 小时,直至鸡体发白后再取出。在鸡下胸脯尖处割一小圆洞,将两腿交叉插入洞内,用刀将胸骨及两侧软骨折断,头夹在左翅下,两翅交叉插入口腔,使之成为两头尖的造型。鸡体煮熟

27

后,脯肉丰满突起,造型美观。

② 煮制:先将老汤煮开,取适量老汤浸泡配料大约 1 小时,然后将鸡入锅,加水至将鸡体淹没,煮制时火候要适中,以防鸡皮裂开。先用中火煮制 1 小时后再加食盐,嫩鸡煮制 1.5 小时,老鸡煮制 2 小时即可出锅。出锅时应用特制的搭勾轻拿轻放,不要破坏鸡体的造型。

③ 熏制:出锅后趁热在鸡体上刷上一层芝麻油和白糖,然后送入烟熏室或锅中进行烟熏,10～15 分钟后,鸡体呈现红黄色即可。熏好之后可以在鸡体上再涂上一层芝麻油,可以增加香气和保藏性。

香肠的加工

(1) **工艺流程**　原料肉的修整→原料肉切丁→拌料→灌肠→漂洗→日晒→烘烤→熟制→成品。

(2) **操作要点**

① 原料肉的修整:新鲜的猪后腿瘦肉、白膘,剥皮剔骨,用刀将碎骨、筋、腱等结缔组织尽可能除去,但是勿将肉修整掉。将瘦肉切成 10～12 毫米大小的肉丁,将肥肉切成 9～10 毫米大小的肉丁,用 35℃ 左右的温开水洗去血水、污物等后沥干待用。

② 拌料:将肥瘦肉丁及盐、糖、无色酱油、酒等配料一起放入容器中进行搅拌,充分搅拌均匀,使肥瘦肉丁均匀分开,但是不能出现黏结现象,搅拌均匀后静置片刻即可用以灌肠。

③ 灌制:将上述配置好的肉馅倒入灌肠机的进料口,将肠衣的一端封口后套在出口处,然后进行灌肠,灌肠时要掌握好速度,不能使肠衣太松弛,也不能将肠衣冲破,每灌 15 厘米时即可用绳打结,待肠衣全部灌完后,用细针在灌好的香肠中有空气的地方进行扎孔放气,以便于水分和空气外泄。

④ 漂洗:将灌好结扎后的湿肠放入温水中漂洗几次,洗去肠衣表面附着的浮油、盐汁等污浊物。

⑤ 日晒:水洗后的香肠挂在竹竿上,每隔 3 小时翻一次,晾挂 5～7 天的时间。

⑥ 熟制:将烘烤后的香肠进行熟制,可以蒸汽加热,也可以水浴加热,一般中心温度达到 75℃ 即可。

乳化肠的加工

（1）**工艺流程**　原料肉修整→腌制→绞碎→斩拌→灌制→烘烤→烟熏→熟制→冷却→成品。

（2）**操作要点**

① 原料肉的修整：新鲜的猪后腿瘦肉、白膘，将皮剥掉，将骨剔掉，将筋、腱等结缔组织尽可能除去，但是不要将肉修整掉，去掉碎骨、污物。将瘦肉切成长条，将肥肉切成5～7厘米的长条，用温开水洗去血水、污物等后沥干待用。

② 腌制：将食盐直接加入肉中进行腌制，腌制要在0～4℃的冷库中进行，腌制24小时左右，腌制结束的标志是瘦猪肉呈现均匀的鲜红色，结实而富有弹性。

③ 绞碎：将腌好的肉放入绞碎机的入料口，出料口采用3毫米的口径，在绞碎时不要用力将进料口的肉压入绞碎机，因为绞碎机的工作效率一定，即使用力压也不会提高工作效率，反而会使肌肉之间相互摩擦导致肉温上升，影响制品。

④ 斩拌：在斩拌机开动之前，先将瘦肉均匀地铺开，然后再开动斩拌机，在斩拌的过程中加入冰水，然后慢慢地加入香辛料和调味料，最后加入脂肪，加脂肪时要注意，脂肪要一点一点地放，并且要加均匀。整个斩拌时间为6～8分钟，斩拌结束后再搅拌几圈，排出肉里面的气体。斩拌结束肉的温度应该在16℃以下。

⑤ 灌制　将猪的小肠衣的一端封口后套在出口处，打卡后进行灌肠，将上述配置好的肉馅倒入灌肠机的进料口，灌肠时要掌握好速度，每灌到一定长度时即可打卡，灌制后无须扎眼放气。

⑥ 烤、蒸、熏：烟熏条件，60℃，15分钟；烘烤条件，70℃，30分钟；熟制条件，80～85℃，40分钟，中心温度要达到72℃。

烤鸡的加工

（1）**工艺流程**　原料选择→整形→腌制→油炸上色→烤制→成品。

（2）**操作要点**

① 原料选择：选用体重1.5千克的肉用仔鸡。这样的鸡肉质香嫩，净肉

率高,制成烤鸡出品率高,风味佳。

② 宰杀整形:将选好的原料鸡经放血、浸烫、脱毛,腹下开膛取出全部内脏等工序后冲洗干净,然后先去鸡爪,再从放血处的颈部横切断,向下推脱颈皮,切断胫骨,去掉头颈,再将两翅反转成8字形。

③ 腌制:将整形后的光鸡逐只放入腌制缸中,用压盖将鸡压入液面以下,腌制时间根据鸡的大小、气温高低而定,一般腌制时间在30小时左右,温度控制在10℃,腌制好后捞出晾干。

④ 油炸上色:沥干的鸡体用饴糖水或蜂蜜水均匀地涂抹全身,饴糖与水的比例为1:2(若是蜂蜜水,水60%,蜂蜜40%),沥干,然后将鸡放入160℃的植物油或花生油中,翻炸约1分钟,待鸡体呈柿黄色时就取出。

⑤ 烤制:先将远红外线电烤炉炉温升至100℃,将鸡挂入炉内,再将炉温升至180℃,恒温烤25~30分钟,这时主要是烤熟鸡,然后将炉温升至220℃,烤5~10分钟,此时主要是使鸡皮上色、发香。当鸡体全身上色均匀至成品橘红或枣红色时立即出炉。出炉后趁热在鸡皮表面擦上香油,使皮更加红艳发亮。擦好香油后即为成品烤鸡。

发酵香肠的加工

发酵香肠也叫生香肠,是指将绞碎的肉(一般为猪肉和牛肉)和动物脂肪以及食盐、糖和发酵剂、香辛料等混合后直接灌进肠衣,然后经过微生物发酵、成熟干燥(或者不经过成熟干燥)而制成的具有稳定性的微生物特性和典型的发酵香味的肉制品。通常在常温下贮藏、运输,不经过熟制处理就可直接食用。香肠在发酵的过程中,乳酸菌发酵碳水化合物形成乳酸,使香肠的最终 pH 降低到 4.5~5.5,在这个条件下肉中的盐溶性蛋白变性成凝胶结构。在这一较低的 pH 下,加上食盐及其低水分活度的共同作用,产品既安全又稳定。

(1) **工艺流程** 原料肉和脂肪的整理→斩拌→灌装→发酵→熏制(或不熏制)→干燥成熟(高温或低温)→检验→成品。

(2) **操作要点**

① 原料肉和脂肪的整理:发酵香肠的肉馅中瘦肉占 50%~70%,不允许存在明显的质量瑕疵,如血污等。脂肪要求熔点较高,牛脂和羊脂气味太大,不适合用于发酵香肠的加工,最好是用色白而结实的猪背脂为原料脂

肪。选料后,将瘦肉和脂肪分别粗绞,瘦肉的温度控制在$-4\sim0℃$,脂肪的温度在$-8\sim0℃$,这样可以避免水的结合和脂肪的熔化。

② 斩拌:先将瘦肉和脂肪倒入斩拌机内,稍微混合后,再加入腌制剂(食盐、硝酸钠或亚硝酸钠、酸味剂、抗坏血酸钠等)、发酵剂(一般为霉菌或酵母菌)以及其他的辅料进行斩拌。如果发酵剂为冻干菌,需要将发酵剂在常温下复活$18\sim24$小时,接种量一般为$10^6\sim10^7$ cfu/g。

③ 灌肠:灌肠时要掌握好速度,不能使肠衣太松弛,也不能将肠衣冲破,灌肠的温度最好控制在$0\sim1℃$,灌制时要避免产生气泡,最好用真空灌肠机。可选用天然肠衣或人造肠衣,但都必须能够允许水分透出。利用天然肠衣灌制的香肠具有较大的菌落,并且有助于酵母菌的生长,最终产品成熟均匀、风味较好。

④ 接种发酵:肠衣外表面的霉菌或酵母菌的生长不仅对于干香肠的食用品质有重要的影响,并且它们能够抑制其他杂菌的生长繁殖,能够预防光和氧对产品的不利影响。生产中常用的霉菌有纳地青霉和产黄青霉,常用的酵母有汉逊氏德巴利酵母和法马塔假丝酵母。要是冻干菌,将酵母或霉菌的冻干菌用水制成发酵剂菌液,然后将香肠浸到发酵液即可,但要避免发生二次污染。发酵时,一般温度每升高$5℃$,乳酸生成的速率增长1倍。但是发酵温度如果升高,也会带来致病菌,特别是金黄色葡萄球菌。一般涂抹型发酵香肠发酵温度为$22\sim30℃$,发酵时间最长为48小时,半干香肠发酵温度为$30\sim37℃$,发酵时间为$14\sim72$小时,干发酵香肠的发酵温度为$15\sim27℃$,发酵时间为$24\sim72$小时。在发酵过程中,相对湿度对香肠外层能否形成硬壳和表面霉菌或酵母菌能否过度成长有很重要的意义。高温短时发酵时相对湿度控制在98%,低温发酵时控制在低于香肠内部的$5\%\sim10\%$。

⑤ 干燥成熟:半干香肠干燥损失一般为20%,干燥温度在$37\sim66℃$,干香肠一般为$12\sim15℃$。在干燥过程中有的还加上烟熏工艺,目的是通过干燥及熏烟中的酚类、低级酸等物质的沉积和渗透抑制霉菌的生长,同时也提高发酵香肠的适口性。

⑥ 包装:最常用的方法是真空包装,可以保持产品的颜色并避免脂肪氧化,由于产品中的水分会向表面扩散,打开包装时会导致表面的霉菌或酵母菌快速生长。

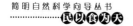
蛋的营养

禽蛋所含的营养成分是极其丰富的,禽蛋中包含着禽类从胚胎到生长发育成雏禽所必需的全部营养成分,可以为人体提供极为均衡的蛋白质、脂肪、矿物质和维生素以及中等的热能,还含有大量的免疫球蛋白、溶菌酶、卵磷脂等具有保健及药用价值的物质,且其消化吸收率高,因此是人类主要的高营养物质之一。

(1) **禽蛋具有较高的热值**　食品的热值是评定食品营养价值的基本指标。蛋白热值是由其含有的脂肪和蛋白质所决定的,蛋的热值低于高脂肪含量的猪肉、羊肉,但高于牛肉、禽肉,更高于乳类。

(2) **禽蛋富含营养价值较高的蛋白质**　禽蛋中的蛋白质主要是卵白蛋白,蛋黄中又含有很多的卵黄磷蛋白,这些都是完全蛋白质,消化率特别高。因此,无论从质上还是从量上讲,禽蛋都可以称为高价蛋白质的来源。

(3) **禽蛋富含适宜人类的必需氨基酸**　禽蛋含有人体必需的八种氨基酸,且含量丰富,相互间比例很适宜,与人体的需要最为接近。禽蛋中的氨基酸组成见下表。

禽蛋氨基酸组成

氨基酸	蛋白(%)	蛋黄(%)	全蛋(%)
精氨酸	5.8	8.2	7.0
组氨酸	2.2	1.4	2.4
赖氨酸	6.5	5.5	7.2
酪氨酸	5.4	5.8	4.3
色氨酸	1.7	1.7	1.5
苯丙氨酸	5.5	5.7	5.9
胱氨酸	2.6	2.3	2.4
蛋氨酸	2.4	1.4	3.3
苏氨酸	4.3	—	4.9
亮氨酸	—	—	9.2
异亮氨酸	—	—	8.0
异戊氨酸	—	—	7.3

（4）**禽蛋含有极丰富的脂质** 禽蛋含有 $11\% \sim 15\%$ 的脂肪,这些脂肪中有 $58\% \sim 62\%$ 为不饱和脂肪酸,其中油酸、亚油酸是必需脂肪酸,含量丰富。另外,禽蛋还富含磷脂和固醇类,其中磷脂对人体的生长发育非常重要,是构成体细胞及神经活动不可缺少的物质。固醇是机体内合成固醇类激素的重要成分。

（5）**禽蛋含有矿物质及维生素** 禽蛋含有 1% 左右的灰分,其中 Ca、P、Fe 等无机盐含量较高,蛋中铁含量相对其他食物含量较高,且易被吸收,因此蛋黄是婴儿、幼儿及贫血患者补充铁的良好食品。禽蛋还含有丰富的维生素 A、维生素 D、维生素 B_1、维生素 B_2、维生素 PP 等。

蛋的品质鉴别

蛋品质的鉴别方法有很多,常用的鉴定方法有感官鉴别法、光照鉴别法、相对密度鉴别法、荧光鉴别法,此外还有理化鉴别法和微生物鉴别法。

（1）**感官鉴别法** 这是我国广大基层业务人员收购鲜蛋采用的一种较为普遍的简易方法。这种方法主要靠技术经验来进行判断,一般采用看、听、摸、嗅等方法,从蛋的外观来进行鉴别。

① 看:鲜蛋的蛋壳比较粗糙,表面干净,附有一层无光泽的霜状薄膜,无裂纹和硌窝现象。壳上有霉斑、霉块或者像石灰的粉末的是霉蛋;壳上有水珠或潮湿发滑的是出汗蛋;蛋壳上有红疤或黑疤的是贴皮蛋;壳色深浅不匀或有大理石花纹的是水湿蛋;蛋壳表面光滑,气孔很粗的是孵化蛋;蛋壳肮脏,色泽灰暗或散发臭味的是臭蛋。

② 听:将两枚蛋拿在手里,用手指轻轻回旋相敲,或者用手指甲在壳上轻轻敲击。发出的声音坚实,好像是砖头碰击声的是鲜蛋;声音沙哑,有啪啪声的是裂纹蛋;蛋的大头上有空洞声的是空头蛋;发音尖脆,有叮叮声的是钢壳蛋;发出敲瓦片声的是贴皮蛋、臭蛋;有吱吱声的是雨淋蛋。

③ 摸:新鲜蛋在手中有沉的压手的感觉;孵化过的蛋外壳发滑,分量轻;霉蛋和贴皮蛋外壳发涩。

④ 嗅:鲜鸡蛋无气味,鲜鸭蛋有轻微的鸭腥味,臭蛋有臭味,如果有其他异味的为污染蛋。

（2）**光照鉴别法** 光照鉴别法是根据蛋本身的透光性,在灯光透视下观察蛋内部结构和成分变化的特征来鉴别蛋品质的方法。这种方法是鲜蛋收购、销售、外贸、商业部门和蛋品加工企业采用最广的一种方法。它的特点是简便、易行、技术简单、结果准确、行之有效。光照鉴别法有日光鉴别法和灯光鉴别法，其中灯光鉴别法又分为煤油灯光照和电灯灯光照。电灯光照鉴别法有手工照蛋、机械传送照蛋和电子自动照蛋三种。在光照透视下，新鲜蛋的特征是：蛋白完全透明，呈淡橘红色；气室极小，深度在5毫米内，略微发暗，不移动；蛋白浓厚澄清，无杂质；蛋黄居中，蛋黄膜包裹得紧，呈现朦胧暗影；蛋转动时，蛋黄也随着转动；胚胎不易看出。通过鉴别还可以看出蛋壳上有无裂纹，气室是否固定，蛋内有无血丝、血斑、肉斑、异物等。

（3）**相对密度鉴别法**　这种方法主要是用盐水来测定蛋的相对密度，从而进行蛋的新鲜度的检验。蛋的分量重，则相对密度大，说明蛋的贮藏时间短，水分损失少，这样的蛋就可以判断为新鲜蛋。具体方法是用不同浓度的食盐水测定蛋的相对密度，推测蛋的新鲜度。如果结合采用涂膜保鲜技术，可以减轻或避免这一不良影响。

（4）**荧光鉴别法**　荧光鉴别法的原理是应用发射紫外线的水银灯照射禽蛋，使其产生荧光，根据荧光的强度大小来鉴别蛋的新鲜度。新鲜蛋的荧光强度微弱，蛋壳的荧光反应呈深红色、紫色或淡紫色。这种方法的灵敏度很高，有的国家已经在研究应用。

鲜蛋的贮藏方法

鲜蛋在贮藏过程中会发生多种变化，包括重量变化、气室变化、蛋内水分变化、蛋白变化和蛋黄的变化等物理变化，pH的变化、含氮量的变化、可溶性磷酸的变化、脂肪酸的变化等化学变化，还有生理和微生物等变化。这些变化促使内容物的分解甚至腐败变质。目前，比较常用的鲜蛋贮藏方法主要有冷藏法、液浸法（包括石灰水贮藏、水玻璃贮藏法）、涂膜法（包括石蜡、矿物油、树脂、合成树脂等涂膜）、消毒法、气调法（包括用CO_2、氮气、臭氧及化学保鲜剂等）及民间简易的干藏法（包括谷糠、小米、豆类、草木灰等），在这些方法之中，冷藏法和液浸法应用最广。

（1）**冷藏法**　冷藏法是目前应用最广的一种保鲜方法。它的优点是操作简单，管理方便，贮藏效果好。贮藏保鲜的时间可以达到半年以上。但是该法也同样存在部分缺点，由于冷库造价较高，此法还不能普遍使用。用冷藏法进行蛋的保鲜必须使用得当，管理合理，才能起到冷藏的良好效果。鲜

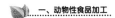

蛋保藏最好的温度范围是$-2\sim-1℃$,但是最低温度不能低于$-3.5℃$,否则易使鲜蛋被冻裂,相对湿度一般以$85\%\sim90\%$为最好,湿度如果超过了90%,蛋容易发霉。温度变化幅度要小,不要超过$\pm0.5℃$。在冷藏期间,切忌将鲜蛋同蔬菜、水果、水产品和有异味的物质放在同一冷库内,一是防止蛋吸收异味,影响蛋的品质;二是这些物质的要求不同,相互之间影响冷藏效果。

(2) 气调法 气调法比较常用的是CO_2气调法,就是把鲜蛋贮存在一定浓度的CO_2中,CO_2的浓度不但可以使蛋内的CO_2不易散发,同时使蛋内的CO_2含量增加,从而减缓鲜蛋内代谢速度,抑制微生物生长,使蛋保持新鲜,一般地讲,CO_2的浓度为$20\%\sim30\%$,用这种方法在$0℃$贮存半年的蛋的新鲜度仍然很好,蛋白清晰,蛋黄指数高,气室小,无异味。它比冷藏法贮藏的蛋干耗可以降低$2\%\sim7\%$,并且温度、湿度要求不严格,可以降低生产成本。

(3) 液浸法 液浸法就是将蛋浸在合适的溶液中(常用的有石灰水、泡花碱、萘酚盐苯甲酸合剂等),使蛋与空气隔绝,阻止了蛋中水分的蒸发,避免了细菌污染,抑制蛋内CO_2的溢出,从而使鲜蛋保鲜保质。最常用的有石灰水贮藏法和泡花碱贮藏法。

① 石灰水贮藏法:它的原理是生石灰与水生成氢氧化钙,氢氧化钙可以吸收蛋内散发出来的CO_2,生成不溶性的碳酸钙微粒凝聚在蛋壳表面,将气孔封闭,可以阻止微生物的入侵,蛋内的水分也不容易蒸发,蛋内聚集残余的CO_2,抑制浓厚蛋白变稀,蛋白pH下降,延缓鲜蛋内的各种变化,从而达到延长鲜蛋的保存期的目的。石灰水贮藏法要注意以下方面:蛋要新鲜,要是有破损蛋或者次裂蛋会使石灰水发浑变臭,影响蛋的品质;溶液的温度一般保持在$10\sim15℃$,夏季库温最高不超过$23℃$,水温不超过$21℃$,冬季库温在$3\sim4℃$左右,水温在$1\sim2℃$为宜。贮藏期间要定期检查,若发现溶液发浑、发绿、有臭味,要尽快处理。液面上有漂浮蛋、破壳蛋、臭蛋等要及时捞出,要轻拿轻放。

② 水玻璃贮藏法:水玻璃又叫泡花碱,是硅酸钠(Na_2SiO_4)和硅酸钾(K_2SiO_4)的混合溶液。我国多采用$3.5\sim4$波美度水玻璃溶液贮藏保鲜,目前市场上销售的水玻璃溶液一般有$40、45、50、52、56$波美度五种,所以原溶液必须稀释后才能使用。混合溶液为白色,溶液黏稠、透明、易溶于水,呈碱性反应。水玻璃遇到水后生成偏硅酸或多聚硅酸胶体物质,能附在蛋壳表

面,使气孔闭塞,减弱蛋内呼吸作用和生化变化,并阻止微生物的侵染,达到保鲜的目的。

(4) **涂膜法**   涂膜法是指在蛋的表面均匀地涂上一层有效的薄膜,它可以使蛋的气孔堵塞,阻止微生物的入侵,减少蛋内水分和二氧化碳的挥发,延缓鲜蛋内的生化反应速度,可以较长时间保持鲜蛋品质和营养价值。一般的鲜蛋涂膜剂有水溶性涂料、乳化剂涂料和油质性涂料等。油质性涂膜剂有很多,比如液状石蜡、植物油、矿物油、凡士林等,还有聚乙烯醇、聚苯乙烯、白油、虫胶、聚乙烯、气溶胶、硅脂膏等涂膜剂。用石蜡或凡士林加热熔化后,涂在蛋壳表面可以达到半年的保质期。鲜蛋涂膜的方法有浸渍法、喷雾法和手搓法。但是不管使用哪种方法,涂膜前必须对鲜蛋进行消毒,消除蛋壳上已存在的微生物。此外要注意鲜蛋的质量。蛋越新鲜,涂膜保鲜的效果越好。下面以液状石蜡涂膜为例介绍一下涂膜保鲜技术。

皮蛋的加工

皮蛋又叫彩蛋或变蛋,有的还叫牛皮蛋,比较流行的叫法是皮蛋。虽然皮蛋的加工方法与配方有很多,但是所用的材料基本相同,都是采用纯碱、生石灰、植物灰、黄泥、茶叶、食盐、氧化铅、水等。将这些物质按比例混匀后,将鸭蛋放入其中,在一定的温度时间内,蛋内的蛋白和蛋黄发生一系列的变化而成为皮蛋。

(1) **配方及料液的配制**   选择完整、新鲜的鸭蛋 100 枚,食盐 170～250 克,纯碱 359～400 克,茶叶末 80～120 克,水 5 000～6 200 克(以 100 枚蛋投料)。

按配比将茶叶末加热煮沸,加入食盐、纯碱,搅匀后放入块状生石灰,充分搅拌后静置冷却至 18℃左右,即可准备入缸。

入缸前料液必须经过检验,其方法是:把鲜蛋的蛋白滴加在料液的盘子中,经 15 分钟,若蛋白可凝固且有弹性,再放一小时,凝固蛋白又变成稀液,表明料液的含碱量合适。

(2) **装缸**   将洗净的蛋轻轻放入装有料液的容器(缸)中,蛋装至离缸口 10～15 厘米处为满缸,然后盖上竹算压住。料液入缸的温度可视季节不同而不同,冬季 19～20℃,夏季 15～17℃,春秋季 17～18℃。

（3）**浸泡期的管理和检查** 皮蛋成熟期夏季需浸泡 24～28 天，春秋冬季 30 天以上。

在浸泡期要经常检查浸泡液是否盖住蛋；室内温度要控制在 15～20℃；每隔 10 天左右检查一次，出缸时再检查一次。第一次取样蛋用灯光透视，蛋白变黑贴皮，说明蛋白凝固不动，为正常；第二次检查时全蛋上色，剥开蛋壳检查蛋白呈褐黄带青，蛋黄部分变色，表明正常；第三次的样蛋剥去蛋壳，若发现蛋白烂头，粘壳，表明碱性太强，要提前出缸。若蛋白软化不坚实，表明碱性不够，需延长浸泡时间。若全蛋呈灰黑色，尖端为红色或橙色，蛋白凝固不黏，壳呈黑绿色，蛋黄呈绿褐色，蛋黄中心较小，表明皮蛋成熟，应及时出缸。

（4）**出缸及贮存** 将制好的皮蛋沥水晾干，如长期贮存（3～4 个月），需对出缸的皮蛋进行包泥，包泥原料为液料和黄土各 1/2，调成泥浆。

咸蛋的加工

咸蛋又名盐蛋、腌蛋及味蛋。加工咸蛋的原料主要为鸭蛋，有的也用鸡蛋或鹅蛋来进行加工，但以鸭蛋为最好，因其蛋黄中的脂肪含量较多，加工出的产品风味最好。加工用的蛋必须新鲜，蛋壳上的泥污和粪污必须洗净。还必须经过光照检验合格。根据加工方法上的不同和各地方生活习惯的不同，分为黄泥咸蛋、包泥咸蛋、滚灰咸蛋和盐水浸泡咸蛋等。在我国，比较著名的是高邮咸蛋，它采用的是黄泥腌制。

（1）**黄泥咸蛋的加工** 每加工鸭蛋 1 000 枚，用盐量 7.5 千克，黄泥 6 千克，清水 4 千克，先将黄泥捣碎，与食盐、清水一起放在木桶或瓷缸里，用木棒搅拌混匀，使之成为稀薄糊状，其标准是以一个鸭蛋放进去后一半浮在泥浆上面，一半浸在泥浆内较为合适。将鸭蛋逐个放进泥浆里，使泥浆将鸭蛋全部浸没。盖上盖子，腌制 30～40 天。

（2）**包泥咸蛋的加工** 将黄土捣碎与食盐混在一起，然后加水混合，使其成为不稀不浓的糊状便可以进行包蛋。1 千克黄土可以包 20 枚鸭蛋。每蛋平均含盐量为 10 克，一般腌制 30～40 天。加工时，将料泥包在蛋壳外面，包好后逐个放入缸中，最后加盖成熟。

（3）**滚灰咸蛋的加工** 先将稻草灰与精盐混合在容器内，再加入适量的水,按照鸭蛋 1 000 枚、草灰 50 千克、精盐 3.5～4 千克,充分搅拌均匀,使成团块,便可以进行包料了。挑选的好蛋洗净晾干后,将料包在蛋外,厚薄要均匀,包好后,逐个放入缸中。夏天大约 15 天,春秋季大约 30 天,冬天 30～40 天,就可以成味。

(4) 水腌法　将洗净的鲜蛋放入缸中,每 10 千克蛋用食盐 1.5 千克,开水冲化放凉后倒入缸中,也可趁热倒入放蛋的缸中。这样腌制的咸蛋清不硬,出油快。盖上竹箅,封好缸口,2 个月以后蛋黄油质特别显著。若时间延长,超过三个月以后,油质反而减少或不见。用过的盐水还可再用。

糟蛋的加工

糟蛋是指利用酒糟泡制的蛋,我国历史上最为著名的糟蛋有浙江平湖糟蛋、四川宜宾糟蛋和河南的陕县糟蛋。

主要原料有鸭蛋、糯米、酒药和食盐等。鸭蛋要求经过感官鉴定、灯光透视的优质新鲜鸭蛋。糯米被用来制取酒糟,它是加工糟蛋时比较重要的原料。要求所用糯米洁白、含淀粉丰富。酒药是制糟的发酵剂或糖化剂(俗称甜曲酒),分为绍药、甜药和糠药三种,在加工中很少单一使用,多将两种酒药混用。食盐要求优质纯净。

糟蛋加工的季节性较强,主要在三四月份至端午节前。加工时主要是掌握好酿酒制糟、选蛋击壳、装坛糟制三个环节。

① 选用米粒饱满、颜色洁白、无异味、杂质少的糯米。先将糯米进行淘洗,放在缸内用清水浸泡 24 小时。将浸好的糯米捞出后用清水冲洗干净,倒入蒸桶内摊平。锅内加水烧开后,放入锅内蒸煮,等到蒸汽从米层上升时再加桶盖。蒸 10 分钟,在饭面上洒一次热水,使米饭蒸胀均匀。再加盖蒸 15 分钟,使饭熟透,然后将蒸桶放到淋饭架上,用清水冲淋 2～3 分钟,使米饭温度降至 30℃左右。

② 淋水后的米饭沥去水分,倒入缸内,加上甜酒药和白酒药,充分搅拌均匀,拍平米面,并在中间挖一个上大下小的圆洞(上面直径约 30 厘米)。缸口用清洁干燥的草盖盖好,缸外包上保温用的草席。经过 22～30 小时,洞内酒汁有 3～4 厘米深时,可除去保温草席,每隔 6 小时把酒汁用小勺舀泼在糟面上,使其充分酿制。经过 7 天后,将酒糟拌和均匀,静置 14 天即酿制成熟,

可供糟蛋使用。

③ 选用质量合格的新鲜鸭蛋,洗净、晾干。手持竹片(长13厘米、宽3厘米、厚0.7厘米),对准蛋的纵侧从大头部分轻击两下,在小头处再击一次,要使蛋壳略有裂痕而蛋壳膜不能破裂。

④ 糟蛋用的坛子事先进行清洗消毒。装蛋时,先在坛底铺一层酒糟,将击破的蛋大头向上排放,蛋与蛋之间不能太紧,加入第二层糟,摆上第二层蛋,逐层装完,最上面平铺一层酒糟,并撒上食盐。一般每坛装蛋120只。然后用牛皮纸将坛口密封,用绳索扎紧,入库存放。一般每四坛一叠,坛口垫上三丁纸,最上层坛口垫纸后压上方砖。一般经过5个月左右时间即可糟制成熟。

成熟好的糟蛋蛋壳薄软、自然脱落。蛋白呈乳白色嫩软的胶冻状,蛋黄呈橘红色半凝固状。糟蛋为冷食产品,不必烹调加佐料,划破蛋壳膜即可食用,味道醇香可口,食后余味绵绵。

食用乳及乳制品可促进我国人民饮食结构的改善,由温饱型向营养型转化。乳特别是初乳含有各种活性物质,如IgG、溶菌酶、超氧化物歧化酶、乳铁蛋白、激素及生长因子等,具有良好的免疫、保健及疗效功能,可增强人的体质健康。

乳的概念

乳是哺乳动物分娩后由乳腺分泌的一种白色或微黄色的不透明液体。它含有幼儿生长发育所需要的全部营养成分,是哺乳动物出生后最适于消化吸收的全价食物。总体来说,乳有常乳、初乳、末乳和异常乳四类。所谓常乳是指产犊7天以后至干奶前7天之前所产的乳,其化学组成和性质比较稳定,是乳品加工业的重要原料;初乳是指产犊后7天以内的乳,色黄、浓厚并有特殊的气味;末乳也称老乳,即干奶前7天内所产的乳,其成分中除脂肪外都比常乳高,常有苦咸味和油脂氧化味;异常乳即由于生理、病理等因素影响,在成分和性质上与常乳不同的乳。其实初乳和末乳也属于异常乳,一般来说初乳、末乳、异常乳都不能作为加工原料。

乳的构成

乳中的概略成分是指乳中蛋白质、脂肪、乳糖、灰分和干物质等的总称。羊(山羊)乳除乳糖含量低于牛乳外，其他成分均高于牛乳和人乳。

山羊乳、牛乳和人乳的概略成分(％)

	山羊乳	牛乳	人乳
蛋白质	3.56	3.28	1.03
乳糖	4.45	4.80	6.90
脂肪	4.14	3.50	4.40
灰分	0.80	0.70	0.20
总干物质	12.97	12.50	12.50

乳的化学成分及特性

乳的化学成分主要包括水分、脂肪、蛋白质、乳糖、盐类、维生素、酶类、气体等。

(1) **水分** 水分是牛乳的主要成分之一，占87％～89％。牛乳中的水分可分为游离水、结合水、结晶水。游离水是牛乳中各营养物质的分散介质，许多理化和生物学过程都与游离水有关，它占牛乳水分的绝大部分，存在于凝胶粒结构的亲水性胶体内，pH降低会促进膨胀，温度升高膨胀程度减少。结合水是以乳中蛋白质、乳糖以及某些盐类结合存在的水，乳中结合水不产生冻结，占2％～3％，以氢键和蛋白质的亲水基或乳糖及某些盐类结合存在，无溶解其他物质的特性，在通常水结冰的温度下并不结冰。结晶水是以分子组成成分按一定比例与乳中物质结合的水，它比前两种水更为稳定，存在于结晶性化合物中，尤其在乳糖中，常见含有一个分子结晶水的乳糖颗粒。

(2) **乳中气体** 乳中气体主要以CO_2含量为最多，其次是O_2、N_2。细菌繁殖后则其他气体，如H_2、CH_4等都在乳中产生。在加工过程中，乳中CO_2因挥发含量减少，空气中O_2、N_2因与乳接触则含量增加。

(3) **乳中固形物** 牛乳干燥到恒重时所得的剩余物称为固形物。乳中固形物主要有乳蛋白质、乳脂肪、乳糖、酶、无机质、维生素等。

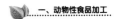

（4）**乳蛋白质** 乳蛋白是乳中最有价值的成分,虽然乳中的脂肪和碳水化合物在营养上也有很大的作用,但可以用其他动物、植物性的脂肪与碳水化合物补偿,而乳蛋白质,特别是酪蛋白,按其组成和营养特性是典型的全价蛋白质,无法用其他的蛋白质来补偿。乳中所含的蛋白质主要为酪蛋白,其次为乳白蛋白、乳球蛋白以及其他多肽等。除酪蛋白外,其余总称为乳清蛋白,乳白蛋白约占乳清蛋白的 68%。酪蛋白是牛乳中主要的蛋白质,为白色非吸湿性化合物,不溶于水、酒精及其他有机质,但可溶于碱性溶液。酪蛋白中约含有 1.2% 的钙,以酪蛋白钙形态与磷酸钙形成复合物,分散于乳中呈胶体状态。

（5）**乳脂肪** 乳脂肪以微细的乳浊(微细脂肪球)状态分散于牛乳中。1毫升牛乳中有 $2\times10^9\sim4\times10^9$ 个脂肪球,脂肪球的大小为 $0.1\sim10$ 微米,平均为 3 微米。乳脂肪与牛乳的风味有密切的关系,且是奶油和干酪的主要成分。

乳中的脂类

组分	含量	存在于乳中的部位
脂肪酸甘油酯	98%～99%*	脂肪球
磷脂(卵磷脂、脑磷脂、神经鞘磷脂)	0.2%～1.0%**	脂肪球膜和乳清
甾醇(胆固醇、羊毛甾醇)	0.25%～0.4%*	脂肪球、脂肪球膜和乳清
游离脂肪酸	痕量	脂肪球和乳清
蜡	痕量	脂肪球
鱼鲨烯(三十碳六烯)	痕量	脂肪球
脂溶性维生素		脂肪球
维生素 A	7.0～8.5 微克/克脂肪	
胡萝卜素	8.0～10.0 微克/克脂肪	
维生素 E	2～50 微克/克脂肪	
维生素 D	痕量	
维生素 K	痕量	

注：* 以脂类总重量为基础；** 以磷脂类为基础,按卵磷脂计算。

（6）**乳糖**　乳糖是哺乳动物乳汁中特有的成分，也是能量供给物质。乳糖占牛乳中总碳水化合物的 99.8％，其余为葡萄糖等数种糖类。牛乳中乳糖含量为 4.5％～4.6％，其含量受乳牛品种、个体等因素影响，一般含乳脂肪高的牛乳乳糖含量也较高。

（7）**乳中的酶**　牛乳中存在的酶在牛乳的加工处理上，乳制品的保存上，以及对评定乳的品质方面都有重大的影响。除分泌的酶之外，牛乳中的酶一部分来自乳腺细胞的白细胞在泌乳时崩解所出现，另一部分由于乳中发育的微生物所产生，与牛乳关系较大的几种酶有脂酶、磷酸酶、蛋白酶、乳糖酶、过氧化物酶、还原酶。

（8）**无机质（矿物质）和盐**　乳中的无机物类和盐可分为无机物、盐类、微量元素。乳中的无机物也称为矿物质，牛乳中的无机质大部分与有机酸和无机酸结合，其中最主要的为以无机磷酸盐及有机柠檬酸盐而以可溶性的盐类状态存在，少部分与蛋白质结合及吸附于脂肪膜。牛乳中无机质主要由钙、磷、钠、钾、镁、氯、硫。其中碱性成分多于酸性成分，因此牛乳的灰分呈碱性。乳中微量元素具有很重大的意义，尤其对于幼小机体的发育更为重要。如锰在人体的氧化过程中起着催化剂的作用，碘是甲状腺素的结构成分，铜能刺激垂体制造激素。但是牛乳中铁的含量相对不足，在人工哺育幼儿时，应补充铁的含量。

（9）**乳中维生素**　乳中维生素不是能量供给物质，但能调节体内的新陈代谢，与动物营养及繁殖有密切的关系。人体所需的维生素，牛乳中几乎都存在。牛乳中维生素可分为脂溶性维生素（如维生素 A、D、E、K）及水溶性维生素（如维生素 B_1、B_2、B_6、B_{12}、C 等）两大类。

乳的物理特性

（1）**色泽**　新鲜牛乳是一种白色或稍带黄色的不透明液体，颜色决定于乳的成分。

脂肪球、酪蛋白酸钠、磷酸钙等对光的反射和折射	白色
胡萝卜素溶于脂肪	微黄色
维生素 B_2 (乳清中)、叶黄素和胡萝卜素(乳脂肪中)	黄色

（2）**滋味与气味** 纯净的新鲜乳滋味稍甜,这是由于乳中含有乳糖,乳中因含有氯离子而稍带咸味,常乳中的咸味因受乳糖、脂肪、蛋白质等所调和不易察觉。乳的气味主要是由乳中的挥发性脂肪酸及其他挥发性物质构成。这种香味随温度的高低而有差异,即乳经加热后香味强烈,冷却后即减弱。牛乳除了原有香味之外,很容易吸收外界的各种气味。因此,牛乳的风味可分为正常风味和异常风味。

（3）**酸度** 刚挤出的新鲜乳的酸度为 $0.15\%\sim0.18\%$,固有酸度或自然酸度主要由乳中蛋白质、柠檬酸盐、磷酸盐及二氧化碳等酸性物质所造成。发酵酸度是在微生物的作用下乳中乳糖发酵产生乳酸所致。一般条件下,乳品工业所测定的酸度为固有酸度与发酵酸度的总和,即为总酸度。

（4）**密度** 乳的密度是乳在 $20℃$ 时的质量与同体积 $4℃$ 水的质量之比。在我国,很多乳品工厂也都采用这一标准。按照这一标准所测的数值习惯上称为乳的密度。正常牛乳的密度为 $1.028\sim1.030$。

（5）**乳的冰点** 牛乳的冰点一般为 $-0.525\sim-0.565℃$,平均为 $-0.540℃$,溶质存在于溶液中能使冰点下降,牛乳中由于乳糖及可溶性盐类的存在,其冰点降至 $0℃$ 以下。脂肪和冰点无关,蛋白质对其也没有太大影响。牛乳变酸时,冰点下降。

（6）**乳的沸点** 从理论上讲,牛乳的沸点比水高 $0.15℃$,实际上在一个大气压下为 $100.17℃$ 左右。沸点受固体物质的含量所影响,因此牛乳愈浓缩沸点愈高。

（7）**比热** 乳的比热与其中所含脂肪及其比重有关,同时也受温度的影响。牛乳所含主要成分的比热[单位为千焦/(千克·开)]:乳蛋白 2.09,乳脂肪 2.09,乳糖 1.25,盐类 2.93,由此牛乳的总比热约为 3.89[单位为千焦/(千克·开)]。

（8）**黏度** 在普通的液体内,分子间存在内部摩擦,由于切变应力的作用所产生的变形速度(切变速度)与切变应力之间具有比例关系,这种比例

常数叫做黏度。牛乳的黏度在 20℃ 时为 0.001 5～0.002 帕·秒。随温度的升高而降低。

（9）**表面张力**　液体表面不受作用时则呈球状,这种现象起因于液体分子间的引力,故能沿着液体表面形成一种张力,这种张力就称为表面张力。牛乳的表面张力在 20℃时为 0.046～0.0475 牛/米。

（10）**折射率**　通常乳的折射率为 1.3470～1.3515。牛乳的折射率比水的折射率大,但由于有脂肪球的不规则反射,不易正确测定。乳汁的折射率比水大,这是因为乳中含有多种固体物质,其中主要是无脂干物质的影响。乳清的折射率决定于乳糖的含量,乳糖含量愈高,折射率愈大。乳的折射率也受乳牛品种、泌乳期、饲料及疾病等因素的影响。

（11）**导电率**　牛乳并非电的良导体,但因乳中溶有盐类,因此具有导电性。通常导电率按乳中的离子数量而定,但离子的数量决定于乳中的盐类,因此乳中的盐类受到任何破坏都会影响乳的导电率。与乳的导电率关系最密切的离子为 Na^+、K^+、Cl^- 等。乳房炎乳因含 Na^+、Cl^- 较多,故导电率增高,因此可利用导电率来检验乳房炎乳。脱脂乳中由于妨碍离子运动的脂肪已被除去,因此导电性比全乳好。牛乳酸败产生乳酸,患乳房疾病而使乳中食盐含量增加时都会导致导电率增高。乳在蒸发过程中,干物质浓度增加到一定限度以内时,导电率增高,即干物质浓度在 36%～40% 以内时导电率增高,此后又逐渐下降。

乳中微生物

根据牛乳中的微生物在乳基质中所起的作用分为腐败微生物、病原微生物与益生菌。

（1）**腐败微生物**　广义上讲是指一切侵入牛乳中的微生物,狭义上讲是指引起乳和乳制品腐败变质的有害微生物。乳中污染菌种类多,如低温细菌、霉菌、蛋白质和脂肪分解菌等。

（2）**病原微生物**　乳和乳制品中除有某些腐败性微生物外,还有某些病原性微生物存在。病原微生物不改变乳及乳制品的性质,但对人体有害,如溶血性链球菌、布鲁杆菌、沙门菌等。其引起的食品中毒或传染性疾病包括:葡萄球菌素中毒、真菌性毒素中毒、致病性大肠杆菌中毒、伤寒、细菌性

痢疾、霍乱、布氏杆菌病、炭疽、结核等。乳和乳制品中是不允许有病原性微生物存在的,在加工过程中应采用加热消毒法杀灭这些微生物。

(3) **益生菌**　益生菌指对我们有益的微生物,可以使我们得到所需要的乳制品。益生菌制剂指通过改善宿主肠道微生物菌群的平衡而发挥作用的活性微生物制剂,又称微生物调节剂、生态制品、活菌制剂。它具有改善肠道菌群结构,抑制病原菌,生成营养物质,提高机体免疫力,消除致癌因子,降低胆固醇和血压等功能。

乳的杀菌和灭菌

由于加热乳而使全部微生物被破坏时称为灭菌,由于加热使大部分微生物被破坏时称为杀菌。

(1) **初次杀菌**　初次杀菌是用于延长牛乳贮存期的一种热处理方法,即将牛乳加热至 63～65℃,保持 15 秒,以减少原料乳中的细菌。为了防止需氧芽孢菌在牛乳中的繁殖,必须将初次杀菌后的牛乳迅速冷却至 4℃ 以下。需要强调的是,初次杀菌必须在没达到巴氏杀菌程度时就停止,即任何情况下的杀菌不应导致磷酸酶试验出现阴性。许多国家的法律禁止二次巴氏杀菌。

(2) **低温长时巴氏杀菌**　即牛乳在 63℃ 下保持 30 分钟,其缺点是无法实现连续化生产。

(3) **高温短时巴氏杀菌**　高温短时巴氏杀菌的具体时间和温度组合根据处理的产品的不同类型而变化。国际乳品联合会推荐的用于牛乳和稀奶油的高温短时杀菌工艺分别如下:新鲜牛乳,72～75℃,15～20 秒;稀奶油(脂肪含量 10%～20%),75℃,15 秒;稀奶油(脂肪含量大于 20%),大于80℃,15 秒。

(4) **超巴氏杀菌**　超巴氏杀菌是一种延长货架期技术,换句话说,超巴氏杀菌的目的是延长产品的保质期,它采取的措施是尽最大可能避免在加工和包装过程中再污染。一般超巴氏杀菌的条件为 125～138℃,2～4 秒。

(5) **超高温灭菌**　超高温灭菌的目的是杀死所有能导致产品变质的微生物,使产品能在常温下储藏一段时间。一般超高温灭菌的条件为 135～140℃ 下数秒,从而大大改善灭菌乳的品质。

巴氏杀菌乳的加工

仅以生牛（羊）乳为原料，以巴氏杀菌等工序制得的产品。

（1）工艺流程　生乳的验收→预处理→预热均质→杀菌→冷却→灌装→包装检验→成品。

（2）操作要点

① 生乳的验收：只有优质的原料才能生产出优质的产品。乳品厂收购新鲜乳时，应该严格要求并做检验。检验内容包括感官指标（牛乳的滋味、气味、清洁度、色泽、组织状态）、理化指标（酸度、相对密度、脂肪、冰点等）、微生物指标（菌落总数等）。

② 预处理：生乳验收后必须净化。其目的是除去乳中的机械杂质并减少微生物数量。净乳的方法有过滤法和离心净乳法。净化后的生乳应立即冷却到 $4\sim10℃$，以抑制细菌的繁殖，保证加工之前生乳的质量。为保证连续生产的需求，乳品厂必须有一定的原料贮藏量。贮藏量按工厂具体条件确定，一般为生产能力的 $50\%\sim100\%$。在贮藏过程中必须搅拌，防止脂肪上浮。

③ 预热均质：均质是指对脂肪球进行适当的机械处理，使它们呈现更细小的微粒均匀一致地分散在乳中，从而使牛乳风味良好，口感细腻，减少脂肪上浮现象，降低凝块张力，改变了牛奶的可消化性。较高的温度下均质效果较好，但温度过高会引起乳脂肪、乳蛋白质等变性。另一方面，温度与脂肪球的结晶有关，固态的脂肪球不能在均质机内打碎，牛乳的温度一般控制在 $50\sim65℃$，一般采用二级均质。二级均质是指让物料连续两次通过均质阀头，将黏在一起的小脂肪球打开，目的是使一级均质后重新结合在一起的小脂肪球打开，从而提高均质效果。使用二级均质时，第一级均质压力为 $17\sim21$ 兆帕，第二级均质压力为 $3.5\sim5$ 兆帕。

④ 杀菌：乳的杀菌方法为 $63℃$ 时 30 分钟保持式杀菌，或者间歇式的巴氏杀菌，目前很少用。现在普遍采用高温短时杀菌法（$72\sim75℃$，$15\sim20$ 秒），由于加热温度提高，保温时间短，能实现连续化生产。这种杀菌方法可随设备条件的不同而将升温、热交换、冷却等安排在同一台设备中，充分利用热能，降低燃料消耗。

⑤ 冷却:杀菌后的牛乳应尽快冷却至 4℃,冷却速度越快越好。因为磷酸酶对热敏感,不耐热,易钝化(63℃条件下 20 分钟即可钝化)。但牛乳含有渗析的抑制因子和不渗析的耐热的活化因子,抑制因子在 60℃时 30 分钟或 72℃时 15 秒的杀菌条件下不易破坏,能抑制磷酸酶的活力,而在 82～130℃加热时抑制因子被破坏,而活化因子在 82～130℃能保持下来,因而能使已经钝化的磷酸酶再恢复活性。所以高温短时杀菌乳在杀菌灌装后应立即在 4℃以下冷藏,而超高温灭菌乳可在常温下保存。

⑥ 灌装:在包装过程中首先应注意避免二次污染,包括包装环境、包装材料及包装设备的污染。尤其是在使用回收的奶瓶时,清洗干净达到灭菌效果操作起来比较难。其次,应避免灌装时产品升温。第三,应对包装材料提出较高的要求,如洁净、避光、密封,且有一定的机械强度。

奶油的加工

奶油是以乳为原料,分离出含脂肪的部分,添加或不添加其他原料、食品添加剂和营养强化剂,加工制成脂肪含量 10%～80% 的产品。

(1) **工艺流程**　生乳→分离→中和→杀菌→冷却→发酵→成熟→加色素→搅拌→排酪乳→洗涤→加盐压炼→包装。

(2) **技术要点**

① 原料稀奶油的制备:乳中脂肪的相对密度为 0.93,其他成分的相对密度为 1.043,乳在静置时脂肪球会逐渐上浮,在上层形成含脂率很高的部分,称为稀奶油。乳的分离就是根据乳脂肪与其他成分密度的差异,利用静置或离心的方法使其分开。

② 稀奶油的中和:稀奶油的酸度直接影响奶油的质量和保藏性。生产甜奶油时,稀奶油的 pH 应保持在近中性(6.4～6.8),滴定酸度为 0.16%～0.18%。生产酸奶油时,中和后的酸度可稍高,酸度 0.20%～0.22%。如果稀奶油的酸度过高,杀菌时会导致酪蛋白凝固,部分脂肪包在凝块中随酪乳流失,从而影响奶油的产量。如果甜奶油的酸度过高,贮藏时易引起水解,促进氧化,影响风味,加盐时尤其如此。生产中一般使用的中和剂为熟石灰或碳酸钠。

③ 稀奶油的杀菌:为了使酶被完全破坏,一般采用 85～90℃巴氏杀菌。

当稀奶油含金属气味时,应将温度降低到 75℃,若有其他异味,应将温度提高到 93～95℃。

④ 物理成熟:经杀菌或发酵的稀奶油必须进行冷却,在低温下经过一段时间的物理成熟。物理成熟必须采用比液态脂肪凝固温度(17～26℃)更低的温度。其目的是使脂肪中的大部分甘油酯由乳状液状态变为结晶固体状态,以利于下一步加工。成熟时温度越低,所需时间越短。生产上一般采用 8～10℃条件下 8～12 小时。

⑤ 添加色素:最常用的色素为安那妥,是一种天然的植物色素。用量为稀奶油的 0.01％～0.05％。调色时可利用"奶油标准色"的标本,一般在搅拌前添加色素,直接加到奶油搅拌器中的稀奶油中。

⑥ 稀奶油的搅拌:这是生产奶油的一个重要过程。将稀奶油置于搅拌器中,利用机械冲力使物理成熟过程中变性的脂肪球膜破坏而形成脂肪团粒。搅拌时应注意:稀奶油的脂肪含量在 30％～40％,搅拌最初温度为夏季 8～10℃,冬季 11～14℃,小型搅拌机应装入容积的 30％～35％,大型的可装入 50％。搅拌速度一般采用 40 转/分。

⑦ 奶油粒的洗涤:洗涤的目的是为了除去残余的酪乳,提高奶油的保存性。操作时将酪乳放出后,用经过杀菌冷却的清水在搅拌机中洗涤奶油粒,加水量为稀奶油的 50％左右,或与排放的酪乳量相当。水温应根据奶油粒的软硬程度而定,奶油粒软时,应使用比稀奶油温度低 1～3℃的水,注入水后慢速搅拌 3～5 转,停止旋转,将水放出,有异味时可进行 2～3 次洗涤。

⑧ 奶油压炼:奶油压炼是为了调节产品水分的含量,并使水分和盐分分布均匀,奶油粒变为组织细腻的团块。要求压炼完后奶油水分含量保持在 16％以下,水滴应达到极微小的分散状态,奶油切面不允许流出水滴。

⑨ 奶油的成型与包装:包装时应进行无菌操作,所有的器械应进行严格消毒,在包装时不要留有空隙,以防在贮藏过程中发生氧化或产生霉斑。

⑩ 奶油的贮存:奶油包装后要尽快送入冷库中贮存,当贮存期为 2～3 周时可以放在 0℃的冷库中贮存,当贮存期在 6 个月以上,应放在 -15℃的冷库中贮存,当贮存期超过 1 年,应放在 -20～25℃的低温库中贮存。

发酵乳制品的加工

发酵乳是以生牛（羊）乳或乳粉为原料，经杀菌、发酵制成的 pH 值降低的产品。

（1）加工工艺　生乳→净乳→标准化→配料→预热→均质→杀菌→冷却→接种→灌装→发酵→冷却→冷藏后熟。

发酵剂制备

（2）操作要点

①　生乳的质量要求：生乳质量比一般的乳制品生乳要求高。除按规定验收合格外，还必须满足总乳固体不低于11.5％，其中非脂乳固体不低于8.5％。不得使用含有抗生素或残留有效氯等杀菌剂的鲜乳，一般乳牛注射抗生素4天内所产的牛乳不得使用，因为常用的发酵剂菌种对抗生素和残留的杀菌剂、清洗剂非常敏感。不得使用患有乳房炎的牛乳，否则会影响酸乳的风味和蛋白质的凝胶力。

②　配料：国内生产一般都加4％～7％的糖。加糖的方法是先将用于溶糖的生乳加热到50℃左右，再加入砂糖，待完全溶解后，经过滤除去杂质再加入标准化乳罐中。

③　预热、均质、杀菌、冷却：预热、均质、杀菌、冷却都是由预热段、均质段、杀菌段、冷却段组成的板式换热器和外接的均质机联合完成。冷却到稍高于发酵温度的45℃是由于考虑到在后续的接种和灌装过程中温度会略有下降。

④　发酵剂制备：生产酸奶用的发酵剂分为乳酸菌纯培养物、母发酵剂、生产发酵剂三种。制备发酵剂的过程分为下面几步：

菌种的复活和保存。购买的纯菌种培养物通常都装在试管或安瓿中，由于存放时间长，菌种的活力都较弱，通过多次传代可恢复活力。接种过程要在无菌条件下操作，先将菌种移入灭菌培养基（脱脂乳）中，根据菌种特性，放入一定温度的培养箱中培养，凝固后取出1～2毫升，再接种到培养基中，反复传代数次，待乳酸菌充分活化后，培养基可在较短时间内凝固，用这种方法活化后的菌种就可用于调制母发酵剂。要保存菌种,只需把凝固后的培养基管放于 0~5℃冰箱中,每隔 1~2 周移植一次。但在正式应用于生产前,仍需按上述方法反复接种进行活化。

母发酵剂制备。取新鲜脱脂乳 100~300 毫升灭菌,冷却后用无菌吸管吸取纯培养物(为灭菌脱脂乳量的 1%~2%)接种,放入培养箱中培养,凝固后移植于另外的灭菌脱脂乳中,反复 2~3 次,使乳菌保持一定活力。母发酵剂制备后就可用于制备生产发酵剂。

生产发酵剂的调制。取酸奶生产量 1%~2% 的脱脂乳,装入经灭菌的生产发酵剂容器中,在 90℃ 条件下加热 30~60 分钟杀菌,冷却至 25℃,然后用无菌操作添加母发酵剂(生产发酵剂量的 1%)。充分搅拌,均匀混合,置于一定温度下培养,达到所需要的酸度后取出,放于冷藏库中备用。需要注意的是,生产发酵剂的培养基最好与生产酸奶所用的原料相同。若原料是全脂乳,则生产发酵剂也要用全脂乳。

⑤ 接种:接种前应将发酵剂充分搅拌,使凝乳完全破坏。接种是使酸乳受微生物污染的主要环节之一,防止霉菌、酵母、细菌和其他有害微生物的污染。发酵剂加入后应充分搅拌10分钟,使菌体能与杀菌冷却后的牛乳完全混匀,发酵剂的用量应根据发酵剂的活力而定。

⑥ 灌装:接种后经充分搅拌的牛乳应立即灌装到零售容器中。凝固型酸乳的容器使用最多的是玻璃瓶,它能很好地保持酸乳的组织状态,没有有害物质,但运输沉重,回收、清洗、消毒麻烦。塑料杯和纸盒虽然不存在上述的缺点,但在凝固型酸乳的保形方面却不如玻璃瓶,因此塑料杯和纸盒主要用于搅拌性酸乳的灌装。

⑦ 发酵:发酵的温度一般在 42~43℃,这是嗜热链球菌和保加利亚乳杆菌最适生长温度的折中值。发酵时间一般为 2.5~4 小时,发酵终点的判断最重要,它是制作凝固型酸乳的关键技术之一。可采用以下方法判断:发酵一定时间后抽样观察,打开瓶盖观察酸乳的凝固情况,若基本凝固,马上测定酸度,酸度达到0.70%~0.90%即可停止发酵。但酸度的高低还取决于消费者的喜好。在生产实际中还应考虑到,冷却会持续一段过程,在此过程中酸度也会继续上升。

⑧ 冷却:冷却的目的是为了终止发酵过程,迅速而有效地抑制酸乳中乳

酸菌的生长,使酸乳的特征(质地、口味、酸度)达到所设定的要求。

⑨ 冷藏后熟:冷藏的温度一般在 2～7℃,除达到冷却目的外,冷藏还有促进香味物质产生,改善酸乳硬度的作用。香味物质的高峰期一般是在发酵终止后的 4 小时,有人研究的结果则更长,特别是形成酸乳的特征风味是多种风味物质相互平衡的结果,一般是 12～24 小时完成,这段时间为后熟期。

对于搅拌型酸乳的加工,其生产过程基本与凝固型酸乳相同,两者最大的区别在于凝固型酸乳是先灌装后发酵,而搅拌型酸乳是先发酵后灌装。

发酵:搅拌型酸乳的发酵过程通常在专门的发酵罐中进行。罐带保温设备和温度计、pH 计。当酸度达到一定值后,pH 就传出信号。这种发酵罐靠四周夹层里的热媒体来维持一定的温度。若由于某种原因热媒体过高或过低,则不利于酸度的控制。

冷却破乳:罐中酸乳终止发酵后应降温破乳,搅拌型酸乳可采用间隙冷却(夹套)或连续冷却(管式或板式冷却器)。凝乳冷却过程的处理很关键,如果采用间隙冷却,搅拌速度不应超过48 转/分,从而使凝乳组织结构的破坏降低到最小限度。如果采用连续冷却,应采用容积泵输送凝乳。通常,发酵后的凝乳先冷却到 15～20℃,然后混入香料或果料后灌装,再冷却到10℃以下。冷却温度会影响灌装充填期间酸度的变化,当生产批量大时,充填所需时间长,应尽可能降低冷却温度。

乳粉的加工

以生牛(羊)乳为原料,经加工制成的粉状产品称为奶粉。奶粉几乎保留了鲜奶中全部的营养成分,且冲调容易,携带方便,是一种深受消费者喜爱的乳制品。现在普遍采用平锅法、滚筒法和喷雾法三种加热法来生产奶粉。其中以喷雾干燥法最为常见,生产的奶粉质量也最好。下面介绍喷雾干燥法的生产工艺。

(1) **工艺流程** 生乳验收→预处理→预热→均质→杀菌→真空浓缩→喷雾干燥出粉→晾粉、筛粉→包装→装箱→检验→成品。

(2) **加工要点**

① 生乳的收购与检验:一般在奶农集中的地区设立收奶点,经初检后,

用奶桶或槽车盛装,将其运回工厂。生乳的质量主要通过感官、理化和微生物的含量等来检验。

② 原料预处理和标准化:生乳进入工厂后立即进行检验、过滤、净化、标准化处理。标准化的目的是使其符合国家对奶粉中脂肪含量的要求,使含脂奶粉含有 25%～30% 的脂肪。通常采用皮尔逊法进行标准化。

③ 均质、预热:均质的目的是通过均质机把脂肪球打碎,使乳成分均匀细腻,形成一个均匀的分散系统,以提高奶粉的溶解性和风味等。杀菌的目的是杀灭乳中微生物,破坏乳中酶,以利于真空浓缩,保证产品卫生质量并增长贮藏期。预热的目的是杀死乳中的细菌,钝化解脂酶,延长奶粉保存期。目前一般采用高温短时或超高温瞬时杀菌的方法,如 80～85℃加热 5～10 分钟,90～95℃加热 10～15 秒。

④ 加糖:生产加糖或其他配方奶粉时,需向配料中加蔗糖。一般应使奶粉含糖量低于 20%。加糖方法有多种:一是在预热时加糖;二是将灭菌糖浆加入浓缩奶中;三是在包装前添加蔗糖细粉。一般溶解加糖法所制成的加糖奶粉冲调性要优于加糖的奶粉。

⑤ 浓缩:通常采用真空浓缩,目的是除去乳中 70%～80% 的水分,以便于喷雾干燥,提高产品的溶解性,保存乳的营养价值,增长产品的贮藏期。真空浓缩的原理是:浓缩室被抽成真空,当压力在 620～650 毫米汞柱时,牛乳在 45～55℃便会沸腾,水分很快被蒸发,当原料浓缩至 12～14 波美度,干物质含量为 40%～45% 时浓缩结束。

⑥ 干燥:通常采用喷雾干燥,其原理是采用高压泵和离心力的机械力量,以 150～200 千克/平方厘米的压力(或 100～150 米/秒的线速度)将浓缩奶通过喷雾器分散成直径为 10～150 微米的雾状乳滴喷入干燥室,与同时鼓入的热空气充分接触,发生强烈的热交换。

⑦ 冷却、贮存、包装:将 60℃左右奶粉冷却到常温下进行包装、贮存。

干酪制品的加工

干酪是指成熟的或未成熟的软质、半硬质、硬质或特硬质、可有涂层的乳制品,其中乳清蛋白/酪蛋白的比例不超过牛奶中的相应比例。

(1) 工艺流程 生乳标准化→杀菌→冷却→添加发酵剂→发酵→调整

酸度→加氯化钙→加色素→加凝乳酶→搅拌→加温→排除乳清→压榨成型
→盐制→成熟→上色挂蜡→成品。

（2）加工要点

① 生乳：要求是健康奶畜分泌的新鲜乳，高酸度乳、细菌污染乳及含抗
生素乳均不宜生产干酪。

② 预处理：目的是除去乳中杂质。方法是先用普通过滤器滤除乳中颗
粒较大的杂质，如毛发、尘土等，再用离心净乳机除去乳中的细小污物，如上
皮细胞、白细胞等。

③ 标准化：按产品质量要求，调整酪蛋白与乳脂肪的比例（0.75～1.0），
可通过变化脂肪含量进行调整。

④ 杀菌：常采用低温长时杀菌（63℃时30分钟）或高温短时杀菌（70～
75℃时15秒）。如果温度高、时间长，蛋白质则热变性，使凝块松软，影响干
酪硬度和弹性。

⑤ 添加发酵剂：将杀菌乳冷却至30～32℃后加入1%～2%的发酵剂，
充分搅拌，恒温发酵。常用的发酵剂菌种主要有乳酸链球菌、乳油链球菌及
干酪乳杆菌等。加添加剂是为了使产品凝固性好、硬度适宜、色泽一致并防
止产气菌的污染。

⑥ 加凝乳酶：根据酶的活力计算添加量（一般凝乳酶的添加量为
0.002%～0.004%），先用生理盐水将酶稀释成2%的溶液，在30℃下保温
30分钟，然后加入原料乳，搅匀，静置凝固。

⑦ 排除乳清、压榨成型：当乳清pH达到5.2～5.5，干酪粒收缩到一定
硬度时，将凝块捞出，排除乳清，入模挤压成型。

⑧ 加盐：按比例将盐混入干酪粒中或表面，把干酪放入浓度为20%的
盐水中浸泡4天，水温8℃。

冰淇淋的加工

冰淇淋是以饮用水、乳品、甜味料、食用油脂等为主要原料，加入适量香
料、稳定剂等食品添加剂，经混合、灭菌、均质、老化、凝冻等工艺，再经过成
型硬化等工艺制成的体积膨胀的冷冻饮品。

（1）加工工艺　原料预处理、原料选择→按配方混合→杀菌→均质→

冷却→成熟→凝冻→包装→速冻硬化→冷藏。

（2）技术要点

① 原料的配制：冰淇淋加工中常用的原材料有牛奶或奶粉、奶油、糖、乳化剂、增稠剂及香精、色素等。其配料标准一般为：总干物质32％～38％，无脂干物质8％～12％，脂肪8％～14％，白糖13％～15％，稳定剂0.3％～0.5％，香精、色素适量。

② 原料的混合：原料准备好后即可进行混合。先将牛奶或水预热到50℃左右，然后加入奶油、糖等充分搅拌溶解；粉状的乳化剂、稳定剂先拌入糖后，再加入混合料中；使用乳粉时，先用少量水充分溶解，再拌入混合料中；添加香精、色素时应注意适量，并在凝冻过程中加入；使用果汁时，需在冻结操作中途加入，否则果汁中的有机酸易使蛋白质凝固而使冰淇淋组织不良。

③ 均质：均质的作用是使混合料组织细腻、黏度增加，凝冻搅拌时易混入气泡，使冰淇淋的膨胀率增大，并使产品的稳定性增强，消化率和风味增加。方法是由均质机完成，混合料先预热到60℃左右，使用170～210千克/平方厘米的压力均质。

④ 杀菌：杀菌的目的不仅可以杀灭有害微生物，而且可使制品组织均匀，风味佳。可采用低温长时杀菌法，也可用85℃、15分钟杀菌。

⑤ 成熟（陈化）：目的是使混合料发生水合作用，使脂肪、稳定剂、蛋白质等相互融合，黏稠度增加，成品的膨胀率、组织状态及稳定性更佳。方法是使混合料尽快冷却至2～4℃，并在此温度下保持12～24小时。

⑥ 凝冻：凝冻是冰淇淋制造中的一个重要工序。它是将混合原料在强制搅拌下进行冷冻，这样可使空气呈极微小的气泡状态均匀分布于混合原料中，并使水分中的一部分（20％～40％）呈微细的冰结晶。

⑦ 硬化成型：目的是将凝冻的冰淇淋迅速冻结，使产品保持一定的硬度形态。硬化操作适当与否对冰淇淋的品质、膨胀率都有很大的影响。硬化的方法是把冰淇淋尽快放入－20～－25℃的冷库中速冻12小时左右，使其冰结晶小、组织润滑均匀一致、尽量保持其凝冻膨胀状态。最后移入－15℃的冷库中保存。

二、植物性食品加工

果蔬加工产品的特点和分类

利用食品工业的各种加工工艺和方法处理新鲜果蔬而制成的产品称为果蔬加工制品。果蔬加工制品种类繁多,风味各异,贮藏期有长有短。目前大都按加工方法不同来分,概括起来可分为干制品、腌渍制品、罐藏制品、糖制品、发酵制品、速冻制品、果蔬汁及其他果蔬休闲食品等八大类。

(1) **果蔬干制品**　新鲜果蔬经过清洗、切分、烫漂后,采取自然干燥或人工干燥的方法,除去果蔬组织中极大部分的水分,使其水分降到10%以下,所制成的加工品称为果蔬干制品(或称菜干、脱水果蔬)。例如,香覃、金针菜、芦笋干、辣椒干、脱水刀豆等。目前,人工干燥方法主要包括热风干燥法(air dry,AD)和冷冻干燥法(frozen dry,FD)。绝大多数果蔬原料都可供干制加工,但以含水量低、固形物含量高的原料最为适宜。

(2) **腌渍制品**　新鲜果蔬经过部分脱水或未经脱水,加入食盐进行腌制后制成的一类加工品称为果蔬腌制品。可以用几种果蔬混合腌制,腌制时有的添加少量香辛料来增加腌制品的风味,如泡菜、酸菜、榨菜、咸菜等。果蔬腌制品种类很多,大致可分为发酵性腌制品和非发酵性腌制品,前者腌制时用盐量少,有旺盛的乳酸发酵,产品往往带有明显的酸味,后者腌制时用盐量较多,无乳酸发酵或只有轻微的发酵,产品不带酸味。

(3) **罐藏制品**　将新鲜的果蔬除去不可食用部分及烫漂后,装入能密封的容器内,再加入一定浓度的糖液、盐液或其他调味液,经过排气、密封、杀菌、冷却等罐藏工艺而制成的制品称为果蔬罐装制品,即果蔬罐头。果蔬罐头保藏采用商业无菌原理,由于杀菌消灭了制品中的有害微生物,所以制品能长期保存,又便于贮藏、运输和携带,并且可以随时取食,既卫生,又方便,因此它也属于方便食品。

（4）**果蔬糖制品**　新鲜果蔬经过一定的预处理后加糖浸渍或煮制,含糖量达到 65%～75% 的制品称为果蔬糖制品。有的还加入香料或辅料。含糖量在 68% 以下者与果酱类相似,如南瓜泥、胡萝卜酱、西瓜酱等。含糖量在 70% 以上者称为蜜饯类制品,如糖冬瓜、糖荸荠、糖佛手等。目前糖制品有减少用糖量的趋势,向加料蜜饯（即凉果型）发展,即香料、甜味剂、酸味剂及食盐含量增加。果蔬糖制品的原料主要局限于根茎类果蔬和瓜果类果蔬。

（5）**发酵制品**　以水果为原料,经过发酵、陈酿而成的低度饮料酒、果醋。果酒具有水果特有的芳香,风味醇和,味美爽口,色泽鲜美,营养丰富。据分析测定,果酒的营养价值和果汁近似,含有水果中所有的水溶性物质。常饮果酒能增进食欲,帮助消化,保持健康。

果酒一般分为三类:一是发酵酒,为只经酒精发酵的酒,如葡萄酒、苹果酒、橘子酒等,其酒精含量不高,一般为 8%～20%;二是蒸馏酒,在酒精发酵后再经蒸馏（将发酵过的果酒或果渣再蒸馏）,获得含酒精量高的蒸馏酒,一般在 40% 以上,如果实白酒、白兰地;三是配制酒,用果酒或白酒加上其他物料（如鲜果汁、鲜果皮、香料、药物、鲜花、兽骨等）一起浸泡配制而成。

（6）**速冻制品**　将新鲜果蔬清洗、烫漂后,在 $-30～-25℃$ 的低温下,使其在较短的时间内急速冻结,然后贮藏于 $-18℃$ 的低温库中,直至消费时为止。这种经过冻结后在低温条件下保藏的加工制品称为果蔬速冻制品。速冻果蔬可以更好地保持果蔬原有的色、香、味、组织结构和营养成分,是果蔬加工中比较新颖的加工方法,也是当前发展较快的一种果蔬加工制品。值得注意的是,即便是速冻产品,最长也只能保存 3 个月左右,之后随着时间流逝会有营养物质的流失。

（7）**果蔬汁**　将新鲜果蔬洗净、烫漂后,经粉碎压榨所取得的汁液制品称为果蔬汁。果蔬汁含有较多的维生素和无机盐,少数品种可作为饮料,多数品种用来配制其他食物（如汤类）。果蔬汁中大部分是婴幼儿的辅助食品。

(8) **其他果蔬休闲食品**　将新鲜果蔬经挑选、清洗、护色后，经过膨化工艺或油炸工艺，再或者与乳制品、肉制品、粮油制品复合生产出的各种特色休闲食品。

脱水马铃薯片

脱水马铃薯片是采用马铃薯、0.3%～1.0%亚硫酸、15%碳酸钠、0.2%山梨酸等材料，通过对原料选择、清洗、去皮、切片浸泡、烫漂、硫处理、干燥、拣选、包装后得到成品。在原料选择过程中应该选择表面光滑，无冻伤、发芽，没有失水变软，块茎在4厘米以上的马铃薯。在清洗槽中用清水洗涤原料，去除表面泥土和附着的杂质。清洗后将洗净的马铃薯放入擦皮机中去除外皮，若没有去皮设备，也可用浓度是15%的碳酸钠沸水浸泡，不断翻动，洗去表面的淀粉、龙葵素等。如果没有切片机，也可人工切片，但要充分注意切片的均匀程度。切片后，将马铃薯片从浸泡池中捞出倒入夹层锅中，加热煮沸3～4分钟，以马铃薯片基本煮熟但又不烂为适度，并要不断更换冷却水，使其能很快冷却到室温，捞出沥干。在进行烫漂和冷却的过程中，要避免物料与铁器具接触，防止薯片变色。为了保证产品色泽较好，烫漂后的薯片还要进行适当的浸硫处理，即把薯片置于0.3%～1.0%亚硫酸溶液中浸泡2～3分钟，然后捞出用清水漂洗。马铃薯片干燥既可以人工干燥，也可以自然干燥。采用人工干燥时，将处理好的薯片摊放于烘盘中，装量控制在3～6千克/平方米，层厚10～20毫米，干燥温度注意控制后期温度低于65℃即可，干燥时间5～6小时，薯片水分降至6%左右时停止；若采用自然干燥，则将处理后的薯片单层排放在席箔上翻晒，当薯片达到半干状态时，整形翻动一次，使其平直，然后继续晾晒，直至达到水分要求，防止晾晒中发霉、腐烂，在晒制整形前喷洒0.2%的山梨酸盐液或苯甲酸液。干燥好的薯片应仔细挑选，剔除焦片、潮片、碎片及其他杂质。最后按要求将拣选出的马铃薯片称重装入塑料袋或纸箱中。由于马铃薯片含水量低，容易吸潮，纸箱中应衬垫防潮纸。得到的成品应表面平整，片形齐整，厚薄均匀，色泽呈淡褐色，风味上应该具有马铃薯的鲜香味，其含水量应小于7%。

冻干蘑菇

原料为蘑菇和焦亚硫酸钠。鲜蘑菇进厂后,经过清洗、漂白、切片、分选、冻结、冷冻干燥、包装等工序得到产品。蘑菇最好在收获3小时内进行加工,以得到优质产品,清洗时采用0.9~1.4兆帕压力喷淋水彻底浸泡清洗。为防止蘑菇可能发生的酶促褐变,有时需要在水中加入焦亚硫酸钠漂白蘑菇(一般情况下,产品中SO_2含量限制在200毫克/千克)。加工时,应将蘑菇切成5毫米厚的薄片,在分选时将不完整的切片或不好的切片剔除。将蘑菇片装到物料盘上是一步关键操作,物料盘一般是0.35平方米,每盘约装3千克。一般情况下,1厘米的装料厚度比较合适。装盘后蘑菇被送到冷冻室冻结,冻结速度越快,最终产品质量越好。当蘑菇片温度为-30~-25℃时即可送到干燥室去冷冻干燥,冻结操作一般需4~6小时。在干燥开始后,当蘑菇片表面的冰消失时,就可以开始供热了。对蘑菇片的感官指标要求是片形完整,菇纹清晰,形状大小均匀,肉质厚,富有弹性,互不粘连,含水量3%左右,细菌总数低于$1×10^4$个/克。

百合干

选择洁白、片大、紧包的百合100千克,剔除鳞片小、抱合不紧、虫蛀、有黄斑、霉变及表面发红的百合。用不锈钢刀去除百合毛根、夹带的泥土、杂质和外部的老化瓣,然后将百合瓣按大、中、小的顺序分别用清水漂洗。小片用清水洗一遍,中片用洗小片的水略浸后再漂洗3遍,大片用洗中片最后一遍的余水浸泡2小时,然后用清水漂洗3遍。洗涤中随时撇去杂质。烫漂阶段,在夹层锅内放适量水煮沸,将洗净的百合瓣按分好的大、中、小瓣分别下锅烫漂。下料后用木板缓缓搅动,以便烫漂均匀,烫漂时间(从原料下锅后开始计时)约为大片40秒,中片20秒,小片5秒。将烫好的百合瓣趁热迅速平摊于烘盘(75厘米×45厘米×6厘米)内,每盘放熟料约0.75千克,尽量做到不重叠,尤其是大片更要避免在盘内重叠摆放,以保证干燥均匀迅速,然后将烘盘上烘架推进烘房。

蕨菜干

原料为蕨菜 100 千克,硫黄 0.2～0.4 千克。将采收的新鲜蕨菜用清水冲洗干净,除去泥土及其他异物,沥干水分,然后投入含 10% NaCl、pH 为 5～5.5 的沸水中(100℃),热烫 5 分钟,热烫液与蕨菜比为 2∶1,用急火使水尽快烧开,经常翻动,以防死菜。判断是否煮透的方法是:将热烫好的蕨菜从根部到顶部一劈而开说明煮透了,应立即捞出,并在冷水中迅速漂洗,使温度降到室温为止。把烫好的蕨菜均匀铺入烘盘,送入烘房进行人工干制,干制前先用菜重 0.4% 的硫黄进行熏硫,以防止变色。开始烘的温度保持在50℃左右,鼓风排湿,保持 1～2 小时,待蕨菜含水量降至 15% 以下时停止加热。烘干的蕨菜等回软后进行整理,剪掉基部老化的淡黄色部分,然后捆绑成0.5 千克的小把装入塑料袋,放入纸箱内。本产品具有蕨菜特有的风味,无霉异味,呈现灰绿色或褐绿色,复水率为(5～6)∶1。

脱水蒜片

原料采用蒜、0.1%～0.2% 碳酸氢钠水溶液。大蒜要新鲜饱满、品质良好、蒜瓣较大、蒜肉细白、无瘦瘪、无霉烂变质、无老化脱水、无发芽、无病虫害及机械伤害等。将挑好的大蒜放入清水池中浸泡 1～2 小时,以容易进行剥皮为准,然后用切片机切片,边切片边加入清水冲洗,切片的厚度为 1.5～2.2 毫米。在此工序中要注意以下问题:导料板倾角适宜,切刀刀刃锋利、刃角适当,水润滑均匀充足,切刀盘转速合适。将蒜片放入 0.1%～0.2% 碳酸氢钠水溶液中漂白处理 15～20 分钟。将漂白后的蒜片放入对流式干燥设备中,首先进入顺流隧道,温度控制在 60℃左右为宜,当原料水分大部分蒸发干燥,速度逐渐减慢,再进入逆流隧道,在此过程中要防止制品的焦化,待蒜片烘至含水量在 4.5% 左右时,停止烘烤,取出蒜片,全部烘烤时间为 4～5小时。将制品分选后进行包装,每箱净重 20 千克。蒜片洁白,形态大小整齐一致,蒜味浓郁,含水量不高于 6%。

山药片

选用无腐烂、无霉变斑点的新鲜块茎原料,用流水将外表的泥土等杂质冲洗干净。用不锈钢刀或竹制刀片去皮后,迅速切成3~4毫米厚的薄片,进而护色。护色液采用由食用级的氯化钠、柠檬酸和维生素C配制成的溶液,浓度为1‰氯化钠+0.3%柠檬酸+0.25%维生素C+0.5%氯化钙。山药与护色溶液比为1∶2~1∶3,使山药片充分浸渍在溶液中,以免氧化变色,时间一般为3~5小时。将处理好的山药片铺排在有筛眼的料盘上,送入干燥设备内,使干制温度保持在45℃,干燥初期注意干燥设备内的湿气,避免发生表面硬化现象,在后期应注意温度稳定,防止温度过高而焦化。将干制完成的山药片放在空气湿度相对较小的空间内冷却,完全冷却后立即用包装容器包装,即得成品山药片。成品片形整齐,形态大小基本一致,无碎屑,乳白色,含水量不高于8%。

香菇片

鲜香菇采后装于硬制容器中,防止压伤变形,堆放时按朵形大小、厚薄分类,轻放摊薄在菇算上,只能紧靠,切忌重叠。菇算进房时,朵形大的、厚的放在烘房前部(指侧吹式隧道烘房,菇柄可朝上)或下部(指底吹式箱式烘房,菇柄朝下为宜)。烘干工艺根据当天气候条件、鲜菇的形状以及烘干机的结构形式等具体情况决定,不能生搬硬套。一般从40℃开始起烘,然后每隔1小时升温1~3℃,直至65℃时为止。排气门在开始烘干时要全开,待烘至一半时间左右逐渐关小,最后1小时全部关闭,让其自行循环烘干。根据等级要求进行分级,并立即装入塑料袋,扎紧袋口,再装入防潮的厚纸箱内,存放的地方应干燥防潮,含水量12%~13%。

干燥酒花

将整理好的鲜酒花放在干燥床上,均匀铺开40~60厘米厚。用平炉干燥炉烘干,排风风速15~30米/分,以干燥酒花不致被吹起为度,排风能力越大越好。干燥温度开始保持在30~35℃,至少4小时,然后逐步升温至45~50℃,12~15小时内即可干燥完毕。干燥前期可适当翻拌,但后期花片已干,不宜翻拌。含水量应为6%~8%,以花梗干燥为度。

辣椒的干制

首先清洗和整理烘房卫生,检查烘盘是否损坏,若烘房内有霉斑要进行杀菌处理。检查温度、湿度计是否可用。点火加温,然后对鲜辣椒进行挑选,好果待用。将全红熟的辣椒果定量装入每个体积相近的烘盘摊平。平均每1平方米烘盘装鲜椒10~12.5千克。装好摊开后,自上而下分层装入烘房内的烘架上,直到摆满为止。接着封闭门窗大火加热升温,直至烘房内温度升至55℃,使室内温度保持在45~55℃,采用流水式烘干倒盘法,即下层辣椒干燥后及时取出烘房,将上层烘盘逐层向下移动,上层倒出的空位继续摆放鲜辣椒烘盘。干燥的标准是用手指轻捏椒条,若椒角能撕裂断开,即表示已干燥合适,此时含水量在12%~14%。当辣椒角干燥至含水量14%以下时,促其反向吸水,使辣椒干变软,即回潮使辣椒保持标准含水量,以利于挑选、分级、包装贮运等。可采用自然回潮,即将干燥好的椒干连烘盘移出烘房,置于潮湿的场地上过夜,使椒干吸收露水及湿气回潮,及时检查,当用手指轻捏柔软不断裂即为合适含水量,这是最好的回潮方法。也可以采用喷水回潮、热蒸汽回潮等方法。冷却后即可包装。成品辣椒干色红整齐,破碎极少,味香辣,含水量为17%。

果蔬脆片

果蔬脆片采用新鲜果蔬、0.5%盐酸液、精炼植物油、各种调味料为原料,通过对原料选择、清洗、去皮和核、切片、油炸、脱油、着味、包装等工艺制作而成。在这些工艺环节中,油炸、脱油、着味等工艺为关键环节。将切好的果蔬放进由金属网编成的油炸筐中,原料叠放,高度不能超过50毫米,然后把油炸筐放入真空油炸锅中密封,抽真空至0.06兆帕时,将已预热至100~120℃的精炼植物油放入油炸锅中与原料接触,蒸发水分,在此过程中,继续维持一定真空并逐步加热,使油炸锅的温度保持在75~85℃,直至油炸终点。油炸过程的油温要控制好,油温太低,油炸黏度高,油炸脱水需要的时间长,较低温度下油炸过的果蔬中氧化酶的活力依然存在,成品贮藏时易发生褐变,油温过高则会形成过多的泡沫,使果蔬片破裂、变形。油炸时间多控制在15~40分钟,当观察到原料片上的泡沫大多已消失,就可结束油炸。

这时,先将油炸锅内的油抽到贮油罐中,然后破除真空,取出油炸筐。油炸后的果蔬片含油在80%左右,必须脱除多余的油。通常用离心脱油法,将油炸好的果蔬片放入离心甩干机中,以1 000～1 500转/分的速度脱油10分钟。脱油时的转速不能太高,否则会造成果蔬片粘连变形,但转速也不能太低,否则脱油效果受影响。脱油后,将果蔬脆片调成不同风味,苹果片和香蕉片调成甜咸味,马铃薯片调成咸味、辣味等。着味可用拌和法,在慢速拌和机中让果蔬片与配好的固体调味料相互拌和,使产品带有风味,如果条件具备,最好是向产品表面喷涂调味料。油炸果蔬脆片产品含水量很低,极易从外界吸收水分,吸潮后会失去特有的松脆口感,所以着味后的产品要尽快包装。果蔬脆片多采用不透光、不透气,并有一定强度的铝箔复合袋包装,以防止产品在运输和销售过程中破碎、吸湿以及所含的油脂发生酸败,影响产品质量。

膨化苹果片

膨化苹果片经过对原料清洗、去皮、去芯、切片护色、干燥、膨化包装而成。干燥时,使苹果片含水量降至20%～30%,然后进行膨化。膨化时将它们放入一个密闭的容器加热,加热到一定时间后,突然将容器的阀门打开,物料内的水分骤然排出,形成多孔组织,这和我国爆米花的原理相同。膨化后可进一步进行干燥,使成品含水量降至4%～5%。这种产品的复水性和口感都较好,但体积较大。为了减小成品的体积,可在膨化后将产品压成饼再进行干燥。美国农业部已经制造出连续式膨化机,这种机器分为喂料部分、加热部分和排料部分,各部分之间没有隔离阀门。

南瓜脯

南瓜脯采用南瓜、柠檬酸、蔗糖、食盐为原材料,通过原料选择、去皮、切分、预煮、预抽、第一次真空渗糖、第一次浸泡平衡、第二次真空渗糖、第二次浸泡平衡、热糖液浸泡、烘干、回软、包装而成。选成熟但不过熟的、无腐烂、无霉斑、无病虫害的南瓜,然后削去外皮挖去瓜瓤,清洗干净,切成厚度为0.8～1厘米的块,长和宽按生产要求自定。配制含1%食盐、0.2%柠檬酸的混合液加热至沸,投入等量的南瓜,计时预煮5～10分钟,迅速捞出,倒入冷

水中冷却。捞出后进行预抽气,即倒入真空罐内,打开蒸汽阀,使温度升至50℃,启动真空泵,在0.093兆帕下抽气20分钟,抽至瓜片表面不再冒气泡为止,接着将35%的蔗糖溶液加热煮沸5分钟后冷晾至50℃备用。打开进料阀把糖液吸进真空罐内,待糖液全部吸收完后关闭进料阀,重新开启真空泵,在0.093兆帕下抽气30～40分钟,然后打开进气阀,解除真空,连同糖液一起将瓜片浸泡30分钟左右,使内外渗糖趋于平衡,而后打开进料阀,将糖液放出。用70%的蔗糖液,加入柠檬酸使pH为3左右进行第二次真空渗糖,再加热沸腾保持5分钟,立即冷却至50℃,抽入真空罐内,抽真空40分钟。解除真空后,连同糖液一起浸泡平衡8小时。将瓜片从上述糖液中取出,然后将糖液加热浓缩至65%左右,再将瓜片趁热倒入热糖液中快煮2～3分钟,迅速捞出瓜片,并用95℃左右的热水冲洗一遍,以除去瓜片表面糖液,接着将瓜片送入60～65℃烘房,热风干燥约10小时。烘干后将瓜片装入密闭容器中,使瓜肉回软24～36小时,采用复合塑料膜食品袋进行真空包装。含水量20%～25%,总糖50%～60%,还原糖占总糖的60%～70%。

苹果脯

采用苹果、亚硫酸、白砂糖、高锰酸钾、氯化钙、盐酸等为原料。选用果形大而圆整,肉质硬,果心小,酸度大且糖分低的成熟度八九成的果实作为原料,然后放在清水中浸泡清洗。若农药污染严重的可用0.5%～1.5%的盐酸溶液或0.1%高锰酸钾溶液浸泡几分钟,再用清水洗净,再去皮、切半、去果心。将去皮的果肉浸泡在0.1%氯化钙和0.2%～0.3%亚硫酸的混合液中3～4小时,进行硬化和硫化处理。浸后捞出,用清水漂洗干净,接着在夹层锅内配成40%的糖液20千克,加热煮沸,倒入苹果50千克。旺火煮沸后,再添加50%糖液4千克,重新煮沸。如此反复3次,每次加糖2.5千克。第四、五次每次加糖5千克,第六次加糖7千克,煮沸10分钟,趁热起锅,将果块、糖液一起倒入缸内浸渍24～48小时。将沥干的果坯排放在烘盘上整形,送入烘房,在55～65℃温度下烘烤36小时或用60～70℃温度烘烤20～25小时,到果肉饱满带弹性、表面不粘手时即可取出,用手捏成扁圆形即可包装,也可放在太阳下晒制。剔除有伤痕、发青、色泽不匀的果脯,将成品装入食品袋、纸盒,再进行装箱。

糖姜片

原料选用鲜姜片、亚硫酸氢钠、砂糖、95％乙醇、姜辣素等。将鲜姜洗净后去皮,切片成为姜坯状,用0.5％亚硫酸氢钠浸泡后,在沸水中烫漂10分钟以上,目的在于杀菌、钝化酶和糊化淀粉。再进行冷却,调配每天一次,共3天,添加糖,使姜片与砂糖的比例达到100：50,约渍7天。渍到姜片成透明态时加5％(以姜片计)的砂糖,煮至糖姜片透明,取出冷却,即制得成品。

玫瑰梅

原料选用新鲜玫瑰梅、绵白糖、食盐、石灰和砂糖。选用八九成熟新鲜果,沿梅缝合线对半劈开,在洁净缸内配70千克清水、20千克食盐、100千克石灰搅拌溶盐,倒入100千克劈开梅果浸1小时。从缸中取出梅果,在阳光下曝晒至干燥起盐霜。将100千克咸梅放入清水缸内浸泡,用木棒轻轻搅动,使梅坯分散,除去表面泥沙杂质,连续漂洗至味淡,沥干。100千克梅坯加砂糖50千克,分层放置,糖渍3天起缸。将糖渍梅坯放在竹匾上,撒上20千克砂糖,边晒边翻,至糖浆被梅吃透呈牵丝状,加绵白糖25千克,拌匀、干燥得成品,包装。

广东话梅

原料选用话梅坯、甘草、糖精、香料粉等。梅坯用盐、少量明矾加石灰腌渍,经过曝晒、回软、复晒制成。再在清水中漂洗脱盐,水量应足,要浸没梅坯30分钟,脱去盐50％,捞起冲洗净,沥干、曝晒。晚间堆好覆盖,早上摊开晾晒,晒干、过筛,除去杂物。装缸内配3千克甘草、39千克水,加热煎到水分至11千克时过滤甘草汁,澄清,再将糖精及香料粉加入,调匀加热到80℃左右,倒进盛有脱盐梅坯的容器内常翻动,待全吸收取出曝晒即成。

糖水桃罐头

选用果形均匀对称、肉质厚、不溶质性的黄桃或白桃为原料。白桃要白色或青色,黄桃则要求黄色或青黄色,成熟度八成左右。首先剔去伤果,选横径在 55 毫米以上的果实,按大小分两级。用流动水除去表面污泥,用不锈钢刀沿缝合线对半切开,不要切偏。切分后将桃块浸于 1%～2% 食盐水中护色,用圆形挖孔器挖出桃核。将桃块浸入 90～95℃、浓度 4%～6% 的氢氧化钠溶液中浸泡 30～60 分钟,然后用清水漂洗,搓擦去皮,再将桃块倒入 0.3% 的盐酸溶液中,中和 2～3 分钟,再用 0.5% 食盐水浸泡护色 10 分钟,用流动水冲洗干净。先在预煮水中加入 0.1% 的柠檬酸,待水煮沸后倒入桃块,在 95～100℃ 的热水中煮 4～8 分钟,以煮透而不变色为适度。煮后立即用冷水浸透。用小刀割去桃块表面斑点及残留桃皮,使切口无毛边、核洼光滑,果块呈半圆形。修整好的桃块按不同色泽大小分别装入清洁消毒过的罐内,装罐量不低于净重的 55%,装罐后立即注入浓度 25%～30% 的热糖水。糖水中加入 0.02%～0.03% 的维生素 C,以抑制桃块氧化变色。接着排气密封,待罐中心温度达到 75℃ 时立即趁热封罐。真空度不低于 60 千帕。封罐后在沸水中煮 10～20 分钟,然后冷却至 38℃ 左右。

糖水橘子罐头

选择肉质致密、色泽鲜艳美观、香味良好、糖分含量高、糖酸比适度、含橙皮苷低的果实,如温州蜜橘、红橘等。要求果实完全成熟,横径至少在 45 毫米以上,无病虫害、无机械损伤。按果实横径大小进行分级,一级 45～55 毫米,每增加 10 毫米上升一级,分级后用清水洗净表面尘污。在 95～100℃ 热水中烫 1 分钟左右,使果皮和果肉松离,易于剥皮。先投入浓度为 0.09% ～0.12% 的盐酸溶液中浸泡约 20 分钟,浸泡温度约 20℃,取出后用清水漂洗。再投入 0.07%～0.09% 的氢氧化钠溶液中浸泡 3～6 分钟,温度 35～40℃。处理后的橘瓣立即用流动水漂洗 1 小时,除去碱液、囊衣和橘络,并去掉破碎的橘片。装罐前晾干水分,正确称量后装入消过毒的罐内,注入糖水。一般橘肉装入量不低于净重的 55%。装好后注入浓度 25%～35%、温度 80℃ 以上的糖液,用柠檬酸调节成品的 pH 在 3.7 以下,保持顶隙 6 毫米左右。注入糖液后盖上瓶盖,放在 90℃ 的热水中排气 15 分钟,热水以淹没罐身2/3为宜,或者通过排气箱排气。排气后立即封罐。若用真空封罐机,不需排气即可封罐,但需在真空度 40～60 千帕下封罐。在 100℃ 沸水中煮 10 分钟,再分段冷却至 35℃。保温 1 周后剔除胖罐、漏罐后即得成品。

牛蒡罐头

牛蒡经过原料选择、预处理、切分、烫漂、装罐、罐汤汁、排气、密封、杀菌与保温检验后而制得成品。选择新鲜、完整、无病虫害的牛蒡。原料经过清洗、去皮后,迅速投入 0.1％～0.2％亚硫酸氢钠护色液。护色后的原料经冲洗,切成长 7～11 厘米、宽 0.2 厘米的细条,迅速放入护色液中浸泡 0.5 小时。护色液为维生素 C 0.05％、柠檬酸 0.3％、氯化钙 0.1％。牛蒡细条经冲洗后放入 100℃沸水烫漂 3 分钟,捞出,迅速投入冷水冷却。空罐清洗,检查后备用。牛蒡丝控水后整齐竖块装罐,装量准确。汤汁配方为食盐 2.5％、白糖 6％、食醋 2％、味精 0.05％、整红辣椒少许,汤汁经煮沸、过滤后保温备用。趁热罐装,预留顶隙 6～8 毫米。采用热力排气,罐中心温度在 80℃以上,趁热封罐或采用真空封罐机封罐。沸水杀菌,250 克杀菌公式为 5 分钟—10 分钟/100℃。最后在 25℃下保温 7～10 天,期间每日检查,剔除败坏罐。

注:杀菌公式 5 分钟—10 分钟/100℃的含义为:在 5 分钟内升高到杀菌温度 100℃,然后在 10 分钟内将罐头冷却至 38℃左右。

糖水百合罐头

经过原料选择、清洗、剥瓣、护色、硬化、整修、分级、预煮、冷却、装罐、加汤汁、排气、密封、杀菌、冷却、保温检验后得到成品。选用果型大、色泽洁白、瓣厚、质筋少的优质百合。将合格的百合用不锈钢剪刀剪除根须,用流动水洗净外部泥沙,然后按序剥瓣后置流动水中冲洗泥沙。将冲净的百合瓣放入含 1％氯化钙、1％氢氧化钠、0.1％盐酸的护色硬化液中室温下浸泡 24 小时,然后以流动水冲漂净百合瓣表面之护色硬化残液。剔除泛黄、有腐烂点等不合格百合瓣,修整去百合瓣上的小黄斑点,然后按百合瓣的色泽、大小分级,以备分别加工。将分级后的百合瓣放入 95～100℃的热水中预煮,至百合瓣晶亮透明为止,然后捞出,立即置于流动冷水中冷却,并冲漂掉百合表面的黏液。用玻璃瓶装,净重 500 克,可装百合 280 克,汤汁 220 克。排气密封,罐中心温度达 75～80℃。杀菌公式为 5 分钟—25 分钟—10 分钟/100℃,杀菌后分段冷却至 37℃左右,然后保温检验。

注:杀菌公式5分钟—25分钟—10分钟/100℃的含义为:在5分钟内将温度升高至杀菌温度100℃,在100℃保持25分钟,然后在10分钟内将罐头冷却至38℃左右。

糖水枣罐头

经过原料选择、分级、清洗、消毒、预煮、装罐、加糖液、排气、密封、杀菌、冷却、保温、打检后得到糖水枣罐头。选取果实饱满、皮薄、色红、枣肉肥厚、呈淡黄色、含水量为25%～28%的干枣。剔除病虫害、霉烂、机械伤者,按果型大小、品质分级。用流动水洗净干枣表面泥污,再用0.03%消毒液浸泡5～8分钟,使枣果基本饱满,表皮皱缩基本消失为度。预煮后剔除破裂枣,立即装罐。选用7110型玻璃罐,净重425克,其中枣果240克,糖水185克(糖水含糖30%～35%,柠檬酸0.1%～0.3%)。接着抽气密封,真空度0.06～0.07兆帕,或者排气密封,90～95℃排气5～8分钟。用杀菌公式(排气)5分钟—25分钟/95℃,杀菌后分段冷却至35～38℃,然后保温,打检。

蕨菜罐头

原料经过挑选、清洗、热烫、冷却后进行装罐,封口杀菌后再冷却,制成成品。首先按菜的颜色分类,挑出紫色蕨菜单独加工。先把蕨菜切分整齐(长度因罐的大小而异),放入罐中,倒入pH为7～7.5,2%～3%的NaCl水溶液淹没蕨菜,顶部留空隙,封口时要保持51～53千帕的真空度,再按杀菌公式10分钟—30分钟—15分钟/100℃进行杀菌。杀菌后分段降温至室温,然后送入保温库贮存观察7天,合格产品即可投入市场出售。

糖水木瓜罐头

选择果形整齐,质量100克以上,可溶性固形物为七八成熟的果实。将木瓜投入氢氧化钠热溶液中浸泡,去皮后以清水冲洗净碱液。木瓜去皮后用不锈钢刀从果中央切为两半,用弯刀将子瓤挖除干净。用不锈钢刀将果面上残皮、斑点、机械伤、果蒂等修剪干净,然后纵切成长7～12厘米,宽2～3厘米的长条。采用温水恒温浸泡脱涩,按果条大小、色泽进行分选,接着进行装罐、加糖液,玻璃罐净重500克,其中果条300克,糖水200克(糖水含糖35％～38％)。抽气密封,真空度0.05～0.06兆帕,采用杀菌公式5分钟—20分钟/100℃,杀菌后分段冷却至35℃左右,然后保温打检。

速冻草莓

速冻草莓经过原料选择、预处理、加糖,然后冻结和冻藏而制成。草莓要求大小均匀,果面红色占2/3,坚实,果实无压伤、无病虫害。运输时轻拿轻放,箱装的不宜太满,防止太阳直射。按果实的色泽和大小分级挑选。首先挑选出适宜冻结加工的果实,然后按大小分级或按质量分级。冻结加工前需要去蒂,去蒂时,注意防止损伤果肉,一只手轻拿果实,另一只手轻轻转动,即可去蒂,然后清洗2～3次,除去泥沙、脏物等。将预先配制好的浓度为30％～50％的糖液倒入塑料槽中,然后将草莓放入轻轻搅拌均匀,浸泡3～5分钟,捞出后过滤出糖液。将用糖液浸泡过的草莓迅速冷却至15℃以下,尽快降温至－18℃。冻结后的草莓尽快在低温状态下包装,以防止表面熔化而影响产品质量。包装材料采用塑料盒和纸盒,装入塑料袋内真空包装或用塑料袋直接包装,然后装入纸箱,每箱装20千克,在温度为－18℃的库房内堆积贮存,每5层加一木制底盘。

速冻青豌豆

应选用大青荚、小青荚、甜豌豆,宜使用早中期豆荚,豆粒饱满鲜嫩。将青豆放入16℃的盐水中,先捞取上浮豌豆,下沉的老青豆做次品处理。每批浮选时间不超过3分钟,盐水浓度要经常调整,一般浮选2～3次后需要校正盐水浓度。沸水中烫漂1.5～3分钟,适当翻动,使受热均匀。时间视豆粒的品质和数量而定,以食之无生味为宜,过度烫漂会使豆粒变色。

速冻蒜薹

选择适宜的原料收购,收购后应立即调运,不宜外存,若需要贮藏应该冷却。根部切去0.5～1厘米,切齐后从根部至腰先切25～28厘米或20～23厘米长条、中条,然后再切短条。最后留下4～6厘米的蒜苗段,根部花蕾弯

曲处(约 5 厘米处)不宜采用。切分时要注意不同规格不能混淆,切断时要注意擦去刀面上锈液,以防止对蒜苗切口的污染。沸水中烫漂至色泽转鲜绿色,食之无辛辣味。要求蒜苗整齐,条形正直,粗细均匀,断条不超过 15%。

速冻芦笋

收购芦笋时,要按要求进行分级,长度不等的进行冲洗,并切去基部多余部分,使芦笋整齐一致,切口断面要平整,然后进行烫漂,水温在 95℃以上,时间可视嫩茎粗细情况具体确定。用定性分析方法进行酶检,以确定烫漂是否适度。方法是在原料基部切取一横切面,加入显色剂(1.5% 愈创木酚 2 滴,3% H_2O_2 10 滴),温度应控制在 5～10℃,如在 30 秒至 1 分钟内显棕色,表示时间合适,30 秒内显色表示烫漂时间不够,超过 1 分钟或不显色,则烫漂时间过长。烫漂结束后,立即转到 10℃以下的冷水中进行冷却,待嫩茎冷透后,将其从水中捞出,分散放置,注意产品之间相互不要粘连,用风扇吹干表面水分。晾干的芦笋尽快放入 −30℃冷库中进行速冻,冻结时间越短越好,入库后能在 30 分钟内降至 −20℃,这样产品贮期较长,品质较好。速冻后的芦笋在 5℃以下按市场需要包装,用封口机封口,然后转到 −20～−18℃冷库中贮藏。速冻芦笋出库后要尽快食用,不宜在室温下放置过久。

速冻菠菜

选用叶大、肥厚、鲜嫩的菠菜,株形完整,收获时不散株,不浸水,无机械损伤、无病虫害。将根头须根去净,摘除枯叶、残叶。用清水清洗干净。先将根部放入沸水中烫漂 30 秒左右,然后再将全株浸入,烫漂 30 秒左右。烫漂后菠菜投入冷水中冷却至 10℃以下。用振动筛沥去水分,置于 18 厘米×13 厘米长方盒内,摊整齐,每盒装 530 克,酌水分多少而定。将菜根理齐后朝铁盒一头装好,然后再将盒外的茎叶向盒折回,成长方形的块。将长方形的菠菜块送入 −35℃以下的速冻机冻结至中心温度 −18℃。用冷水脱盒,然后轻击冻盒,将盒内菠菜置于镀冰槽包冰衣,在 3～5℃冷水中浸渍 3～5秒。按每箱 500 克×20 袋,重 10 千克进行包装,之后冻藏。

速冻甜玉米

采收成熟适度的甜玉米及时加工,采用机械预冷降低田间热,即将甜玉米薄薄的铺在通风凉爽的地方做短时存放,防止雨淋。人工直接剥去苞叶,注意除去玉米须,同时除去有病虫害、严重脱粒及干瘪的甜玉米。将剥去皮的甜玉米放入2%的食盐溶液中浸泡25～30分钟,取出放入流动水中冲洗10～15分钟,捞出沥干水分,进一步除去残留玉米须,接着按标准进行分选。在不锈钢的切头机上将选好的甜玉米去头尾,轻拿轻放。在90～100℃的热水中预煮约15分钟,同时检测酶的活性。捞出预煮好的甜玉米迅速放入冷水中进行冷却,使其中心温度达到10℃以下,然后捞出,沥干水分。将预冷好的整穗甜玉米放入－35℃以下的速冻隧道或风冷冷冻间内,迅速冻结,使甜玉米穗中心温度达－18℃以下。在包装间内将速冻好的整穗甜玉米装入塑料袋内,封口。检测每袋甜玉米的质量及打印日期等,将合格产品装箱,打捆。整箱包装好的甜玉米及时送入－18℃以下的冷库内贮存。

浓缩苹果汁

利用盘管式加热器对破碎后的果浆进行加热处理,加热介质为蒸汽,加热时间为果浆流经盘管式加热器所经时间(15～30秒),用不同的加热温度进行多次试验。试验结果表明,加热温度在50～70℃范围内能软化果肉组织,破坏细胞结构。选用卧式螺旋压榨机把破碎加热后产生的汁液通过压滤机滤出来,此工艺过程可以将果实中20%的汁液滤出来。采用立式履带式榨汁机榨汁,压力为0.6兆帕。压榨后进行二次浸提。压榨出来的果汁中还有许多较粗大的果肉颗粒,用振动筛再次筛滤。利用碟式离心分离机先把压榨出的果汁进行离心分离,去掉其中的果渣和大部分果浆等固体颗粒,然后再预浓缩及澄清。苹果汁中的香气成分在高真空和低温的条件下迅速地被蒸发出去,然后进入精馏塔继续蒸发浓缩到规定的浓度,冷却装罐,同时使原汁的浓度增加到15°Bx左右,再输送到巴氏杀菌工段进行杀菌。利用板式换热器将果汁加热到80～95℃,一般控制在93.3℃,停留15～30秒后立即冷却到澄清温度(45～55℃)。采用酶、辅料相结合的方法进行果汁的澄清。用果酸调节淀粉酶、果胶酶;用活性炭吸附、脱除果汁中大分子;用明胶中和果汁中阴离子;硅胶吸附残留的蛋白质等絮凝物,除去果汁中的蛋白质;膨润土作为助滤剂,提高过滤的速度。工艺采用两次加料法。用硅藻土过滤机精滤下面的沉淀,浑汁用离心分离机进行分离。利用板式三效蒸发器进行浓缩。一效真空度0.03～0.05兆帕,二效真空度0.02～0.04兆帕,三效真空度0.08～0.09兆帕。启用循环泵强化混合果汁,使成品糖度一致,质量稳定。成品的微生物指标合格后,成品进入无菌包装室包装。先将包装用的塑料大桶用自来水冲洗干净,然后用蒸汽杀菌,最后用紫外线灯对塑料大桶及其盖进行消毒,果汁注入桶中定量后进行密封,遗漏在容器口和容器外边的浓缩汁应擦净,并用无菌水冲洗干净,消毒后送入冷库中贮存,温度0～5℃。

金针菇汁发酵饮料

采摘下的金针菇放置在空气中一段时间容易褐变,应立即用0.8%的食盐溶液或0.05%的焦亚硫酸钠溶液护色,然后运至工厂,先加工。进行挑选整理,除去杂物,要求无不良颜色及病虫害斑等不良现象。将金针菇放入含有0.05%柠檬酸、0.01%亚硫酸氢钠的沸水中热烫,随后立即放入冷水中漂洗干净,沥干待用。用榨汁机进行榨汁,榨出的汁用胶体磨均质。采用100℃加热4分钟杀菌。将杀菌后的金针菇冷却至40℃左右备用,采用保加利亚乳杆菌和嗜热链球菌分别驯化多代后按1∶1混合成发酵剂,以5%接种量接种于冷却备用的金针菇汁内,然后在40℃下培养发酵30小时。发酵结束后,金针菇汁需用糖来调配,使产品酸甜适口,风味爽口。另外,发酵原料汁可以稀释,在90～95℃再次杀菌5分钟后得到产品。

丝瓜保健饮料

选用生长良好、八九成熟、无病虫害、无腐烂、无机械损伤的丝瓜,用沸水预煮,煮熟为宜,及时出锅。迅速用冷水冷却至室温,达到灭酶护色的目的。将处理过的原料装入破碎机内切碎,为使榨汁顺利可反复破碎2～3次,破碎后的碎块为1～2毫米。接着放入螺旋式压榨机进行榨汁,榨出的汁液经过180目/2.54平方厘米过滤网过滤。过滤后的汁液加入0.1%羧甲基纤维素钠作为稳定剂,然后根据口感调配方进行调配。为防止装罐后产生沉淀影响外观和口感,调配好的汁液需高压均质处理,均质后的汁液用真空脱气机进行脱气。采用符合 GB1004 聚酯(PET)/铝箔(Al)/聚丙烯(CPP)复合膜、袋进行装罐。装袋温度不低于 65℃,以 180～210℃ 温度熔封,并逐袋检查封口质量。采用 100℃、5 分钟条件杀菌,杀菌后用流动水冷却至常温,然后包装,即为成品。

玫瑰花饮料

冲洗干净玫瑰萼片、大枣,将萼片放入陶瓷釉面的浸泡池中,加入有效量的热水浸泡两次,每次浸泡时间为 2～6 小时,热水温度为 80～100℃,再对每次的浸泡液用 270～280 目滤网进行过滤,两次滤得的汁液混合,自然凉至常温,澄清后作为萼片汁液。将大枣放入浸泡池中用足量的水连续浸泡两次,每次浸泡时间为 3～4 小时,热水温度为 80～100℃,用 270～280 目滤网对大枣浸泡液过滤,混合两次滤液,自然凉至常温,澄清后即为大枣汁液,所得大枣汁液和萼片汁液在混合调配前应分别经过热蒸汽消毒杀菌,对萼片汁液进行消毒杀菌时所用容器应为不锈钢制品。在不锈钢容器中混合萼片、大枣消毒灭菌后的汁液,再按比例放入有效量的白糖、蜂蜜,搅拌混合均匀,对混配液进行过热蒸汽消毒杀菌处理后即得该饮料原液。兑水稀释,消毒杀菌后封装制成玫瑰饮料:按比例加入一定量的稀释用水,稀释后的该饮料仍必须在不锈钢容器内进行消毒杀菌处理,然后自然凉至常温,装罐密封,即为成品饮料。

姜枣汁饮料

将生姜洗净切片,将红枣干洗净破开果皮,加水混匀,用 100～121℃,10～15 分钟蒸汽杀菌锅蒸熟,再加水至浸没生姜、红枣,浆渣分离机分渣除皮、脱核后得姜枣浆。用煮开的水分别溶解砂糖、羧甲基纤维素钠,加入生姜、红枣浆中,经胶体磨研匀、研碎。用煮开后放冷的水溶解柠檬酸、抗氧剂、维生素 C,将之与姜枣浆一起倒入配料搅拌罐中,搅拌 30 分钟,再经高压均质,预贮存罐中,待分装。用罐封机分装,经蒸汽杀菌锅 121℃、15 分钟蒸汽杀菌,化验后包装入库。

西瓜饮料

选用优质西瓜,用自来水冲洗去西瓜表面的泥污、灰尘及部分微生物,放入0.01%～0.02%的高锰酸钾溶液中浸泡3分钟左右。用标准饮用水冲洗表面的高锰酸钾残液,洗涤水要保持清洁。所用不锈钢刀、不锈钢勺等应消毒,西瓜剖开后挖出瓜瓤。将取出的瓜瓤迅速放入清洗过的打浆机打浆,分头道和二道打浆,筛网孔径分别为0.6毫米、0.4毫米,经打浆后的浆汁通过筛网流经贮液桶,瓜子和渣则由另一端出口处挤出。用离心机分离出瓜汁中的悬浮物和沉淀物,用柠檬酸调pH至4.0左右,使过氧化物酶的活性处于较低状态。加砂糖使西瓜汁的糖度达12%,加0.08%稳定剂,再加入适量的色素使成品达到近天然色。在20～25兆帕,40～45℃条件下均质,使细小的肉汁进一步细碎,防止悬浮和沉淀。在0.07～0.08兆帕真空度下进行脱气处理,以除去瓜汁中的空气,抑制褐变、色变等,提高西瓜汁的品质标准。选用板式热交换器在80℃条件下热处理2～3分钟,使果胶酶和过氧化酶失去活性。瓶子应提前在50℃的1%～2%的热碱水中浸泡15～20分钟,用清水冲洗后再用无菌水冲洗。沥干后,按规定标准热装罐。中心温度控制在70℃以上。瓶盖要烫洗、消毒、冲洗干净后方可使用。装罐后应立即密封。采用水浴法杀菌。在70℃条件下,吊入笼夹,在100℃水浴条件下保持15分钟杀菌处理。杀菌水必须保持清洁,经常更换。封盖后要立即杀菌,防止积压。杀菌后应迅速冷却至38～40℃,擦干后贴标签入库,经检验合格方可出厂。

红葡萄酒

购得原料后,将葡萄浆果与果梗分离开并除去果梗,这样可制得优质酒。将葡萄破碎压渣,以便于果汁流出,此过程应尽量避免撕碎果皮、压破种子和碾碎果梗。经过50～100毫克/升的SO_2处理后,即使不加入酵母,酒精发酵也会得到自然触发。接着进行发酵,方式采用封闭式。这种发酵方式避免了酒精的损失以及好气性细菌的繁殖,同时有利于皮渣所含物质的溶解和苹果酸—乳酸发酵的进行。另外还有一个优点就是发酵容器有双重作用,可用于葡萄酒的贮藏。葡萄经过破碎,在发酵开始之前,应测定葡萄汁的含糖量、含酸量及其相对密度。发酵开始后最好在每天的早晨、中午和晚上定量测定发酵液的相对密度和温度，控制发酵过程。发酵期间，发酵液温度不宜超过 30℃，若高于 30℃，应采取有效措施降温。皮渣分离后葡萄汁发酵，发酵液温度应控制在 16～20℃。发酵过程中应做好详细的发酵记录。通过一定时间的浸渍，酒精发酵结束，先流出自流酒，皮渣将被运往压榨机进行压榨，以制得压榨酒。分离自流酒，以避免高温度的不良影响，而且如果浸渍时间过长，葡萄酒的柔和性则降低，为了促进苹果酸－乳酸发酵进行，在分离时应避免葡萄酒降温，如果自流酒的抗氧化能力好，则可不进行二氧化硫处理，将自流酒直接泵送进干净的贮藏罐中。在自流酒分离完毕以后，应将发酵容器中的皮渣取出，由于发酵容器中存在着大量二氧化碳，所以应等 2～3 小时，至发酵容器中不再有二氧化碳后进行除渣。在输送和压榨时，应注意压力不能过大，否则压榨酒不仅沉渣的量增加，而且还会出现苦味单宁和草味。尽量使苹果酸－乳酸发酵在出罐以后进行，使红葡萄酒具有生物稳定性。最后通过陈酿而成为红葡萄酒。在陈酿过程中，一方面酒的色泽发生变化，另一方面是酒的香气和口味易发生彻底变化，幼龄酒的浓香味逐渐消失，新形成的香味更加令人愉快和细腻。在瓶中陈酿使酒达到最后成熟。

苹果醋

应选择无霉变、腐烂的苹果，用清水反复洗干净，除去果面的灰尘、泥土、杂菌等。用粉碎机将果实完全破碎，同时加入 0.2% 的果胶酶及 0.3% 的亚硫酸，以防果肉褐变。玉米粉糊化时的料水比为 1：5。先将定量的水加入锅内，升温至水沸，然后缓缓撒入玉米面，要不断搅拌，保持 80～90℃ 糊化 15 分钟，同时加入淀粉酶 0.35%，液化 30 分钟即成玉米醪。将苹果浆 80%、玉米醪 20% 混合加入 2% 的麸曲，在 30～35℃ 糖化 1～2 小时，再加入 10% 的事先制备好的酒母进行酒精发酵，发酵温度为 25～32℃，每天搅拌 2～3 次，以促进发酵的进行。酒精发酵在正常情况下 3～4 天即可。酒精发酵结束后与谷壳、麸皮搅拌均匀，再拌入 5%～10% 事先制备好的醋曲，制成生醋坯，将生醋坯装入暖缸进行醋酸发酵，温度控制在 30～35℃，经 4～5 天完成。将熟醋坯移入淋醋池中。用等量的冷水淋醋缸，醋则从底侧壁醋管流出,如此淋醋两次,一淋醋即为成品醋(醋酸含量 3.5%～5.5%),二淋醋留作下一缸淋醋用。刚制好的新醋可作为商品醋出售,但欲制得优质醋还需要陈酿,即将新醋(醋酸含量 5% 左右)满装于缸中,加盖,外用稀泥密封,在醋窖中贮存 2～3 周,经过此过程,陈醋品质优良,风味浓郁。若成品醋醋酸含量在 4% 以下,加入 0.05%～0.1% 山梨酸钠或 2%～5% 的生蒜汁或生姜汁,也可将醋装瓶封盖,在沸水浴中杀菌 20～30 分钟,防止感染杂菌而产生白花病。成品醋醋酸含量在 5% 左右时,高酸抑制微生物的生长,只要密封好,一般不会感染杂菌。

木瓜醋

要求制醋的木瓜果实充分成熟,无病虫害、无霉烂变质。洗去果实表面灰尘、杂质。将果实切成约 1 厘米厚的薄片,除去果心和种子。将蔗糖与木瓜按(1～1.2):1 的比例,一层木瓜片一层糖,置于瓷器、搪瓷皿或浸渍池中,密封,防止香气逸出,浸渍 6～10 天。用纱布过滤,分离得木瓜加糖原汁,可溶性固形物含量 65%～70%。分离出的木瓜片经加工后可以制成果脯、果酱等。将木瓜加糖原汁按重量加 4 倍冷开水,配成可溶性固形物约为 16% 的稀木瓜原汁。将稀木瓜原汁注入发酵池中,原汁添加至发酵池的 4/5,留空位 1/5,以防止发酵时液体涌出池外。密封发酵池,防止酒精的挥发。在 25℃ 条件下 40 天完成酒精发酵过程,酒精度在 7% 左右。按发酵后木瓜原汁量的 1/3 加入醋酸菌母液,进行醋酸发酵。温度控制在 30～35℃,避光进行。前期宜每天搅拌一次,以增加发酵液中的氧化含量。经 20 多天,当总酸含量不再上升,酒精含量微量时,即为木瓜醋。将木瓜醋移至另一容器中,密封,陈酿 2～3 个月。经陈酿的木瓜果醋中加入 2% 的食盐及 0.08% 的苯甲酸钠,并按标准调整酸度及其他指标。滤去果醋中的沉淀,以保证果醋的清澈透明。采用瞬时杀菌机进行杀菌,温度为 90℃ 左右,时间 15 分钟。也可将果醋煮沸杀菌后趁热装瓶。将经过杀菌的醋装瓶,密封,经抽样检验合格即为成品。

四川榨菜

四川榨菜的配方为 100 千克榨菜加入 0.3～0.5 千克花椒、1.1～1.25

千克辣椒粉、4.5～5.5千克食盐、0.12～0.2千克混合香辛料。通过对鲜菜进行选菜、串菜、下架、整理、头腌、翻池二腌、修剪、淘洗、压榨、拌料、装坛、扎口、入库等工艺制作而成。选菜过程中由于新鲜榨菜的个体形状和单个质量不同,水分高低都有较大差别,所以混合加工会给脱水和盐分渗透带来困难,因此必须分类处理。分类的原则如下:个体重150～350克的,可整个加工;个体重350～500克的,应对剖后加工;个体重500克以上的,应剖成3～4块,使大小基本一致,老嫩兼顾,青白均匀,防止食用时口感不一;个体重150克以下的以及有斑点、空心、硬头、羊角和老菜等应列为级外菜;个体重60克以下的不能作为榨菜加工用。将分类好的菜块用篾丝穿成串,以便晾晒。过去用篾丝直接穿菜身,使菜身留下黑洞,且易夹杂污物。现在采取菜块上留约3厘米根茎作为穿丝之用,以避免损伤菜身。要求大小菜块分开穿串,并使之有间隙通风,力求脱水均匀。在2～3级风的情况下,一般需晾晒7天。控制水分下降率为早期菜的42%,中期菜的40%,晚期菜的38%。穿菜后要求先晒先上,菜头软而无硬心,控制好适时下架。在整理的时候要除去根部,剥尽茎部老皮。下架的菜块必须当天下池,防止堆积发热。头腌每100千克菜块用盐4千克,层层压紧排实,早晚各压一次,腌制72小时左右,然后将菜块分层起池,调整上、中、下位置,拌和揉搓均匀。二腌需要7天以上,必须使盐分进入菜中,以防止菜块发酸。腌制完毕后,用剪刀挑尽老筋、硬筋、修剪飞皮菜匙和菜顶,剔去黑斑、烂点和缝隙杂质,但要注意防止损伤菜块组织。经过修剪整形后的菜头必须在当天用清盐水仔细淘洗3次。压榨的过程中,传统工艺使用木榨压榨除去水分,此法工作效率低,劳动强度大。改用"囤围",即利用菜块质量压水,但用此法时上、下层菜块的干湿程度差别较大,含水量高的菜块容易变酸,影响块形和风味。目前正逐步采用机压,使压力基本均匀,压榨后的菜块含水率控制在72%～74%。拌料的榨菜必须晾干水分,以免拌后使料变成稀糊,然后将辣椒粉、花椒和混合香料粉拌匀,再进行装坛,每坛分5次装入,头层10千克,二层12.5千克,三层7.5千克,四层5千克,五层1～1.5千克,层层压紧,要求用力均匀,直到压出卤水为止。注意防止捣烂菜块。选用腌制过的长梗菜叶封口。封口叶不少于1千克,以保证坛口清香,防止霉烂变质。

糖醋黄瓜

糖醋黄瓜是通过洗涤、自然发酵、脱盐、糖醋香液浸泡而成。选择幼嫩、短小、肉质坚实的黄瓜,充分洗涤,勿擦伤其外皮。先用 8 波美度的食盐水等量浸泡于陶瓷坛内。第二天按照坛内黄瓜和盐水的总重量加入 4% 的食盐,第三天又加入 3% 的食盐,第四天起每天加入 1% 的食盐。逐日加盐,直至盐水浓度能保持在 15 波美度为止,自然发酵 2 周。发酵完毕后取出黄瓜。将沸水冷却到 80℃,即可用于浸泡黄瓜,其用量与黄瓜的重量相等。维持 65～70℃约 15 分钟,使黄瓜内部绝大部分食盐脱去,取出,再用冷水浸泡 30 分钟,沥干待用。

糖醋香液的配制:用冰醋酸配制 2.5%～3% 的醋酸溶液 2 000 毫升,蔗糖 400～500 克,丁香 1 克,豆蔻粉 1 克,生姜 4 克,月桂叶 1 克,桂皮 1 克,白胡椒粉 2 克。将各种香料碾细,用布包裹置于醋酸溶液中加热至 80～82℃,维持 1 小时或 1.5 小时,温度切不可超过 82℃,以免醋酸和香油挥发,亦可采用回流萃取,1 小时后可以将香料袋取出,随即趁热加入蔗糖,使其充分溶解,待冷却后再过滤一次,制成糖醋香液。

将黄瓜置于糖醋香液中浸泡,约半个月后黄瓜即可变成甜酸适度、又嫩又脆、清香爽口的加工品。

镇江糖醋大蒜

大蒜收获后即时进行加工。选鳞茎整齐、肥大,皮色洁白,肉质鲜嫩的大蒜为原料。先切去根和叶,留下 2 厘米长的假茎,剥去包在外面的粗老蒜皮(即鳞片),洗净沥干水分。每份 50 千克鲜蒜头用盐 5 千克。在缸内每放一层蒜头即撒一层盐,装到大半时为止。另备同样大小的空缸作为换缸之用,换缸可使上下各部的蒜头的盐腌程度均匀一致。每天早晚要各换缸一次,一直到菜卤水能达到全部蒜头的 3/4 高时为止。同时还要将蒜头中央部分刨一坑穴,以便菜卤水流入穴中,每天早中晚用瓢舀穴中的菜卤水,浇淋在表面的蒜头上,如此经过 15 天结束,称为咸蒜头。将咸蒜头从缸内捞出,置于席上铺开晾晒,以晒到相当于原重的 65%～70% 为宜,日晒时每天要翻动一次。晚间收入室内或覆盖以防雨水。晒后如有蒜皮松弛者需剥去,再按每 50 千克晒过的干咸蒜头用食醋 70 千克,红糖 32 千克,先将食醋加热到 80℃,再加入红糖令其溶解,也可以酌加五香粉,即山奈、八角等少许。先将晒干后的咸蒜头装入坛内,轻轻压紧,装到坛子的 3/4 处,然后将上述已配制好的糖醋香液注满坛内,基本上蒜头与香液的用量相等,并在坛颈处横挡几根竹片以免蒜头上浮,然后用塑料薄膜将坛口捆严,再用三合土涂敷坛口以密封。大致 2 个月后即可成熟,当然时间久一些,成品品质会更好一些。如此密封可以长期保存而不坏。根据镇江的经验,每 100 千克鲜大蒜原料可以制成咸大蒜 90 千克,糖醋大蒜头 72 千克。

糖醋榨菜

它是榨菜通过盐腌、脱盐、沥干、切丝或切片、切丁、糖醋香液腌制、装罐、真空封口、消毒而成。供制糖醋榨菜的原料可以直接利用大生产企业已处理过的毛熟菜块和装坛的白块榨菜。不管是毛熟菜块或是装坛的白块榨菜,在使用前均需用水浸泡脱盐,一般浸泡 1.5～2 小时。浸泡时最好使用流水。浸泡脱盐的程度以品尝菜块尚能感觉到有少许咸味和鲜味为宜。菜块脱盐后取出,沥干明水或稍加压力以排除多余的水分,然后用刀将菜块切成片状的部分,也可以用绞肉机绞碎成细颗粒状,称榨菜末,或者切成长短粗细基本一致的细条状,称榨菜丝,或者切成宽高 1.5 厘米的正立方体,称榨菜颗粒,凡不能切成一定形状的边角余料均可绞成细末状。将上述已切好的菜片、菜丝、菜颗粒及菜末浸泡于糖醋香液中,最好利用泡菜坛子浸泡,坛颈也要横挡竹片,以免菜片等上浮。加满后再盖上瓦罐状盖子并用水封口。如此浸泡半个月,坛内的香液究竟需要加多少,应事先按比例换算好。如果需要装罐,可按原料 60%、香液 40% 装罐后真空封口,再置于 80℃ 的热水中消毒 8～10 分钟,取出浸入冷水中冷却,捞出擦干即成糖醋榨菜罐头。如果不进行切分,直接利用整块榨菜制造糖醋榨菜,其方法与进行切分相同,只是成品形态太大,不美观,故仍以切分后制成形态整齐的糖醋榨菜为宜。由于榨菜原料组织嫩脆,又稍有鲜味和咸味,经糖醋浸渍之后又增加了甜味、酸味及辣味,还有各种香料的香气,可谓佐餐良品。

辣椒酱

辣椒酱是将鲜红辣椒经去杂、剪蒂、清洗、剖碎、盐渍、转缸、咸培、磨酱而成。要选成熟度好,无病、无虫,且色泽鲜红的辣椒。经过预处理后,沥干水分备用。将备好的鲜红辣椒用人工或机械方法剖碎成 1 平方厘米左右的碎片。按每 100 千克鲜红辣椒用盐 20～22 千克的比例入缸盐渍,分层铺椒片撒盐,盐下少上多,盐渍 6 天,前 3 天每天转缸一次,转缸时灌入原缸的盐卤水及未溶的食盐。后 3 天每天用钉耙耙一次,6 天后即制成咸胚。用石磨或绞肉机将咸胚磨成酱。片状大小根据不同地区食用习惯而定,磨酱成糊时按每次 100 千克加入含盐 3.88 千克的盐水 20 千克的比例,一边送咸胚,一边加盐水,然后给酱中加入 0.1％的苯甲酸钠,拌和均匀即成品辣椒酱。

果蔬产品加工方法案例

鲜切蔬菜,又称切割蔬菜、轻度加工蔬菜或半加工蔬菜,是指新鲜蔬菜经分级、修整、清洗、去皮去核、切分、护色、称量、包装等处理后,供消费者立即食用或餐饮业使用的一种新式加工产品。近年来,在超市、净菜配送中心发展较快,具有品质新鲜、使用方便、营养丰富、清洁卫生等特点。关键技术要点是加工、运输和销售要快,尽量使蔬菜从采收到售出的时间最短,一般在低温下冷藏仅为 3～21 天,并要求各个环节都在低温冷冻的条件下。目前生产的鲜切蔬菜产品,主要有马铃薯、大白菜、甘蓝、洋葱、莴苣、菠菜、萝卜、芹菜、胡萝卜和番茄等。如鲜切大白菜:采用新鲜或贮藏不超过 3 个月的大白菜,去除不可食或微生物污染的外叶。用旋转式世菜机切成 5 毫米厚菜条。放在每千克含 100 毫克次氯酸钠的 5℃冷水中浸渍 30 秒,捞出后离心脱水。采用打孔定向拉伸聚丙烯薄膜袋(30 厘米×28 厘米)包装,每袋 1 千克,薄膜打孔密度每平方米 90 个,孔径 0.35 毫米。装袋后充入含 5％氧、5％二氧化碳和 90％氮的混合气体,立即密封,于 5℃温度下贮藏。鲜切胡萝卜:选择含水量低的品种,贮藏期不超过 2 个月,去除染病部位,冲洗干净。用金刚砂去皮机去皮后,放在温度为 5℃,每千克含次氯酸钠 100 毫克的溶液中浸渍 30～60 秒。切成 3 毫米厚的胡萝卜条,用清水喷洗,再离心脱水。用 0.04 毫米厚、30 厘米×26 厘米大小的定向拉伸打孔聚丙烯薄膜袋包装,每袋装 1 千克,打孔密度每平方米 65 个,孔径 0.35 毫米。装袋后充入含 5％氧、5％二氧化碳和 90％氮的混合气体,立即密封,于 5℃温度下贮藏。鲜切洋葱:选择含水量较低,不易发生变色的黄皮洋葱。将鳞片切成 1 平方厘米大小方块。放在每千克含次氯酸钠 100 毫克的冷水溶液中浸渍 30 秒,捞出后离心脱水。采用 2％的氧和 10％的二氧化碳进行气调包装,于 4℃温度下贮藏运输。

果蔬复合休闲食品。目前,在很多冷饮食品,如雪糕、冰激凌中,可以将新鲜的果蔬汁加入作为配料,生产不同风味和不同色泽的冷冻饮品;可以将速冻后的果品,如草莓,将其做成浆或丁加入到牛奶或乳饮料中,增加其风味及营养价值。

大蒜清汁及其功能饮料。将大蒜、圆葱、生姜等药食两用资源经过挑选、去皮、清洗后,以过切片、大蒜脱臭、破碎、榨汁、稀释、酶解、过滤、澄清净化后得到澄清汁。然后可以与果汁,如苹果汁、橙汁、桃汁等进行复配,也可以与金银花提取液、牡丹花提取液等进行复配,添加蜂蜜、麦芽糖醇等生产出具有保健功能的饮料。

小麦籽粒结构与化学成分

小麦是全世界分布范围最广、种植面积最大、总产量最高、供给营养最多的粮食作物之一。人体所需蛋白质的 20％以上是由小麦提供的,相当于肉、蛋、奶产品为人类提供蛋白质的总和。

从背面看,小麦籽粒外形可分为圆形、卵圆形和椭圆形三种,它的横切面呈三角形或心脏形。籽粒的腹面有凹陷的沟,称为腹沟,腹沟的深浅因品种而不同。腹沟是小麦籽粒的一大特点,这条腹沟使小麦的清理和去皮变得困难,增加了磨制面粉的难度。

小麦籽粒由皮层、胚乳和胚芽三大部分组成。经过加工以后,小麦的皮层成为麸皮,占小麦的 17％左右,胚乳成为面粉,约占小麦的 80％,胚芽成为麸皮的一部分,也可以成为单独的产品,占籽粒重的 2％～3％。

小麦皮层由表皮、果皮、种皮、珠心层和糊粉层组成。表皮是一组厚壁细胞。果皮有三层细胞,容易吸收膨胀,使之与内层的结合力减弱,稍加摩擦就会脱落。种皮围绕着胚在内的整个籽粒,是非常薄的束状组织,含有色

素物质。珠心层是一层非常薄并相当透明的均匀的细胞。糊粉层是皮层最内的一层,是一组整齐的大型厚壁细胞,富含蛋白质、维生素和矿物质,具有很高的营养价值。皮层中各营养成分占整个籽粒的比例为:维生素 B_1 为 33%,维生素 B_2 为 42%,维生素 B_6 为 73%,烟酸为 86%,泛酸为 50%,蛋白质为 19%。

胚乳是小麦籽粒的主要部分,约占全粒质量的 81%,也是作为人类食物的主要部分。胚乳由许多胚乳细胞组成。胚乳细胞中充满了淀粉颗粒和蛋白质体,蛋白质体的主要成分为面筋蛋白。胚乳中各营养成分占整个籽粒的比例为:蛋白质为 70%～75%,泛酸为 43%,维生素 B_2 为 32%,烟酸为 12%,维生素 B_6 为 6%,维生素 B_1 为 3%。

胚芽位于籽粒背面基部,向里紧接着胚乳,外面被皮层所覆盖。胚芽占籽粒总重的 2.5%。胚芽脂肪含量很高,达 6%～11%,还含有蛋白质、可溶性糖、多种酶和大量维生素。由于脂肪易于氧化变质,在磨制高精度的面粉时不宜将胚芽磨入。胚芽中各营养成分占整个籽粒的比例为:维生素 B_1 为 64%,维生素 B_2 为 26%,维生素 B_6 为 21%,蛋白质为 8%,泛酸为 7%,烟酸为 2%。

小麦粉

小麦粉是小麦初加工形成的主要产品,也是面制食品的主要原料,其理化特性和等级对面制食品加工起决定性作用。小麦粉的主要成分为蛋白质和淀粉。

小麦粉是所有谷物粉中唯一含有大量面筋蛋白的面粉。小麦粉中面筋蛋白的存在是制作各种面制食品的基础。面筋蛋白主要由麦谷蛋白和麦醇溶蛋白组成。麦谷蛋白分子量很大,呈纤维状,富有弹性,缺乏延伸性。麦醇溶蛋白分子量较小,呈球形,具有良好的黏性和延伸性。面粉加水和成面团时,麦谷蛋白分子能吸水膨胀并相互连接成立体网状结构,同时吸水的麦醇溶蛋白和淀粉填充在麦谷蛋白形成的立体网状结构中,形成具有良好黏弹性和延伸性的面团。

具有不同面筋蛋白含量和质量的小麦粉具有不同的用途。根据最终的用途,小麦粉可分为面包粉、饼干粉、馒头粉、水饺粉、糕点粉、挂面粉等多种

产品。

我国小麦的蛋白含量和筋力中等,比较适合制作馒头和挂面。我国的面粉企业在加工面包专用粉时,通常搭配蛋白质含量高、筋力强的进口小麦,如美国和加拿大的面包小麦。在加工饼干专用粉时,常添加一定量的淀粉,如玉米淀粉、小麦淀粉等,以降低面粉的蛋白质含量。我国的农业科技工作者经过多年的努力,也选育出具有高蛋白含量和低蛋白含量的强筋小麦和弱筋小麦,它们都是我国的优质小麦。

小麦粉的精度越高,其营养成分损失越多。精制面粉中的维生素、微量元素含量较低。在国外,普遍对面粉进行营养强化,向面粉中添加一定量的维生素、矿物质和必需氨基酸,使面粉的营养更加符合人体营养的需要,这类面粉统称为营养强化面粉。

小麦清理

小麦中的杂质种类很多,有泥块、泥灰、石子、金属等,还有混杂在小麦中的根、茎、叶、绳头、野生植物种子、异种粮粒、麻雀粪便、虫蛹、虫尸及无食用价值的生芽、病斑、变质粮粒等,必须将它们除去。杂质的存在会影响面粉品质和出粉率,损坏设备,影响安全生产,影响工作环境卫生,造成环境污染等。小麦中的杂质虽然种类很多,但在物理特性方面与小麦存在某方面的差别,这些差别是清除杂质的主要依据,用不同的机械设备和相应的措施就可以使杂质分离出来。

清理小麦杂质的基本方法有筛选法、风选法、比重法和磁选法。筛选法是指利用小麦籽粒与某些杂质在宽度、厚度、长度以及几何形状方面存在的差异,让含杂质的小麦通过一层或几层筛面,将宽度和厚度与小麦不同的大杂质和小杂质分离出来的方法。风选法是指利用小麦籽粒与某些杂质在空气中悬浮速度的不同,采用一定的方法使之分离。由于小麦的相对密度、形状与某些杂质不同,在有一定速度和一定方向的气流中,小麦和杂质移动的速度是不一样的,利用适当的气流就可以达到分离的目的,如将泥灰、轻杂质等分离出去。比重法是指利用小麦籽粒与某些杂质在相对密度方面存在的差别,采用一定的方法使之分离。有些杂质,如石子、泥块与小麦的相对密度相差比较大,如果将含有这些相对密度相差比较大的杂质的小麦放在

振动的工作面上，由于自动分级的作用，就会轻者上浮，重者下沉，达到分离的目的。磁选法是指利用小麦与某些杂质在磁性方面的不同，采用一定的方法使之分离。小麦是非磁性物质，在磁场里不发生磁化现象，而磁性杂质，如含铁、钴、银等的金属物在磁场里则会被磁化，并与磁场的异性磁极相吸引。让含有磁性金属物的小麦通过一定强度的磁场，就能将小麦与磁性金属物分开。

小麦经过筛选、风选、去石和磁选后，可以清除混入麦粒中的绝大部分杂质，但麦粒表面的尘埃、麦毛、微生物、虫卵、嵌在腹沟里的泥沙，以及残留的强度低于小麦的并肩泥块、煤渣、虫蚀和病害变质麦粒等仍然混杂于小麦中。小麦表面清理有两种方法，即干法小麦表面清理和湿法小麦表面清理，这两种方法都能达到清理小麦表面的要求。

干法清理指打麦结合筛选、风选的小麦表面清理方法。利用高速旋转的打板对小麦的打击作用和快速运动的小麦与机器工作面及麦粒之间的反复撞击和摩擦作用，使黏附在麦粒上的污物脱离。强度较低的并肩泥块和虫蚀、病变麦粒等被打碎，再通过筛选或风选的方法使之分离，达到表面清理的目的。

湿法清理指通过洗麦来清理小麦表面的方法。利用水的溶解和冲洗作用使麦粒表面得到净化。洗麦还有分离并肩石的作用。

现在普遍采用的小麦表面清理方法是干法清理，因为湿法小麦表面清理中的污水处理比较困难，要增加用水的费用，容易生长杂菌，机器设备的操作、维修费用高，洗麦后的烘麦也需要费用等。

在小麦研磨之前，经过清理后应达到尘芥杂质不超过0.3%，其中沙石量不超过0.015%，粮谷杂质不超过0.5%。

小麦水分调节

小麦水分调节就是把一定量的水加入经过初步清理的小麦中，并使水分均匀地分布到每粒小麦的表面，经过一定的静置时间，使麦粒表面的水分渗透到麦粒的内部，使麦粒内部的水分重新调整，以改善小麦的磨粉性能。

小麦水分过高、过低或润麦时间不当，在制粉过程中会出现许多问题。水分过高会使麸皮上的胚乳难以刮净，物料筛理效果差，出粉率低，产量下

83

降。水分过低会使麸皮易于破碎,导致粉色差。润麦时间过长或过短也会使小麦制粉性能降低。

水分调节的作用有以下几个方面。第一,小麦的水分增加,各麦粒有相近的水分含量和相似的水分分布,且有一定规律。第二,皮层首先吸水膨胀,之后糊粉层和胚乳吸水膨胀,由于三者吸水膨胀的先后顺序不同,在麦粒横断面的径向方向会产生微量位移,使三者之间的结合力受到削弱。这对皮层和胚乳的分离,粉从皮层上剥刮下来都是十分有利的。第三,皮层吸水后韧性增加,脆性降低,增加了其抗机械破坏的能力。第四,胚乳的强度降低。胚乳所含的淀粉和蛋白质是交叉混杂在一起的。蛋白质吸水能力强(吸水量大),吸水速度慢。淀粉粒吸水能力弱,吸水速度快。二者的吸水速度和能力不同,膨胀的先后和程度不同,从而引起淀粉和蛋白质颗粒位移,使胚乳结构松散,强度降低,易于磨细成粉,有利于降低动力消耗。

小麦水分调节分为室温水分调节和加温水分调节。室温水分调节是在室温条件下,加室温水或温水(<40℃)。加温水分调节分为温水调质(46℃)、热水调质(46～52℃)。加温水分调节可以缩短润麦时间。对高水分小麦也可进行水分调节,一定程度上还可以改善面粉的食用品质,但所需设备多、费用高。广泛使用的小麦水分调节方法是室温水分调节。

小麦水分调节可以一次完成,也可分两次、三次完成,一般在经过毛麦清理以后进行,也可采用预着水、喷雾着水的方法。

经过适当润麦后,研磨时耗用功率最少,成品灰分最低,出粉率和产量最高,此时的小麦磨粉性能最佳。

硬麦的最佳入磨水分为 15.5%～17.5%,软麦的最佳入磨水分为14.0%～15.0%。

小麦制粉

小麦制粉是小麦生产到消费过程中不可缺少的重要环节。随着科学技术的发展,在我国已形成具有一定生产规模的现代化制粉工业。从小麦到加工成小麦面粉的整个过程包括小麦清理、配麦、润麦、磨粉、筛理、包装等工序。

小麦清理部分要清除小麦中混有的杂质和麦粒表面及腹沟中的泥灰、

尘土等,再进行水分调节和小麦搭配,使小麦适宜于磨粉,生产出符合用途要求的小麦粉。磨粉的主要设备是辊式磨粉机,磨粉机的磨辊上有许多磨齿。研磨的任务是通过磨齿的相互作用将麦粒剥开,从皮层上刮下胚乳,并将胚乳磨成具有一定细度的面粉,通过清粉、筛理等尽可能地多出灰分低、粉色好的高质量的小麦粉,分出副产品麸皮和小麦胚芽。研磨的基本方法有挤压、剪切和撞击三种。在分级制粉过程中,按照生产先后顺序中物料种类的不同和处理方法的不同,将研磨系统分成皮磨系统、渣磨系统、心磨系统和尾磨系统,它们分别处理不同的物料,完成各自不同的功能。

皮磨系统是制粉过程中最前面的几道研磨系统,它的作用是将麦粒剥开,分离出麦渣、麦心和粗粉,保持麸皮不过分破碎,以便使胚乳和麦皮最大限度地分离,并提取出少量的小麦粉。皮磨系统是制粉工艺最基本的研磨系统。皮磨系统工作的好坏直接影响到麸皮刮净的程度、粗粒和面粉的质量,以及渣磨和心磨的工作。因此,它在整个制粉工艺中处于极为重要的地位。皮磨一般设 3~5 道,称为Ⅰ皮、Ⅱ皮、Ⅲ皮等。

渣磨系统是处于皮磨和心磨之间的研磨工序,制粉流程短的可不设。渣磨系统的任务是接受皮磨系统筛出的麦渣,通过较轻的研磨剥去附在粗粒上的麸皮,提取高纯度的胚乳颗粒(麦心),同时磨出部分质量较好的面粉。设置渣磨系统的目的是为了提高面粉质量。在加工标准粉时,其任务以出粉为主,提麦心为辅,加工特制粉时,则偏重于提取麦心并将其送往心磨系统。渣磨一般设0~3道,称为1渣、2渣。

心磨系统是将皮磨、渣磨、清粉系统取得的麦心和粗粉研磨成具有一定细度的小麦粉。心磨系统的任务是将皮磨和渣磨系统所提取的纯胚乳颗粒(麦心)逐道研磨,制得具有一定粗细度和精度的面粉,同时分离出质量较次的细麸屑。设置心磨系统,将麦心单独进行研磨和筛理,可以提高研磨效率、出粉率和面粉质量。心磨一般有 3~9 道,称为1心、2心等。

有时在心磨系统中还设有尾磨,位于心磨系统的中后段,专门处理心磨系统提取出的带有胚乳的麸屑(小麸片),从麸屑上刮净所残存的粉粒。一般设1~2道,称1尾、2尾。

筛理是指小麦经过磨粉机逐道研磨以后,获得颗粒大小不同及质量有差别的混合物,将这些混合物利用筛理设备按其粒度进行分级的工序。

清粉是为了提高面粉的精度和出粉率,生产等级粉时,可利用筛理和吸风相结合的设备,即清粉机。清粉系统的作用是利用清粉机的筛选和风选,将在皮磨和其他系统获得的麦渣、麦心、粗粉及连麸粉粒和麸屑的混合物相互分开,再送往相应的研磨系统处理。

面包的制作

面包是一种经过发酵的烘烤食品。它是以小麦粉、酵母、食盐和水为基本配料,添加适量糖、油脂、乳品、鸡蛋和其他添加剂,经和面、发酵、成型、醒发、烘烤而成的组织松软的方便食品。

在各种面包制作中,主食面包清淡可口,以面粉为主料,加入水、酵母、食盐和少量砂糖制成大众食品。点心面包品种繁多,风味各异,在配料中使用较多的糖、油脂、鸡蛋、奶粉等,以提高产品档次;营养强化面包是将一定量的具有保健功能和特殊营养功能的成分添加到面包中,制成各种营养保健面包,如高蛋白面包、麦麸面包、胚芽面包、糙米面包、中草药面包等。

面包的配方一般用百分比来表示,面粉的用量为100,其他配料占面粉用量的百分之几,如甜面包配方为:面包专用粉100,水58,白砂糖18,鸡蛋12,奶粉5,酵母1.4,食盐0.8,复合改良剂0.5。

面包的制作,无论是手工操作,还是机械化生产,都包括三大基本工序,即和面、发酵和烘烤。在这三大基本工序的基础上,根据面包品种特点和发酵过程,常将面包的生产工艺分为一次发酵法、二次发酵法和快速发酵法等多种工艺。

和面也称调粉或面团搅拌,它是指在机械力的作用下,各种原辅料充分混合,面筋蛋白和淀粉吸水膨胀,最后得到一个具有良好黏弹性、延伸性、柔软、光滑面团的过程。面团搅拌是影响面包质量的决定因素之一。如果面团搅拌达到最佳程度,以后的工序易于进行,并能保证产品质量。

面团发酵是面包生产的关键工序。发酵是使面包获得气体、实现膨松、增大体积、改善风味的基本手段。酵母的发酵作用是指酵母利用糖经过复杂的生物化学反应最终生成 CO_2 气体的过程,同时产生一些风味物质。

面包焙烤的温度和时间取决于面包辅料成分多少、面包的形状、大小等因素。焙烤条件的范围大致为 $180 \sim 220$℃,时间 $15 \sim 50$ 分钟。焙烤的最佳

温度、时间组合必须在实践中摸索，根据烤炉不同、配料不同、面包大小不同具体确定，不能生搬硬套。

饼干的制作

饼干是以小麦粉、糖类、油脂、乳品、蛋品等为主要原料，经调制、烘烤而成的方便食品。饼干口感酥松、风味多样、含水量低，便于包装和携带，是一种深受欢迎的方便食品。饼干生产所用的原辅料与面包相似，不同的是饼干使用的面粉为低筋粉，而且饼干生产中需要较多的香精、香料、色素、抗氧化剂、化学疏松剂等。

饼干生产的基本工艺为：原辅料预处理、面团的调制、辊轧、成型、焙烤、喷油、冷却、包装。但不同类型的饼干生产工艺差别较大，国内生产和消费量都比较大的为酥性饼干和韧性饼干。

酥性面团是用来生产酥性饼干和甜酥饼干的面团。要求面团有较大的可塑性和有限的黏弹性，面团不粘轧辊和模具，饼干坯应有较好的花纹，焙烤时有一定的胀发率而又不收缩变形。要达到以上要求，必须严格控制面团调制时面筋蛋白的吸水率，控制面筋的形成数量，从而控制面团的黏弹性，使其具有良好的可塑性。

韧性面团是用来生产韧性饼干的面团。这种面团要求具有较强的延伸性和韧性，适度的弹性和可塑性，面团柔软光润。与酥性面团相比，韧性面团的面筋形成比较充分，但面筋蛋白仍未完全水合，面团硬度仍明显大于面包面团。

简单地讲，面团的辊轧过程就是使形状不规则、比较松散的面团通过多对轧辊的辊轧作用，变成厚度均匀一致、内部结构致密的长方形面带的过程。辊轧的作用和要求为：经过辊轧使疏松的面团成为具有一定黏结力的面片；排除面团中部分气泡，防止饼干在焙烤后产生较大的孔洞；经过多道辊轧的面团可使制品的横切面有明晰的层次结构；可提高成品表面的光洁度，冲印后花纹的保持能力强，色泽均匀。

饼干的成形是指将辊轧成的面带分割成各种形状饼干坯的过程。各种饼干之所以形状不同，是因为在对面带分割时使用的模具不同。

烘烤是饼干成熟的主要手段。饼干的烘烤是在隧道式烤炉中进行的。

饼干烘烤的主要作用是降低产品水分,使其熟化,并赋予产品特殊的香味、色泽和组织结构。烘烤的温度一般为 $180\sim220℃$。

刚出炉的饼干表面温度在 $160℃$ 以上,中心温度也在 $110℃$ 左右,必须冷却后才能进行包装。一方面,刚出炉的饼干水分含量较高,且分布不均匀,口感较软,在冷却过程中,水分进一步蒸发,同时使水分分布均匀,口感酥脆。另一方面,冷却后包装还可以防止油脂的氧化酸败和饼干变形。冷却通常是在输送带上自然冷却,也可在输送带上方用风扇进行吹风冷却,但不宜用强烈的冷风吹,否则饼干会产生裂缝。饼干冷却至 $30\sim40℃$ 时即可进行包装。

方便面的生产

方便面又称"速煮面""即食面"。食用方便,用沸水浸泡几分钟即可食用,也可干食。其包装精美,携带方便,且耐保存,营养丰富,安全卫生,是一种适用人们生活和工作需要的方便食品。

方便面制作的基本原理是:先将各种原辅料加入和面机中充分搅拌,静置熟化后将成熟面团通过两个大直径的辊筒压成约10毫米厚的面片,再经压 $6\sim8$ 道轧辊连续压延面带,使之达到所要求的厚度($1\sim2$ 毫米),然后经过切条折花成型,并将成型后的面条通过蒸汽,使面块成熟(即蛋白质变性,淀粉糊化),然后借助油炸或热风将煮熟的面条进行迅速脱水干燥。

关于方便面的具体制作过程可分为下面几步:

(1)**熟化** 将和好的面团静置或低速搅拌一段时间,以使和好的面团消除内应力,使水分、蛋白质和淀粉分布均匀,促使面筋蛋白吸水形成的网络结构形成,面团结构趋向稳定。熟化的实质是依靠时间的延长使面团内部组织自动调节,从而使各组分分布更加均匀。熟化时间一般为 $20\sim30$ 分钟,但在连续化生产中,只能熟化 $10\sim15$ 分钟。

(2)**复合压延** 通过多道轧辊对面团的挤压作用,使面团中松散的面筋成为细密的沿压延方向排列的束状结构,并将淀粉包括在面筋网络中,提高面团的黏弹性和延伸性。

(3)**切条折化** 通过切条折化,使面条具有波浪形花纹,波峰竖起,前后波峰紧靠,形状美观,脱水快,切断时碎面条少,食用时复水时间短。

(4)**蒸面** 将形成波纹的生面条通过连续蒸面机热处理一定时间,使

面条熟化。蒸熟的面条经切刀切成一定长度的面块,同时将切后的小面块对折起来,送往干燥工序。

(5) **脱水干燥**　面块干燥方式有热风干燥和油炸干燥。为了防止面块在热风干燥中淀粉老化变硬,干热空气的温度应大于淀粉的糊化温度(即 70 ～80℃),相对湿度低于 70％,干燥时间 35～45 分钟,面块的最终含水量为 8％～10％。油炸干燥是将蒸熟的面块放入 140～150℃的棕榈油中脱水。由于油温较高,面块中的水分迅速汽化逸出,并在面条中留下许多微孔,因而其复水性好于热风干燥方便面。但油炸后面条含 20％左右的油脂,易氧化酸败,且食用过多油脂对人体健康不利。因此有待于开发非油炸、复水性好的方便面。

面块的冷却是在冷却隧道中,借助鼓风机,用冷风强制冷却 3～4 分钟,使干燥后的面条降至室温。从冷却机出来的面块落在检查输送带上,加上调味汤料包进入自动包装机,对面块进行袋装或桶装。

稻谷籽粒结构与营养成分

水稻收获以后的籽粒称为稻谷。稻谷和小麦、玉米等籽粒的不同是它外面有颖壳。颖壳内部是糙米,糙米去掉皮层才是精白大米。

颖壳在加工上称稻壳或谷壳,在植物学上是籽粒的内颖和外颖,其细胞高度木质化,起着保护的作用。

糙米在植物学上是果实,是由受精后的子房发育而成,由皮、胚乳和胚三部分组成,皮由愈合在一起的果皮和种皮组成。再内部便是糊粉层和胚乳,胚有胚芽、胚根、胚轴和盾片,是一个小植株的雏形体,含有丰富的营养。在制米时将糙米的皮层(果皮、种皮)、糊粉层去掉,在大多数情况下胚也被磨掉,这一部分称为米糠,所以在加工上是先去掉稻壳,去掉稻壳的籽粒称为糙米,其次是去掉糙米的糠层,去掉糠层的糙米称为米(大米、精米),而加工后的产物便有稻壳、米糠和米三种。

稻米的营养价值较高,各种营养成分的可消化率和吸收率高,粗纤维含量少。虽然蛋白质含量较低,但其生物价(即吸收蛋白质构成人体蛋白质的数值)高。一般糙米和大米的营养成分可如下表所示。当然,因品种及栽培条件不同会有所变化。

糙米和大米的营养成分

类别	水分 (%)	蛋白质 (%)	脂肪 (%)	糖类 (%)	热量 ($\times10^{-2}$ 焦/克)	维生素B_1 ($\times10^{-2}$ 毫克)	维生素B_2 ($\times10^{-2}$ 毫克)	Ca ($\times10^{-2}$ 毫克)	P ($\times10^{-2}$ 毫克)
糙米	14.4	7.9	2.3	74.4	1 464.4	0.45	0.10	37	341
白米	14.2	7.0	0.9	78.0	1 456	0.10	0.45	26	348

大米中的蛋白质可分为四种,即白蛋白、球蛋白、醇溶蛋白和谷氨酰胺。谷氨酰胺不溶于盐和水,但溶于稀酸和稀碱,占米蛋白的 62%。白蛋白溶于水、盐、稀酸和稀碱,占米蛋白的 12%。球蛋白不溶于水,但可溶于盐、稀酸和稀碱。醇溶蛋白与谷氨酰胺显示基本相同的溶解性,还溶于浓度为 70%～80% 的酒精,占米蛋白的 9%。

大米蛋白质的生物价较高,为 88%,大米蛋白质的生物价远高于小麦和玉米。当然,蛋白质的含量比小麦低,且不能形成面筋。

米糠含有丰富的营养物质。一般加工 100 千克稻谷可得 5 千克米糠。米糠中所含有的营养物质如下:水分 13.5%,油分 17%～20%,粗蛋白 15%～17%,粗纤维 6%～8%,糖类 37.5%～39.0%,灰分 7%～9%,糠蜡 0.9%～1.8%,维生素 E 0.1%～0.35%,其他尚含有固醇、磷脂、谷维素等。我国是世界上最大的产米国,而米糠的总产量也是非常巨大的。但是由于我国农村人口多,且居住分散,稻米的加工也比较分散,分散加工后所获得的米糠多为就地喂猪作饲料,这实际上造成了物质的浪费,而这些物质都是植物通过一个生长周期积累起来的,白白地浪费掉十分可惜,所以对米糠科学地利用应该是一个值得重视的问题,其中有一部分是加工体系的结构问题。

稻谷制米

稻谷碾米的全过程:清理与分级,砻谷,精碾,以及成品的清理和分级。

(1)**清理与分级** 在加工之前必须进行清理,如同其他谷物加工一样,可用筛选法、风选法、比重法、磁选法等,为了使产品质量整齐,减少碎米率,

稻谷应按粒度适当分级后进行加工。

(2)**砻谷** 砻谷就是净谷脱去颖壳而成为糙米的过程。去壳是用砻谷机,砻谷机主要是借助于一对相向不等速旋转的胶辊,在一定压力下对通过的稻谷进行挤压和快速搓撕,使稻壳脱离。通过的稻谷当然不能一次把稻壳全部脱掉,所以通过砻谷机的稻谷要经过谷糙分离筛,使已被脱壳和未脱壳的谷粒分开,这称为谷糙分离。在砻谷机上有吸风装置,把脱掉的稻壳用风吸走,直接吸至存放稻壳的地方。

(3)**碾米** 脱掉稻壳的谷粒是糙米,糙米需通过碾米机去掉皮层、糊粉层及胚,然后经过筛分把米和糠分开,便完成了制米的过程。

碾米用机械有摩擦式和研削式两种:

① **摩擦式碾白**:糙米粒在碾白室内靠螺旋的推进装置推进时,籽粒与构件之间,粒与粒之间产生了摩擦作用。当这个摩擦力大于籽粒皮层与胚乳的联结力而小于胚乳分子间的凝聚力时,皮层与胚乳间产生滑动摩擦,使皮层延伸、撕裂,直到与胚乳分离。这种由物体运动摩擦变为皮层与胚乳间的滑动摩擦作用称为擦离作用。利用这种擦离作用得到碾白,称为擦离碾白。这种擦离作用是在碾白室内具有较大压力的摩擦下进行的。这种机器是将糙米从一端装入,由螺旋将米送往另一端出口,在出口处用金属挡及钢板弹簧的阻力来调整机内的压力。

② **研削碾白**:碾米机内有金刚砂的砂辊。砂辊表面上有许多突出、坚硬、密集而尖锐的金刚砂棱角,对籽粒的皮层进行不断的切削,使其被碾掉。研削碾米要求砂辊表面金刚砂粒锋利,线速度要大,此外,由于其主要靠一定的速度使米碾白,所以机内压力要小,压力小则碾白效果好,压力大则会使米粒破碎,出米率低。

(4)**成品整理** 成品整理主要是成品分级,使用的设备是白米分级筛。通过筛分,可分出大米、大碎米、小碎米等。

免淘米的生产

传统的厨房淘洗大米的方式造成了干物质和营养成分的大量流失。例如,"标一"粳米淘洗后各种成分的损失量为:干物质 2.80%,维生素 B_1 25.91%,钙 78.18%,磷 19.00%,铁 37.82%。免淘米是一种无须淘洗就可以直接炊煮食用的大米,"流失"现象消失,同时简化了做饭工序,缩短了做饭时间,并可节约用水。

免淘米的加工工艺路线是:精白米("标一"以上)→抛光→凉米→白米分级→计量→包装。我国主要采用两种形式生产免淘米:一种是"水洗"工艺(不施添加剂),另一种是上光工艺(使用上光剂)。两种工艺大同小异,其差异突出表现在抛光工段。在抛光工段,"水洗"(不是洗米)工艺是用喷雾或滴加的方法加入定量的水,湿润米粒表面,增大摩擦系数,入机后借助于摩擦热或喷入的热风($70\sim90℃$)使表面淀粉迅速糊化,形成厚度为$50\sim200$微米的保护层,外观变得光滑莹亮。抛光段的上光工艺是用导管把上光剂和温水配成的一定浓度的水溶液滴加到抛光室内,增加抛光辊与米粒的摩擦力,利用相对运动除去米粒表面的糠粉,同时涂上上光剂(用得多的是葡萄糖、砂糖、麦芽糖、糊精,其次是大豆蛋白、明胶等可溶性蛋白质),表层淀粉糊化加快,米粒穿包衣,光亮夺目。

营养强化米的生产

人们为了追求好的口感和食味,喜欢食用高精度大米。但是,由于稻米中具有的维生素、脂肪、微量元素等大部分蓄积于胚与皮层之中,随着大米加工精度的提高,这些物质的含量相对降低。为了解决美味与营养之间的矛盾,提高精米的营养价值,补充人体必需的蛋白质、维生素及矿物质等营养素,生产营养强化米是一种有效途径。

营养强化米所需的强化营养素主要有氨基酸、维生素和矿物盐。在高精度大米中,强化氨基酸能提高大米蛋白的品质及生理价值,强化维生素和钙、铁等可满足人体对这些营养素的需求。

营养强化米的生产方法可归结为两类:外加营养素强化米和内持营养素强化米。外加营养素强化米是将各种营养素配制成溶液,然后将米粒浸渍在溶液中吸收其营养成分,或者将溶液喷涂于米粒表面,再经干燥而制成。内持营养素强化米一般是设法保存米粒皮层或胚芽所含的多种维生素、矿物质等营养成分,达到营养强化的目的。

外加营养素强化米的生产方法根据工艺过程的不同分为浸吸强化法、涂膜强化法和强烈型强化法等。

(1)浸吸法强化工艺 首先配置一定浓度的营养素溶液,将大米浸渍其中,并置于带有水蒸气保温夹层的滚筒中,溶液温度保持在$30\sim40℃$,浸泡 6 小时以上,水分饱和度达 30% 后沥水,通入 40℃ 热空气,转动滚筒,使米粒稍稍干燥,然后将未吸尽的溶液再由滚筒上方的喷嘴喷洒在米粒上,不断翻动米粒使之全部吸收,再次鼓入热空气,使米粒干燥至正常水分,整个过程完成一次浸吸。二次浸吸操作方法与一次浸吸相同,但最后不进行干燥。经过二次浸吸后的潮湿米粒还需进行汽蒸,使米粒表面糊化,蒸汽温度 100℃,汽蒸时间为 20 分钟。米粒表面糊化对防止米粒破碎及淘洗时营养素的损失均有好处。最后将汽蒸后的米粒仍置于上述滚筒中,边转动边喷入一定量质量分数为 5% 的醋酸溶液,然后鼓入 40℃ 的低温热空气进行干燥,使米粒水分降至 13%,最终得到强化米产品。

(2)涂膜法强化工艺 涂膜法是在米粒表面涂上数层黏稠物质生产强化米的方法。此法生产的强化米在淘洗时营养素的损失比不涂膜产品减少一半以上。先将大米干燥至含水率为 7%,置于真空罐中,并注入按一定浓度配制的营养强化剂溶液,在 80 千帕真空度下搅拌 10 分钟,进行真空浸吸,当米粒中空气被抽出时,各种营养素即被吸入内部。取出米粒,待冷却后放入蒸煮器中汽蒸 7 分钟,再用冷空气冷却,然后使用分粒机将黏结在一起的米粒分散,送入热风干燥机,使含水率降至 15%,完成汽蒸糊化与干燥工序。采用一定量的果胶与马铃薯淀粉溶于 50℃ 的热水中,作为第一次涂膜溶液。将干燥后的米粒置于分粒机中,与第一次涂膜溶液共同搅拌混合,使溶液涂敷在米粒表层。涂膜后汽蒸 3 分钟,通风冷却,接着送入热风干燥机内干燥,先以 80℃ 热空气干燥 30 分钟,然后降温至 60℃ 连续干燥 45 分钟,至此,第一次涂膜结束。整个涂膜工艺需要进行三次,基本涂膜方法相同。第二次涂膜时,先用阿拉伯胶溶液将米粒润湿,再与马铃薯淀粉及蔗糖脂肪酸酯溶液混合浸吸。第三次涂膜时,喷入火棉胶乙醚溶液,干燥后即得强化米。

(3)强烈型强化工艺 强烈型强化工艺是利用两台大米强化机将各种营养素强制渗入米粒内部或涂敷于米粒表面,从而达到强化米粒的目的。生产时,将白米和配置好的营养素溶液分次送入各道强化机内,在米粒与强化剂混合并受强化机剧烈搅拌过程中,使各种营养素迅速渗入米粒内部或涂敷于米粒表面,经适当缓苏静置,水分蒸发,即得强化米。这种强化工艺不需要水蒸气保温和热空气干燥,所需设备少,投资小,比浸吸法和涂膜法强化工艺都简单,利于大多数碾米厂推广应用。

米粉条的生产

米粉条的品种、名称因产地不同而不同,按照生产加工工艺分类,米粉条有榨粉和切粉两类,榨粉是指大米经水洗、浸泡、磨浆(或粉碎)、蒸坯、压榨,再经蒸熟(或煮熟)的圆条状米粉。切粉是以大米为主要原料,经水洗、浸泡、磨浆、蒸浆工艺生产的米粉条。按照含水量的多少可以分为经过烘干或晾晒的干米粉和未经烘干的湿米粉。按照花色品种分类,则数量繁多。干榨米粉有桂林米粉条、江西筒子米粉条、银丝米粉条,湿榨米粉有未经烘干(或未晾晒)的粗、细米粉条,波纹米粉条(又称排米楼)、米粉条(又称排米粉)等。

米粉条的加工方法有干法和湿法之分。传统的米粉条生产均为湿法,经不断改进后才出现干法,干法与湿法生产上的主要区别在于制取大米粉末(浆)的方法不同。

(1) **湿法生产的工艺流程**　湿法生产的工艺流程是:将经过去杂精碾的大米清洗浸泡后,按一定的水米比例送到磨浆机内研磨成米浆,再经蒸浆、切条,最后加工成所需成品。

传统湿法生产方式是在大米磨成浆后,用脱水机械(脱水床、离心机等,最原始的为米浆静止沉淀,再用布袋滤干)脱去一部分水,一般脱水后水分仍然较高,满足不了入蒸要求,需添加部分干物质或经太阳烤晒(或烘干)之后用螺旋压榨机压制,然后进行蒸浆,蒸到一定熟度后,送入榨条机内压榨成米粉条。米粉条再经沸水煮熟,捞出放入凉水中冷却成型(或经过蒸条后用水洗手工成型)。成型后的米粉条再经干燥脱水得到成品。

(2) **干法生产的工艺流程**　干法生产的工艺流程是:将经过去杂精碾后的大米清洗浸泡,再由粉碎机粉碎,然后经蒸粉(炸粉)、挤丝、复蒸、冷却、切割,生产出米粉条。

小型工厂中广泛使用的一种最简单的直条米粉条生产工艺流程是将去杂精碾的大米经过清洗浸泡后沥干水,放置一段时间进行润米,然后粉碎到所需粗细度,用螺旋榨条机将这些粉压成粿状,蒸至一定的熟度。蒸熟的米粿经过两台串联的螺旋榨条机榨条,再经静置松丝,烘(晾)干切割就是成品。

将干法和湿法两种工艺进行比较,可以看出它们各有优劣。具体地说,

湿法生产的优点是米粉条柔嫩爽滑,韧性好,断条率低,缺点是水耗大,固形物损失多,得率低,能耗大,对环境污染严重。干法生产的优点是得率高,设备投资少,能耗小,产量高,环境污染小,缺点是产品韧性较差,吐浆率高,生产中操作要求高。

玉米的籽粒结构与化学成分

玉米是由胚、胚末端的冠、壳皮、糊粉层及(角质和粉质)胚乳所组成。玉米各个部分的组成比例,因其品种不同而不同。玉米粒中的胚芽占 11.26%～13.55%,壳皮占 5.24%～6.37%,粉质胚乳占 15.50%～81.90%,胚乳总量占 81.9%～83.5%。

糊粉层下面是胚乳(籽粒的粉质部分),然后是胚芽。玉米粒胚芽中的脂肪含量也随玉米的品种不同而不同,粉质品种的约占 41%,硬质品种的约占 35.5%。

玉米粒中最基本的组成是淀粉、蛋白质和脂肪等。玉米粒的化学组成是:水分 12%～16%,淀粉 70%～72%,蛋白质 8%～11%,脂肪 4%～6%,灰分 1.2%～1.6%,纤维 5%～7%。玉米因产地不同,其化学组成也有差别,几种玉米的化学组成如下表所示。

几种不同产地玉米的化学组成

产地	品种	水分（%）	淀粉（干物%）	蛋白质（干物%）	脂肪（干物%）	灰分（%）
河北唐山	白马牙	14	71.68	8.76	5.41	1.39
东北	黄马牙	13.4	71.28	8.7	6.05	1.82
山西	黄马牙	16.5	71.57	8.41	5.59	1.34
广西	粉质及白半马牙	11.5	72.35	8.91	5.20	1.55
进口	大白马牙	10.5	73.14	10.11	4.71	1.29
进口	黄白硬皮	11.5	70.09	9.80	5.98	1.76
进口	黄马牙	13.93	71.14	9.77	5.51	1.41

玉米粒各部位的化学组成如下表所示。

玉米粒各部位的化学组成

玉米粒的组成部分		蛋白质	脂肪	灰分	淀粉
		（占总量的％）			
冠		1.1	0.7	1.1	1.6
谷皮		2.1	1.1	3.1	6.8
糊粉层		16.7	12.2	9.6	7.2
角质胚乳		42.4	2.3	7.4	51.1
粉质胚乳	上部	11.9	0.6	2.7	18.9
	下部	5.8	0.7	1.7	9.5
胚		20.1	82.4	74.6	9.9

玉米粒的化学组成是随着玉米品种的不同而变化的,但其变化的范围并不很大。粉质品种的玉米富含淀粉和脂肪,而硬质品种的玉米富含蛋白质。

玉米粒的灰分成分为:氧化钾 26％～38％,磷酸 40％～50％,氧化镁 14％～18％,氧化钙 1％～3％,氧化硅 0.5％～5％。

玉米粒的蛋白质属于醇溶朊、谷朊和球朊类。而醇溶朊是玉米蛋白质的主要成分,它占玉米蛋白质总量的 40％。以干物质计,玉米粒中的蛋白质分配如下:醇溶朊为 4.2％,球朊为 1.9％,谷朊为 3.25％。

玉米淀粉的生产

玉米淀粉的生产方法很多,目前普遍采用的是湿法和干法两种工艺。所谓湿法,就是指淀粉工业中的玉米原料前处理的加工方法是将玉米用温水浸泡,经粗细研磨,分出胚芽、纤维和蛋白质,得到高纯度的淀粉产品。所谓干法,是指靠磨碎、筛分、风选的方法分出胚芽和纤维,得到低脂肪的玉米粉。一般获得纯净的玉米淀粉多采用湿法工艺进行生产,其工艺流程可分为开放式和封闭式(派生部分封闭式)两种。在开放式流程中,玉米浸泡和

全部洗涤水都用新水,因此该流程耗水多,干物质损失大,排污量多。封闭式流程只在最后的淀粉洗涤时用新水,其他用水工序都用工艺水,因此新水用量少,干物质损失少,污染大为减轻,所以现代化的淀粉厂均采用封闭式流程。

(1) 湿法玉米淀粉生产工艺及设备 湿法玉米淀粉的生产经过玉米净化,浸泡,破碎与胚芽分离,细磨,纤维分离,洗涤、干燥,淀粉、蛋白质分离而得到成品,其具体步骤如下:

① 玉米净化:目的是除去灰分、黄曲霉毒素、金属碎片及石块等。常采用带有吸尘(风力)的振动筛去除大小杂质,电磁分离机去除铁片等,然后采用水力将玉米输送到浸泡罐,同时将灰分除去。水力输送的速度为 0.9～1.2 米/秒,玉米和输送水的比例为 1∶(2.5～3),温度为 35～40℃,经脱水筛,脱除的水再作输送水用,湿玉米进入浸泡罐。

② 玉米浸泡:玉米的浸泡是在亚硫酸水溶液中采用逆流循环浸泡工艺进行的。浸泡的目的如下:一是使籽粒变软,籽粒含水为 45% 左右;二是使可溶物浸出,主要是矿物质、蛋白质和糖等;三是破坏蛋白质的网络结构,使淀粉与蛋白质分离;四是防止杂菌污染,阻止腐败生物生长;五是具有漂白作用,可抑制氧化酶的作用,避免淀粉变色。浸泡时亚硫酸浓度为 0.2%～0.3%。浸泡温度 48～52℃,浸泡时间 40～50 小时。完成浸泡的浸泡液,即稀玉米浆含干物质 7%～9%,pH3.9～4.1,送到蒸发工序浓缩成含干物质 40% 以上的玉米浆。浸泡终了玉米含水 40%～46%,含可溶物不大于 2.5%,用手能挤裂,胚芽可被完整挤出。100 千克干物质用 0.1 摩尔/升氢氧化钠标准溶液中和,用量不超过 70 毫升。

③ 破碎与胚芽分离:淀粉在胚乳细胞内,水分少,必须磨碎,除去皮和胚乳细胞壁。目前有干磨法(如小麦、大米)和湿磨法(如玉米、高粱)两种。浸泡后的湿玉米,经头道凸齿磨破碎之后用胚芽泵送至胚芽一次旋液分离器(或胚芽分离槽),分离器顶部流出的胚芽去洗涤系统,底流物经曲筛滤去浆料,筛上物进入二道凸齿磨。经二次破碎的浆料经胚芽泵送至二次旋液分离器,顶流物与经头道磨破碎和曲筛分出的浆料混合在一起,进入一次胚芽分离器,底流浆料送入细磨工序。

④ 细磨:经二次旋流分离器分离出胚芽后的稀浆料通过压力曲筛,筛下

物为粗淀粉乳,淀粉乳与细磨后分离出的粗淀粉浆液汇合进入淀粉分离工序,筛上物进入冲击磨(针磨)进行细磨,细磨后的浆料进入纤维洗涤槽。

⑤ 纤维分离、洗涤、干燥:细磨后的浆料与洗涤纤维的洗涤水一起用泵送到第一级压力曲筛。筛下物为粗淀粉乳,筛上物再经5级或6级压力曲筛逆流洗涤。纤维从最后一级曲筛筛面排出,然后经螺旋挤压机脱水后送向纤维饲料工序。第一级筛下物粗淀粉乳与细磨前筛分出的粗淀粉乳汇合,进入淀粉分离工序。

⑥ 淀粉、蛋白质分离:粗淀粉乳经除砂器、回转过滤器,进入分离麸质和淀粉的主离心机,第一级旋流分离器顶流的澄清液作为主离心机的洗水。顶流分出麸质水,送入十二级旋流分离器进行逆流洗涤。洗涤用新鲜水,水温为40℃。经十二级旋流分离器洗涤后的淀粉含水60%,蛋白质含量低于0.35%,去精淀粉乳槽进行脱水干燥。麸质水经过滤器进入(麸质)浓缩离心机,顶流为工艺水,进入工艺水贮槽,其固形物含量为0.25%~0.5%,供胚芽、纤维洗涤用。底流浓缩后的麸质水(含固形物约15%)经转鼓式真空吸滤机脱水,得含水50%~55%的湿蛋白质,然后用管式干燥机干燥。

⑦ 胚芽洗涤、干燥和榨油:经一级胚芽旋流器顶部出来的胚芽经三级曲筛洗涤后进入螺旋挤压机脱水,脱水后的胚芽含水约55%,去流化床干燥或管束式干燥机干燥。干胚芽含水分不高于5%,含油率不低于48%,含淀粉不高于10%。干胚芽送压胚机破胚,经蒸炒锅,然后入榨油机榨油,胚芽饼即为很好的蛋白质饲料。

⑧ 玉米浆浓缩:含固形物5%~7%的稀玉米浆,经单效、双效或三效真空浓缩后,固形物含量为45%~50%,可以直接卖给味精厂等,是很好的培养基。

⑨ 纤维渣:烘干后的纤维渣加部分蛋白质或营养素做颗粒饲料。

(2) 干法玉米淀粉生产工艺及设备 称重后的原料经二级筛选、去石和去金属磁性物后得到比较纯净的玉米,进行后道粉碎处理。首先对玉米进行水分调节,使玉米水分控制在16%~19.5%,然后进入破渣机破碎。混合料先经吸风分离器分离出其中的大皮,然后筛理分级。筛上物(大颗粒)回流至破渣机内重新破碎,中间物料进后道工序加工,筛下的细粉进入筛粉工序。中间层的渣子和胚芽混合物一般经三道磨粉、三道筛粉系统处理,基本上可以提取出大部分的皮、胚,从而得到所需细度的玉米粉。收集的胚芽和皮按一定比例配好(一般纯胚芽占榨油物料的 35%～50% 为宜),经刷麸机去掉油料上黏附的粉屑,然后计量、蒸炒、榨油、保温澄清后过滤,即得粗加工的清油。

主要设备有自衡式高效振动筛、吸式比重去石机、永磁筒、水气调节机、焖料仓、玉米剥皮破渣机、磨粉机、筛粉机、蒸炒锅、榨油机、过滤机、风系统机组、除尘系统机组、提升设备系统机组、水平输送系统机组。

葡萄糖的生产

利用淀粉为原料生产的糖品统称为葡萄糖。工业上生产的葡萄糖产品主要有麦芽糊精、葡萄糖浆、水合葡萄糖和结晶葡萄糖、麦芽糖、果葡糖浆、结晶果糖和各种低聚糖。

(1) **麦芽糊精** 麦芽糊精又称水溶性糊精、酶法糊精,是一种淀粉丝经程度水解、控制水解度在 20% 以下的产品,为不同聚合度低聚糖和糊精的混合物。不同规格的麦芽糊精糖分组成不同,几种主要麦芽糊精的糖分组成见下表,从表中可以看出,葡萄糖值在 4～6 的麦芽糊精,全部糖分的聚合度都在 4 以上,随麦芽糊精葡萄糖值上升,糖分中出现麦芽糖、麦芽三糖等低聚糖,但聚合度不低于 4 的低聚糖和糊精仍占 82% 以上。

几种主要麦芽糊精的糖分组成

葡萄糖值 / 糖分	4～6	9～13	13～17	18～22
葡萄糖	——	0.5	1.0	1.0
麦芽糖	——	3.5	3.5	6.0
麦芽二糖	——	6.5	7.5	8.0
麦芽四糖以上	100	89.5	88.0	82.0

生产方法有酸法、酶法和酸酶法三种:酸法工艺产品,聚合度1～6在葡萄糖值中所占的比例低,含有一部分分子链较长的糊精,易发生浑浊和凝

结,产品溶解性能不好,透明度低,过滤困难,工业上生产一般已不采用此法;酶法工艺产品,聚合度 1～6 在葡萄糖值中所占比例高,产品透明度好,溶解性强,室温储存不变浑浊,是当前主要的使用方法,酶法生产麦芽糊精时葡萄糖值在 5～20;酸酶法,当生产葡萄糖值在 5～20 的麦芽糊精时,除酶法外也可采用酸酶法,先用酸转化淀粉到葡萄糖值 5～25,再用 α-淀粉酶转化到葡萄糖值 10～20,产品特性与酸法相似,但灰分较酶法稍高。

(2) **葡萄糖浆**　淀粉经不完全水解得到葡萄糖和麦芽糖的混合糖浆,称为葡萄糖浆,亦称淀粉糖浆。这类糖浆含有葡萄糖、麦芽糖、低聚糖和糊精。糖浆的组成可因水解程度不同和所用的酸、酶工艺不同而有所差异,制得的产品种类多,具有不同的物理化学性质,以符合不同应用的要求。这类糖浆浓度一般浓缩到 80%～83%,为无色、透明、黏稠的液体,储存时性质稳定,无结晶析出,也可经干燥制得脱水糖浆。

变性淀粉的生产

利用物理、化学或酶的手段改变淀粉分子的结构或大小,使淀粉的性质发生变化,这种现象称为淀粉变性,导致变性的因素称作变性因子(即变性剂),变性后的生成物称作变性淀粉。淀粉变性的目的就是改善其固有的性质,克服掉应用时的缺点,赋予淀粉新的性质,提高功能作用,扩大应用范围,减少使用剂量,增加经济效益。

变性淀粉的生产方法有湿法、干法和蒸煮法。蒸煮法因采用的设备不同又有热糊法、高压法和喷射法之分。

(1) **湿法生产**　湿法工艺是以淀粉与水或其他液体介质调成淀粉乳为基础,在一定条件下与化学试剂进行改性反应,生成变性淀粉的过程。在此过程中淀粉颗粒处于非糊化状态。如果采用的分散介质不是水,而是有机溶剂或含水的混合溶剂时,又称溶剂法。有机溶剂价格昂贵,有易燃易爆危险,回收困难,所以只有在生产高取代度、高附加值产品时才使用溶剂法。

淀粉生产厂设置的变性淀粉生产车间以精制淀粉乳为原料,独立的变性淀粉厂则只能以商品淀粉为原料,将其调制成淀粉乳使用,反应前要进行计量调浆。反应是变性淀粉生产的最关键工序,影响因素十分复杂,原料、浓度、物料配比、反应温度、时间都会影响反应的进行,关系到最终产品的质量好坏。中小型反应器为搪瓷反应釜,大型反应器为玻璃钢罐或钢衬玻璃钢罐。前者采用夹套加热和冷却,后者采用外循环加热。在搅拌条件下将定量化学试剂加入反应器,同时用热水给反应液升温,待反应进行时,因是放热反应,要适当降温,以保证反应温度维持在一定水平。不同种类的淀粉,糊化温度不同,控制的反应温度也不一样,玉米淀粉应在 60℃ 以下(一般为 45～55℃),薯类和蜡质玉米淀粉在 45℃ 以下(一般为 35℃)。反应时间一般为 24～48 小时,有的甚至更长,反应终点应靠仪器分析和测试来确定。反应一般都在常压下进行,采用有机溶剂时,反应过程必须按防爆操作。

反应结束后的变性淀粉中尚含有未反应的化学品和除变性淀粉以外的其他生成物,需要进行洗涤,洗涤介质是水,溶剂法生产变性淀粉时用溶剂洗涤。大型装置的洗涤设备采用多管旋流器进行逆流洗涤,设备与原淀粉生产的相同,但洗涤级数只有 3～4 级,洗涤液中尚含 5%～8% 的变性淀粉,用 3 级旋流分离器回收。也可采用真空过滤机或带式压滤机进行变性淀粉脱水,同时在过滤机上用水对滤饼进行洗涤。洗涤和脱水交替进行。小型生产,可用刮刀离心机或三足式离心机在机上洗涤滤饼或用沉淀池洗涤。

常用的脱水方法是使用离心式过滤机来完成。最好采用真空过滤机或带式压滤机,可省去专门的洗涤设备。湿变性淀粉多采用气流干燥,可以直接得到粒度均匀的粉状产品。

(2) 干法生产 变性淀粉干法生产工艺中,原淀粉含水量最多保持在 40% 以下,一般为 20% 左右,整体反应过程在相对干的状态下进行。该法的优点是节省了湿法必用的脱水与干燥过程,节约能源,降低生产成本,无污染。但也存在缺点,即淀粉与化学试剂混合不均匀,反应不充分,所以只能生产少数几种产品,如黄糊精、白糊精、酸降解淀粉和淀粉磷酸酯等。

干法生产中,由于系统中所含水分很少,淀粉呈干的状态,化学试剂与淀粉极难混合均匀,因此混合是干法生产的关键工序。

通常采用专门的混合器,如双螺旋混合器、锥形混合器将淀粉与化学试剂在干的状态下充分混合,然后再导入反应器进行变性反应。由于变性温度较高,与化学试剂混合后淀粉含水量增大,直接升温必然会引起淀粉糊化。因此,反应前要进行预干燥,将湿淀粉干燥至含水量 14% 以下。一种是采用气流干燥器干燥,再将干燥后的淀粉送入反应器,另一种方法是不设专门干燥器,通过控制反应器的温度,在真空条件下在反应器内完成预干燥。反应温度为140～180℃,多用蒸汽或导热油进行加热。用导热油加热时,系统为常压,不因温度变化而变化,但需设置专门的导热油炉、热油泵等设备。蒸汽加热比较简单,无须专门设置独立系统,但加热温度越高,其蒸汽压力越大,给反应器的加工和制作带来困难。一般超过150℃时多采用导热油加热。干法反应时间通常为1～4小时,用黏度快速测定仪判断反应终点。

反应结束后物料水分降至1%以下,通过对产品增湿可使淀粉水分恢复至14%,这项操作可由增湿器完成。其后,淀粉经筛分处理,进行成品包装。

大豆籽粒结构与化学成分

大豆籽粒是由受精的胚珠发育而成的。大豆籽粒包括种皮、子叶和胚三大部分。种皮为籽粒的最外部,由胚珠的内、外珠被和珠心发育而成。种皮上有一明显的脐,为珠柄与籽粒相连接处的残迹。脐上方有一个凹陷的小点,称为会点,为珠柄维管束与种脉相连接处的残迹。脐下方有一个小孔,称为珠孔,是胚的幼根萌发处,也称发芽孔。珠孔下端有一个明显的幼茎透射处。另外还有脐结处,它与荚相连。子叶又称豆瓣,约占整个大豆籽粒重量的90%。子叶的内部由长条状薄壁细胞构成,其营养成分有蛋白质、脂肪、碳水化合物、矿物质和维生素等。

大豆蛋白质主要分布于小颗粒的蛋白体中,约占蛋白体的90%左右,蛋白体颗粒径长3～8微米。大豆脂肪呈球形小油滴,径长为0.2～0.5微米。蛋白体颗粒主要存在于子叶内的薄壁细胞中,而脂肪则均匀地分布在蛋白体颗粒之间。糖分和淀粉混置于蛋白体颗粒与小油滴之间,糖分呈溶解状态,淀粉呈小颗粒状态。

胚是由芽、茎、根三部分构成的,约占整个大豆籽粒重量的2%。胚是具有生物活性的幼小植物体,当外界条件适宜时便萌发。

大豆的一般成分主要指蛋白质和脂肪,因为这两种成分占整个大豆营养成分的60%以上。由于大豆的品种、产地、栽培条件等有所不同,蛋白质、脂肪含量以及其他营养成分的含量各有差异,一般地讲,大豆约含蛋白质40%、脂肪20%、碳水化合物20%、水分10%、粗纤维5%、灰分5%。

大豆蛋白质用等电点(pH应在4～5)方法沉淀析出,这种蛋白质被称为

酸性沉淀蛋白质或大豆球蛋白。若将这种蛋白质用超速离心法进行分离，可分离出四种不同分子量的球蛋白。从免疫学的角度上讲，大豆蛋白质可分为大豆球蛋白、α-伴大豆球蛋白、β-伴大豆球蛋白和γ-伴大豆球蛋白四种成分。

大豆脂肪在常温下呈黄色液体，为半干性油。在人体内的消化率高达97.5%，不含胆固醇，因此它是优质食用植物油。大豆脂肪可在分解酶的作用下水解成脂肪酸和甘油。其特点是以不饱和脂肪酸为主，如油酸、亚油酸、亚麻酸等，占总脂肪重量的60%左右，因此易于氧化，也易于阻止胆固醇在血管中沉积。大豆脂肪酸的一般组成为：棕榈酸2.4～6.8%，硬脂酸4.4%～7.3%，花生脂酸0.4%～1.0%，油酸32%～35%，亚油酸51.7%～57%，亚麻酸2%～10%等。

除此之外，大豆脂肪中还含有不皂化物质，包括甾醇类（豆甾醇、谷甾醇等）和维生素E等。维生素E含量约为0.2%，其中α型约占10%，γ型约占60%，δ型约占30%。维生素E可以使油脂具有抗氧化性。

大豆中碳水化合物含量约为25%。其组成比较复杂，主要由蔗糖、棉子糖、水苏糖及如阿拉伯糖和半乳糖类的多糖构成。除蔗糖外这些碳水化合物都难以被人体消化，但有些糖类物质在肠内能被菌类利用，而产生气体。加工豆制品时，这些碳水化合物易转入浆水中而被除掉。

大豆中的无机元素多为钾、钠、钙、镁、磷、锰、硫、氯、铁、铜、锌、铝等，它们的总含量一般为4.5%～5.0%，对人体骨骼、肌肉的发育和代谢是有益的。

大豆有机磷中磷脂（卵磷脂和脑磷脂）含量相当多，它是脂肪酸的甘油酯和磷及胺类物的结合体，其含量为大豆油的1.8%～3.2%。磷脂除了对人体有良好的营养作用外，还具有很好的乳化作用。

大豆含有多种维生素，含量（单位：毫克/100克）为：胡萝卜素0.12～0.41、维生素$B_1$0.38～0.7、维生素$B_2$0.15～0.24、维生素PP（烟酸）0.2～2.1、维生素$B_6$0.6～1.2、维生素B_3（泛酸）1.2～2.1、肌醇229等。

传统豆制品的生产

豆制品的生产、经营和消费在我国具有悠久的历史。早在公元前200多年,我国劳动人民就已掌握了从大豆中提取蛋白质和制作豆腐的技术。豆腐制作方法可追溯至汉朝,是由淮南王刘安发明的。

豆制品生产不受季节限制,可常年生产、供应。它不仅花色品种多,而且食用方便、营养丰富。

我国的传统豆制品可分为两大类:一大类是大豆制品,包括豆粉、豆腐、腐竹和豆腐制品,如腐乳、豆干、豆腐丝、熏制品等几十种之多;另一大类是绿豆及杂豆制品,包括淀粉制品如粉丝、粉条、粉皮等。我国的传统大豆制品虽然品种繁多,其生产工艺也各有不同,但就其产品的本质而言,无论是水豆腐,还是干豆腐、豆腐干都属于高度水化的大豆蛋白凝胶,所以完全可以说生产豆制品的过程就是制取不同性质的蛋白质胶体的过程。

大豆蛋白质存在于大豆子叶的蛋白体之中,蛋白体具有一层皮膜组织,其主要成分是纤维素、半纤维素及果胶质等。在成熟的大豆种子中,这层膜是比较坚硬的,大豆浸入水中时,蛋白体膜与其他组织一样,开始吸水溶胀,质地由硬变脆,最后变软。处于脆性状态下的蛋白体膜受到机械破坏时很容易破碎。蛋白体膜破碎以后,蛋白质即可分散于水中,形成蛋白质溶胶,即生豆浆。

生豆浆,即大豆蛋白质溶胶,具有相对的稳定性,这种相对的稳定性是由天然大豆蛋白质分子的特定结构所决定的。天然大豆蛋白质的疏水基团处于分子内部,而亲水基团处于分子的表面。亲水基团中含有大量的氧原子和氮原子,由于它们有未共用的电子对,能吸引水分子中的氢原子并形成氢键,正是在这种氢键的作用下,大量的水分子将蛋白质胶粒包围起来,形成一层水化膜。换句话说,就是蛋白质胶粒发生了水化作用。大豆蛋白质分子表面的亲水基团还能电离,并能静电吸附水化离子,形成稳定的静电吸附层,构成了蛋白质胶粒表面的双电层。分散于水中的大豆蛋白质胶粒正是由于水化膜和双电层的保护作用,防止了它们之间的相互聚集,保持了相对的稳定性。也就是说,这个体系是处于一个亚稳定状态,一旦有外加因素的干扰,这种相对稳定就有可能被破坏。

生豆浆加热后,体系内能增加,蛋白质分子热运动加剧,分子内某些基团的振动频率及幅度加大,很多维系蛋白质分子二、三、四级结构的次级键断裂,蛋白质的空间结构开始改变,多肽链由卷曲而伸展。展开后的多肽链表面的静电荷变稀,胶粒间的吸引力增大,胶粒相互靠近,并通过分子间的疏水基和巯基形成分子间的疏水键和二硫键,使胶粒之间发生一定程度的聚结。随着聚结的进行,蛋白质胶粒表面的静电荷密度及亲水基团再度增加,胶粒间的吸引力相对减小,再加上胶粒热运动的阻力增大(由于胶体的体积在增大)速度减慢,而豆浆中的蛋白质浓度又较低,胶粒之间的继续聚结受到限制,形成一种新的相对稳定体系——凝胶体系,即熟豆浆。

从宏观上看,生豆浆与熟豆浆似乎没有什么区别,但物化分析表明,在这两个体系中,蛋白质分子的存在状态是完全不同的,生豆浆中测得的蛋白质分子的相对分子质量最大不过 60 万,而熟豆浆中蛋白质分子的相对分子质量则可达 800 万以上,且生豆浆中的蛋白质属于未变性蛋白质,熟豆浆中的蛋白质属于变性蛋白质。大豆蛋白质在形成前凝胶的同时,还能与少量脂肪结合形成脂蛋白,脂蛋白可以使豆浆产生香气,并且在豆浆煮沸过程中随着煮沸时间的延长,脂蛋白的形成不断增加。

豆浆的煮沸,即预凝胶的形成,并不是生产的最终目的。如何使预凝胶进一步形成凝胶又是一个关键点。

无机盐、电解质可以促进蛋白质的变性。向煮沸过的豆浆中加入电解质,静电作用破坏了蛋白质胶粒表面的双电层,使胶粒进一步聚集。在豆制品生产中,常用的电解质有石膏、卤水、δ-葡萄糖酸内酯及氯化钙等盐类。它们在豆浆中解离出的 Mg^{2+} 和 Ca^{2+} 不但能够破坏蛋白质的水化膜和双电层,而且具有"搭桥"作用。蛋白质分子之间通过—Mg—或—Ca—桥连接起来,形成立体网状结构,并将水分子包在网络中,形成豆腐脑。

豆腐凝胶的形成比较快,但刚刚形成的豆腐脑结构不稳定、不完全。也就是说,蛋白质分子间的结合还不够巩固,还有部分蛋白质没有形成主体网络,还需要一段完善和巩固的时间,这就是蛋白质凝胶网络形成的第二阶段,工艺上称蹲脑。蹲脑过程要在保温和静止的条件下进行。

将经过蹲脑强化的凝胶适当加压,排出一定量的自由水,即可获得具有一定形状、弹性、硬度和保水性的凝胶体——豆制品。

油脂的提取

工业上,大豆油脂的提取有压榨法和溶剂浸出法两种方法。

(1) **压榨法** 压榨法是在油脂原料上加压的一种方法,又分为普通压榨法和螺旋压榨法。普通压榨法又称热榨法,是指为了提高出油率,不仅要在压榨前对原料预热,而且压榨过程中还要用蒸汽对原料进行加热,以降低其黏度,有利于油的流出。我们知道,湿热容易使蛋白质变性,因此热榨法所得的豆粕蛋白质几乎全部变性。

螺旋压榨法又称冷榨法,是通过在水平圆筒内安装螺旋轴,经过预处理的原料进入螺旋压榨机后,一边前进一边将油脂挤压出来。这种方法可以连续生产,但在榨油过程中,因摩擦发热,蛋白质也会发生较大程度的变性。

生产实践证明,各种压榨法都难以将大豆中的油完全榨出来,一般饼粕中残油为 5%～10%。所以饼粕在储藏时也易发生变质。采用各种榨油法榨油时,脱脂大豆中的残余油脂量和蛋白质变性指标(剩余水溶性蛋白质对全蛋白质的比率),除轻榨外,均在 30% 以下,变性程度很大。因此,现在工业化大规模的生产中几乎不再采用压榨法,尤其是普通压榨法。

(2) **溶剂浸出法** 溶剂浸出法是 1856 年由法国人迪斯发明的。从 1870 年德国人首先将其应用于油脂浸出的生产中至今,已有 150 多年的历史了。油脂的浸出技术不仅大大提高了油脂的产量和质量,也为油料蛋白质的利用创造了条件。油脂是疏水性的,根据相似相溶的原理,不能溶于水,能溶解于极性小的有机溶剂。根据这一特点,可以用特定的溶剂浸泡或喷淋经过预处理的大豆,把其中的油脂提取出来,再经蒸馏、脱溶,得到浸出大豆毛油。

混合溶剂浸出法是 20 世纪 70 年代初到 80 年代末发展起来的技术,是将不同极性的溶剂混合在一起,在浸出过程中完成原料中不同组分的萃取。

浸出生产大豆油可以按浸出前对大豆的处理过程分为预榨浸出工艺和一次浸出工艺两种。预榨浸出工艺就是将大豆经预处理后,先用压榨机预先榨取一部分油脂,所得的预榨饼(含油率为 12%～14%)用溶剂浸出制油;一次浸出工艺就是将预处理后的大豆轧坯后直接用浸出法取油。现在,大豆油的生产基本上都是采用一次浸出工艺。

油脂的精炼

通过蒸发、汽提将混合油中的溶剂与油脂分离,所得油脂称为毛油。毛

油中的主要成分是甘油三酯,此外还含有甾醇、磷脂、色素、游离脂肪酸等微量物质,这些微量物质对大豆油的品质和贮存稳定性具有重要的影响。因此,从毛油到精炼食用油一般还需经过脱胶、脱蜡、脱色、脱臭及碱炼等工艺。精炼的目的就是除去油脂中的这些杂质,提高成品油的质量。

(1) **预处理**　大豆毛油经过水化脱胶处理所得到的水化油脚是制取大豆系列磷脂产品的重要原料。但是经过汽提后的毛油因夹带水分会使部分磷脂析出,导致过滤工序的困难,并且使毛油中含有较多的杂质,将严重影响大豆磷脂的质量。因此,在毛油进行脱胶以前,必须先行预处理。预处理即是通过过滤、离心分离等方法除去油脂中的水分和不溶性物质。将汽提后的浸出毛油先进行真空脱水,再通过过滤除去其中的不溶杂质。

(2) **脱胶**　脱胶对大豆油来说是很重要的。胶质中最主要的是磷脂,它可以分为水化磷脂(α-磷脂)和非水化磷脂(β-磷脂和磷脂金属复合物)。其中水化磷脂占绝大多数,它具有吸水膨胀从而降低在油中溶解度的特性;非水化磷脂则有酸性,与油中微量金属离子化合生成磷脂金属化合物。

在碱炼脱酸过程中,磷脂等物质的存在会使油脂和碱液之间发生乳化,引起中性油的损失;另一方面会使油脂发生水解,生成脂肪酸和甘油,增加油脂的酸度,加速油脂的败坏,并使成品油易回色。另外,大豆油中含磷脂量和金属离子还是引发油脂氧化的重要因素。再者,大豆磷脂本身对人体有很好的生理功能,是很好的保健食品,可以将其从油脂中提取出来,经过一定的处理,制成附加值很高的系列保健产品,这也对降低生产成本、提高油脂生产厂家的经济效益有着重要的意义。

因此,必须采用适当的方法除去毛油中的胶质。非水化磷脂和金属离子在大豆油中的含量是成正相关的,降低油脂中的含磷量就同时降低了金属离子的含量。水化磷脂通过水化脱胶即可除去;非水化磷脂必须用磷酸或其他方法脱胶。

脱胶必须完全,否则在后续的碱炼脱酸时,胶质也会影响油的乳化性,增加碱炼损失。在物理脱酸中,使油在高温下颜色变深,质量迅速劣化,并且加重后续工序的负担,使设备易结焦,影响传热效果、过滤速度,使油脂的脱蜡、纯化变得困难。

水化脱胶就是在预处理后的毛油中加一定量的热水,使其中的磷脂充分地与水接触,迅速地转化为水化磷脂,形成结构理想的絮状油脚,再用离心机进行分离脱胶。经过脱胶的油脂因其中含有一定的水分可以采用离心机二次脱水。也可以脱胶后直接闪蒸脱水,即将油脂加热到130℃,在一定的真空条件下,使油脂中的水分迅速闪蒸,达到脱水的目的。

(3)**脱酸** 毛油中所含有的游离脂肪酸十分不利于油脂的贮存和使用,必须用碱将其中和以后去除,所以脱酸又叫做碱炼。它是按照毛油中所含的游离脂肪酸的含量加入适量的碱溶液,充分搅拌之后,使碱与游离脂肪酸生成皂脚而除去。同时,皂脚还能吸附水化脱酸时残留下来的杂质和色素。充分碱炼后的油脂中游离脂肪酸的含量可以降到0.01%~0.03%,磷脂0.001 5%左右。

(4)**脱色** 碱炼以后,油脂已经可以食用和贮存了,但是色泽较深,看起来品质不佳。为了提高大豆油的质量、满足高品质生活的要求,脱色是必需的工序。脱色效果的好坏及脱色效率的高低还直接影响着成品油的加工成本。可以通过吸附、化学处理、热处理等方法除去油脂中的色素、过氧化物、微量金属、残皂和磷脂等,并可以防止成品油的回色,提高产品的货架期。

(5)**脱臭** 脱臭是油脂精炼全过程的最重要和最后一个阶段,其目的是除去油脂中的一些臭味物质,如残溶,低分子醛、酮、酸,皂味,白土味,腥味等。脱臭的过程实质是水蒸气蒸馏的过程。是在高温(160~230℃)、真空条件下,通以过热水蒸气除去臭味物质。脱臭良好的大豆油,油脂色泽变浅,过氧化物被分解去除,贮存稳定性得到提高,称为精制大豆油。

大豆蛋白

大豆经脱脂、脱溶后,利用低变性豆粕可以加工出多种花样的大豆蛋白产品,主要品种有大豆粉、脱脂大豆粉、浓缩大豆蛋白、分离大豆蛋白、组织化大豆蛋白、构造性纤维大豆蛋白等。

(1)**大豆粉** 生产大豆粉的原料可以是全大豆或是脱脂后的豆片(即提油后压成的薄片)。

为满足食品加工多方面的需要,我们可加工出不同含脂量的大豆粉全脂豆粉,脂肪含量不低于18%;脱脂豆粉通常含1%以下的脂肪;低脂豆粉是在脱脂豆粉中均匀加入少量磷脂,磷脂为5%～9%;卵磷脂化大豆粉是指将卵磷脂加入脱脂豆粉的产品,其脂肪含量大于15%。

低温脱溶豆粕是加工其他大豆蛋白制品的基本原料,其制取多采用过热溶剂闪急循环加热脱溶的方法,即利用溶剂气体本身高温(130℃～160℃),在真空条件下吹入湿粕进行脱溶。该方法时间短,效果好。

根据需要大豆蛋白粉还可以进行适当的湿热处理:一方面可以改变大豆蛋白在水中的分散性能,另一方面可以改善大豆蛋白的营养价值及产品的风味和色泽。若用高压蒸汽湿热处理,则氮溶解指数急剧下降;改用常压水蒸气,既可使酶失活,又可较好地保持蛋白质的溶解性。

(2)**浓缩大豆蛋白**　浓缩大豆蛋白的制取工艺是以低温脱溶豆粕为原料,去除其中的可溶性糖分、灰分及其他微量组成部分,从而将大豆低温脱溶粕的蛋白质含量从45%～50%提高到70%左右。在加工过程中,有一些可溶性蛋白质会损失掉。分离大豆蛋白产品是所有大豆蛋白制品中最纯净的一种,几乎除去了全部非蛋白成分,蛋白质含量达90%以上(干基)。分离蛋白的提取过程是比较复杂的。在提取过程中,首先利用大豆蛋白的溶解特性,采用弱碱溶液浸泡保温脱脂豆粕,使可溶性蛋白质、碳水化合物等溶解后,离心分离,除去不溶性纤维及其他残渣物;第二步是将已溶解的蛋白液加入一定的酸,调pH至4.5,达到大豆蛋白质的等电点,这时大部分蛋白质便沉淀析出,只有极少数部分蛋白质溶解,溶解的部分叫做乳清,继续离心分离,获得蛋白凝胶,乳清中的固形物亦可用超速离心机分离出来加以利用;第三步是将获得的蛋白凝胶解碎,加碱中和,并经加热、均质等处理,送入喷雾干燥机中快速脱水干燥而获得成品。

(3)**组织化大豆蛋白**　大豆蛋白组织化是指通过机械或化学方法改变蛋白组成方式的加工过程。向脱脂大豆、浓缩大豆蛋白或分离大豆蛋白中加入一定量的水及添加物后混合均匀,强行加温、加压,压出成形,使蛋白质分子之间整齐排列产生同方向的组织结构,同时凝固起来,形成纤维状蛋白,并具有与肉类相似的咀嚼感。这样的产品我们称为组织化大豆蛋白。组织化大豆蛋白产品形状可以是块状、粒状或粉状,主要以肉代用品形式制作仿肉制品。但由于它实际上没有溶解性,不能用于乳化型肉制品,在其他食品中的应用也具有局限性。

大豆保健食品的开发与应用

(1) 大豆蛋白质的开发与应用　大豆蛋白质的含量高,蛋白质的氨基酸组成合理,决定了大豆是人类摄取蛋白质的重要来源。大豆蛋白质在食品应用方面表现的机能特性有乳化性、保水性、黏着性、起泡性、黏弹性、吸油性等,所以被广泛应用。由于大豆蛋白质对人体的各种功能优势,现代营养学及医学一致认为大豆蛋白质营养好,益智,健脑,润肤,美容,强体,并对缺铁性贫血、动脉硬化、高血压、肿瘤、冠心病、神经衰弱、糖尿病等均有较高的药用价值。因此,发达国家近年来把大豆蛋白食品看作最优的营养保健食品,发展中国家把大豆蛋白质食品看作实惠的"营养肉"食品。1999年美国食品与药物管理局声明:在低饱和脂肪酸、低胆固醇饮食中,每人摄入25克大豆蛋白可减小患心脏病的几率。

(2) 大豆油脂的开发和应用　大豆中油脂的含量高,饱和脂肪酸含量低,富含必需的不饱和脂肪酸和极丰富的维生素E,不含胆固醇。这些不饱和脂肪酸又具有降低胆固醇的作用,对预防血管硬化、高血压和冠心病大有益处,具有促进幼儿生长发育、预防老年白内障的作用。

(3) 大豆膳食纤维的开发与应用　大豆中膳食纤维的含量较高,现代医学和营养学研究表明大豆膳食纤维具有明显的生理与医疗功能。它对人体健康非常重要,不仅能显著降低血液中的胆固醇含量,而且还能促进肠胃的正常蠕动,减轻直肠压力,使发酵物质和有害物质迅速排出,达到预防便秘与结肠癌的目的,是理想的功能性食品。大豆膳食纤维可应用到面条、面包、饼干、糖果、饮料等食品中。

(4) 大豆低聚糖的开发与利用　大豆低聚糖是大豆中所含低聚糖的总称,主要成分有棉籽糖、水苏糖和蔗糖。大豆低聚糖对双歧杆菌具有增殖作用,其甜度为蔗糖的70%,能量仅为蔗糖的50%,不易被人体消化吸收。可作为糖尿病人、肥胖病人和低血糖病人的健康食品基料。大豆低聚糖具有耐渗透压、耐热、耐酸等特性。用于酸性食品和饮料中可延长食品货架期。

(5) 大豆磷脂的开发与利用　大豆磷脂在大豆中含量为1.2%～3.2%,是制油工业的副产品。大豆磷脂具有生物活性,对机体代谢具有调节作用;具有预防心血管疾病、脂肪肝,健脑,消除疲劳,增强记忆和抗衰老等作用。美国最早推出磷脂保健食品——补脑汁,被认为是大中专学生等脑力劳动者的特殊营养补剂。此外,磷脂还具有乳化功能,可应用于糖果、乳粉等食品中。

(6)**大豆多肽的开发与利用** 大豆多肽的氨基酸的组成几乎与大豆蛋白质完全一致,必需氨基酸含量平衡且丰富。大豆多肽是大豆蛋白质经酶解作用切断大豆蛋白质次级键,使蛋白质一级结构链长变短,相对分子质量减小。大豆多肽可由肠道直接吸收,减弱了大豆蛋白质的抗原性,使其吸收速度比氨基酸快。由于大豆多肽具有促进吸收、降低胆固醇、促进脂肪代谢、消除机体疲劳、保湿澄清和转化蛋白质凝胶等特性,以及促进微生物生长发育和活跃代谢等作用,被广泛应用于酸奶、酱油、火腿等特别是发酵食品中,以提高产品的营养价值,改善品质,增强风味及提高生产效率。

(7)**大豆皂甙的开发与利用** 大豆皂甙在大豆种子中含量为3.0%~4.0%,主要存在于大豆胚芽中。大豆皂甙具有生物活性,还具有抗炎症、抗溃疡、抗病变等作用,可以防止过氧化脂质的生成,延续机体老化,降低血浆中胆固醇的含量,抑制血栓的形成,降低心血管病的发生率。显然,大豆皂甙还有利于改善人体代谢机能,增强免疫力,促进人体健康。大豆皂甙具有发泡性和乳化性,可用做食品添加剂。例如,啤酒中添加适量的大豆皂甙,可增强泡沫体积,改善泡沫稳定性。日本开发研制了含大豆皂甙的保健食品、减肥食品及皂甙汁、皂甙饮料等。

(8)**大豆异黄酮的开发与应用** 大豆异黄酮在大豆种子中含量为0.5‰~7.0‰。主要存在于大豆胚芽中,含量为1.40%~1.76%。大豆胚芽是制油工业和蛋白质工业的副产品之一,大豆异黄酮对人体生理代谢具有调节功能。现代医学证明:大豆异黄酮是一种植物激素,对低激素水平者可以起到雌激素替代作用,防治妇女更年期后由于激素退化而产生的疾病,如骨质疏松、血脂升高等;对高激素水平者产生抗激素作用。大豆异黄酮具有预防乳腺癌、前列腺癌、结肠癌、肝癌及肿瘤的发生,提高机体免疫、抗炎能力,降低胆固醇,预防心血管疾病,改善妇女更年期综合征,防止鼻出血综合征等功能。美国和日本科学家已在乳腺癌的治疗中成功地使用了异黄酮,并且效果非常好。

三、混合性食品

膨化食品概述

膨化食品是 20 世纪 60 年代末迅速发展起来的一种新型食品，国外又称挤压食品、喷爆食品、轻便食品等。膨化食品不仅组织结构多孔蓬松、松脆香甜、口味多样、易于消化吸收，而且具有加工方便、自动化程度高、质量较为稳定、综合成本低等优点。

膨化食品自从进入普通百姓家庭，凭借其独特的口味、繁多的品种逐渐在食品市场上占据了一席之地。近年来，包括油炸薯条、虾条、鸡圈、鸡条、鸡片等在内的各种各样的膨化食品以色彩鲜艳、包装醒目、口味好、广告宣传攻势强烈等特点吸引着中国的老老小小，尤其是儿童、青少年。

膨化食品是以水分含量较低的玉米、淀粉、大米、豆类、薯类、蔬菜等为主要原料，经膨化设备的加热、加压处理，使其体积膨化，内部组织结构发生变化，再经过粉碎、成型等工序加工而成的品种繁多、外形精巧、营养丰富、酥脆香美的食品。因此，膨化食品便独具一格地形成了一大类。因为生产这种膨化食品的设备结构简单，操作容易，设备投资少，收益快，所以发展得非常迅速，并表现出了强大的生命力。

膨化食品的分类

目前对膨化食品的分类尚不统一。根据膨化食品的原料、食用品位、膨化方式、工艺流程及品种类型等可进行大致的分类：

（1）**按原料分类** 大致可分为玉米膨化食品、小麦膨化食品、大米膨化食品、小米膨化食品、燕麦膨化食品、马铃薯膨化食品、大豆膨化食品、动物性膨化食品等。

（2）**按生产工艺流程分类**　可分为直接膨化食品和间接膨化食品两大类。直接膨化食品是指原料用膨化设备直接膨化成球形、薄片、环形或棒状等各种形状，经过调味、干燥等工序制成膨化食品，我国民间的爆米花、爆豆子等均属于直接膨化食品；间接膨化食品是指先制出没有膨化的半成品，再进行干燥、烘烤、油炸或微波处理等工序，使半成品膨化成膨化食品，虾条、泡司等均属于间接膨化食品。

（3）**按食用品位分类**　可分为主食膨化食品、副食膨化食品、膨化小食品三大类。主食膨化食品一般是先将大米、玉米粉膨化，然后以此为主料或配料制成面包、糕点等；以大豆蛋白为主要原料制成人造肉，进而加工成花色多样的副食膨化食品；以马铃薯淀粉或木薯淀粉为主要原料可制成膨化小食品。

（4）**按膨化方式分类**　可分为挤压膨化食品、油炸膨化食品、焙烤膨化食品和微波膨化食品等。

膨化食品的主料及配料

膨化食品的生产用到玉米、大米、淀粉、大豆、油脂及食品添加剂。

膨化食品生产中用的大米可以是整粒大米或磨制的米粉。

淀粉主要是以玉米、小米等谷物，马铃薯、甘薯、木薯等薯类，以及绿豆、豌豆等豆类为原料生产的。

大豆蛋白质的营养价值高，是生产膨化食品的理想原料。

油脂一般使用植物油中的花生油、棕榈油、豆油、棉籽油、菜籽油、玉米油等。

食品添加剂有甜味剂、色素、鲜味剂、香料与味精、抗氧化剂、营养强化剂等。主要的甜味剂有砂糖、蜂蜜等，还有一些保健甜味剂，如甜叶菊、麦芽糖醇、蛋白糖、木糖醇等；鲜味剂应用最广的是味精；香料和味精应该在不损害天然风味的情况下少量使用，与天然风味相匹配，起烘托作用，从而使天然香味更为突出。

油炸类膨化食品的脂肪含量较高，为了提高制品的稳定性和延长贮存期，需要添加抗氧化剂，以防止油脂的氧化酸败。常用的抗氧化剂有丁基羟基茴香醚、二丁基羟基甲苯及没食子酸丙酯。

在膨化过程中,物料的营养成分会不同程度地受到损失,为增强和补充食品的营养而使用的添加剂称为营养强化剂,主要有维生素、氨基酸和无机盐等。

膨化食品的特点

雪饼、薯片、虾条、虾片、鸡圈、鸡条、玉米棒等食品色彩鲜艳、包装醒目,广告宣传引人注目,赢得了孩子们的青睐。有的父母认为膨化食品是垃圾食品,不让孩子食用;有的父母则对孩子听之任之,用膨化食品代替主食。这些做法都有些偏激,我们应多了解一些膨化食品的特点。

（1）优点

① 口感好:膨化食品体轻松软、色彩浅、香浓、酥脆,适合孩子的口味。粗粮经膨化后,粗硬组织结构受到破坏,看不出粗粮的样子,吃不出粗粮的味道,口感柔软,食味得到改善,比较好吃。

② 营养素损失少:膨化技术不仅改变了粮食的外形,也改变了内部的分子结构,粮食的维生素受破坏较少,如维生素 B_1、B_6 的含量明显高于蒸煮后的食品。

③ 易于消化吸收:膨化技术使淀粉彻底熟化,膨化食品内多呈多孔状,水溶性物质增加,有利于胃肠消化酶的渗入,提高了营养素的消化吸收率,便于机体消化吸收,如大米蒸煮后蛋白质消化率为 75.3%,而膨化后可提高到 83.8%。

④ 易于储存:膨化食品经高温高压处理后,可起到消毒杀菌的作用,并且减少了水分,水分含量都降低到 10% 以下,限制了霉菌的滋生,加强了在储存中的稳定性,适于较长时期储存,不易变质并宜于制成战备军粮,改善其食用品质。

⑤ 食用方便,品种繁多:膨化后的食品已成为熟食,大多为即食食品,食用方便,节省时间。以谷物、豆类、薯类或蔬菜为主要原料,并且添加不同的辅料,可以制出品种繁多、营养丰富的膨化食品。

⑥ 生产设备简单,生产效率高:用于生产膨化食品的设备简单,结构设计独特,可以较简便和快速地组合或更换零部件而成为多用途的系统。劳动生产率高,加工费用低。

⑦ 工艺简单,成本低:一般采用挤压方式加工食品。由于在挤压加工过程中同时完成混合、破碎、杀菌、压缩成型、脱水等工序而制成膨化食品,使生产工序显著缩短,制造成本降低,是一种节能的新工艺。

⑧ 原料利用率高:采用膨化技术后,蛋白质利用率提高了 25%。

(2) **缺点** 膨化食品的配方决定了它的特点是高碳水化合物、高脂肪、高热量、高盐、高糖、多味精,属于"五高一多"食品。资料显示膨化食品中的脂肪含量约为 40.6%。对需要丰富均衡的营养来茁壮成长的孩子来说,长期大量地食用膨化食品必定会影响他们的健康。

膨化技术的基本加工理论

将物料装入膨化设备中加以密封,进行加热、加压或机械作用,使物料处于高温高压状态下,所有的组分都积蓄了大量的能量,物料的组织变得柔软,水分处于过热状态。此时,迅速将膨化设备的密封盖打开或将物料突然从膨化设备中挤压出来,在此瞬间,由于物料被突然降至常温常压状态,巨大的能量释放,使过热状态的液态水汽化蒸发,其体积约膨胀 2 000 倍,从而产生巨大的膨胀压力。物料组织受到巨大的爆破伸张作用而形成无数细微多孔的海绵状结构,体积增大几倍至几十倍,这一过程叫做食品膨化。

不同的膨化方式对物料的作用不同,物料被膨化的状态也不同。膨化方式主要有气流式膨化和挤压式膨化。气流式膨化是靠外部加热或供给过热水蒸气的方式使体系获得能量而达到高温高压状态;挤压式膨化是靠螺旋套杆推动,曲折地向前挤压,在推动力和摩擦力的作用下物料被加压、混合、压缩并获得和积累能量而达到高温高压、带有流动性的凝胶状态。物料经过膨化后,宏观上,表现在物料的体积增大几倍至几十倍,质地疏松;微观上,表现在内部结构及化学成分的分子结构发生了变化。气流式膨化使物料最终状态呈蜂窝状结构;挤压式膨化使物料最终状态呈片状结构。

膨化原理膨化技术虽属于物理加工技术,但具有本身的特点。膨化不仅可以改变原料的外形、状态,而且改变了原料中的分子结构和性质,淀粉粒解体,淀粉降解,淀粉 α 化,可溶性物质增加,蛋白质变性,蛋白质降解,以及脂肪分解,并形成了某些新的物质。

物料膨化后物化性质的变化

(1) **水分的变化**　物料经过膨化后,由于水分在膨化过程中蒸发,含量减小。以高粱米为例,膨化前含水量为 14.48％,膨化后为8.75％。如果以实物称重,也可以看出膨化后比膨化前减轻了,这是水分蒸发的缘故。

(2) **淀粉的变化**

① 淀粉的降解和还原能力的提高:膨化后的淀粉比膨化前减少,而糊精和还原糖则有较大的增加,这种变化从营养角度讲,有助于消化吸收。巨大的膨胀压力不仅破坏了物料的外部形态,而且也拉断了物料内在的分子结构,将不溶性长链淀粉切断成水溶性的短链淀粉、糊精和还原糖,于是膨化食品中的不溶性物质减少,水溶性物质增加。

膨化后除水溶性物质增加外,一部分淀粉变成了糊精和还原糖。膨化过程改变了原料的物质状态和性质,并有新物质产生。也就是说运用膨化这种物理手段,使制品发生了化学变化。

把食品中的淀粉分解为糊精和还原糖的过程,一般是在人们的消化器官中发生的,即当人们把食物吃进口腔后,借助唾液中淀粉酶的作用,使淀粉裂解,变成糊精、麦芽糖,最后变成葡萄糖,被人体吸收。而膨化技术起到了淀粉酶的作用,即当食物还没有进入口腔前,就使淀粉发生了裂解过程,从这种意义上讲,膨化设备等于延长了人们的消化器官,增加了人体对食物的消化过程,提高了膨化食品的消化吸收率。

② 淀粉结构的变化:主要表现在支链淀粉和直链淀粉的比例发生了变化。如玉米淀粉经过膨化后,其总淀粉含量降低,同时其支链淀粉含量也降低,而直链淀粉含量增加。

此外,膨化使淀粉颗粒中不易被酶水解的 α-1,6 糖苷键部分断裂,β-极限糊精减少。因此,谷物经膨化后,其淀粉利用率提高。

③ 淀粉的 α 化:生淀粉是由胶束状淀粉链构成的,叫做 β 淀粉。当 β 淀粉被加热加压破坏时就变成 α 淀粉,α 淀粉比较容易被人体消化吸收,因为淀粉一旦发生 α 化,其直链淀粉和支链淀粉的各分子间就出现空隙,消化酶容易进入。

使淀粉 α 化常用的加工技术有烘烤、蒸煮、油炸等,也可以使食品的生淀

粉即 β 淀粉变成 α 淀粉,即所谓 α 化。但是这些制品在常温下放置一段时间后,已经展开的 α 淀粉又收缩恢复为 β 淀粉,也就是所谓"回生"或"老化"。这是所有含淀粉的食品普遍存在的现象。这些食品经"老化"后,体形变硬,食味变劣,消化率降低。这是由于淀粉 α 化不彻底。

膨化技术可以使淀粉彻底 α 化,已经变成的 α 淀粉经放置后也不能复原成 β 淀粉,于是食品保持了柔软、良好风味和较高的消化率;膨化技术使淀粉 α 化比上述其他常用方法都好,即 α 化的速度快且完全。这是膨化技术优越于其他物理加工方法的又一特征,它为粗粮细做开辟了一个新的加工领域。

(3) **蛋白质的变化** 粮食膨化后的蛋白质含量比膨化前略有减小,但是蛋白质的消化率却有所提高。因为蛋白质在膨化过程中发生了不可逆热变性,蛋白质分子由紧密有序的构象变成了松散无规则的构象,使它处于极易被水解的状态。另外,膨化还引起蛋白质的降解,使氨基酸的含量增加。无论是采用挤压式还是气流式膨化,玉米的氨基酸含量均比不经过膨化的高。

(4) **脂肪的变化** 谷物膨化后,脂肪的含量都比膨化前减小,这可能是膨化时的高温高压所致。脂肪含量减少的程度因不同的膨化方式而异,挤压式膨化比气流式膨化脂肪含量减小得多。

(5) **维生素的变化** 在挤压膨化过程中,维生素 B_2、B_6、B_{12}、烟酸、泛酸和生物素相对稳定,而维生素 A、E、C、B_1 和叶酸则易被破坏。维生素的损失是膨化过程中高温高压作用引起的,损失程度取决于物料的组成和膨化工艺参数。虽然膨化过程中维生素有一定程度的损失,但与其他普通食品的加工方法相比,膨化过程中维生素的损失还是比较少的。以大米为例,膨化大米比普通方法做的大米饭,维生素破坏较少。

(6) **组织结构的变化** 膨化过程中,物料处于过热状态,水分瞬间汽化蒸发,产生巨大的膨胀压力,从而使物料的淀粉结构发生爆破,变成多孔状的海绵结构,而未经膨化的淀粉则呈颗粒状,无孔洞。

(7) **食物纤维的变化** 食物纤维是指食物中不能被人体内消化酶所消化吸收的一类物质,通常包括纤维素、半纤维素、木质素、果胶和胶质等物质。膨化能够改善食物纤维的物理、化学及生物特性。例如,面粉经过挤压膨化处理后其纤维含量增加,同时部分非水溶性纤维变成水溶性纤维。

（8）**食品卫生状况的变化**　粮食在膨化过程中，经过高温灭菌，可以直接食用。

（9）**味觉的变化**　膨化后的粗粮制品大大降低了原有的粗粮味道，增强食欲。

（10）**储存期的变化**　粮食膨化后，含水量低，又经高温灭菌，比膨化前易于较长时间储存。

膨化食品加工工艺

食品膨化因设备不同，其生产工艺也不同。现主要介绍油炸膨化和挤压膨化的基本生产工艺。

（1）**工艺流程**

油炸膨化食品的生产工艺：原料入库→清理→调湿→膨化机→油炸→调味→包装→成品。

油炸膨化工艺是将原料置于油锅中，高温油炸。高温及油本身的作用使原料体积膨胀。该工艺是一种古老的膨化方法。

挤压膨化食品的生产工艺：原料入库→清理→细磨→称量→送料机→蒸气预混处理→挤压蒸煮机→烘烤→调整尺寸→调味→包装→成品。

膨化食品连续膨化生产工艺：原料→加湿→膨化→焙烤→调味→干燥→包装→成品。

（2）**生产工艺要点**

① 原料预处理：原料进入加工工序前需要经过过筛去杂处理。挤压膨化的原料还需要破碎，过14～30目筛。原料颗粒过大，机器空腔内产生的摩擦力较大，增加机器的负荷，容易损伤机器螺杆；原料颗粒过小，则机器空腔内产生的摩擦力过小，进料困难，容易造成炭化而堵塞喷嘴。玉米膨化时，必须去胚芽，否则会影响产品的膨化质量。

② 调湿：原料在膨化前，一般要通过加湿机加入一定量的水分，充分搅拌均匀，使原料含水量均匀一致。通常在调湿后谷物含水量在15％左右。加水量应根据原料种类、颗粒度及膨化机螺筒特性、喷嘴截面积和制品的形状等进行调节。

③ 膨化：根据原料特性、膨化方式等的不同调整好原料的水分含量，设

定好膨化机的各项工艺参数,如膨化温度、膨化压力等。

④ 烘烤:膨化后制品水分含量一般为 8%～10%,为改善口感,需要进行烘烤干燥处理,将水分含量降至 3% 以下。

⑤ 调味:烘烤干燥后的制品通常只有烤香,为使其具有丰富的风味和滋味,需要进一步调味,如加入调味液、食盐、食糖、味精、胡椒粉、咖喱粉等调味剂。

⑥ 最终干燥:膨化食品在调味后,如果水分含量在 3% 以下,可不再进行干燥,直接包装入库即可;如果添加液体调味液后,水分含量在 3% 以上,则需要再进行一次干燥,干燥温度通常为 80℃～100℃,干燥至水分含量在 3% 以下。干燥后的制品应立即包装,密封防潮,以免产品再度吸水,影响成品质量。

膨香酥

在膨化谷物粉里添加上适量的膨化大豆粉或其他副料,还可制成多种冲调粉料、营养粉料,以及适应幼儿消化与吸收的冲调代乳粉,带有各种地方风味的冲调面茶、杏仁茶等,既便于消费者食用(无须二次加热熏烤),又具有营养互补、维生素损失少的优点。利用膨化粉制作的一些糕点,有的可节省部分食油,并能保持其松脆的风味;有的可简化加工工艺,并保持原食品的特有风格,如年糕、凉糕等;对于部分食用粗粮较多的地区还可能进行粗粮细做,可以改善粗粮的口感。

现介绍其制作方法:

(1) 原料的准备 膨化食品是以大米、玉米、小米、高粱等谷物为原料制成的食品。谷物的膨化是在一定温度(150～180℃)和压力(10 千克/平方厘米以上)下进行的。温度和压力来源于外界的机械,其能使谷物原料内部水分蒸发为水蒸气,因而当外界压力一定的条件下,原料中的水分含量就是一个决定因素。一般原料中含水量以 72%～74% 为宜。如果含水量低,应利用加湿机加上适量的水分搅拌均匀。水分不均匀会导致成品膨化不均匀。当含水量低时,机体内部升温快,温度高,则气泡变小,膨胀体积减小;当含水量偏高时,机体内部升温慢,温度低,膨化率下降,膨化体积增大,气泡变大,所以产品表面变得粗糙,质地坚硬。由此可见,适当的含水量是膨化好坏的重要因素。

此外,对原料的粒度也有一定的要求。一般以16～30目为宜。具体地讲,大米、小米、高粱等可直接膨化,玉米还需要进行加工。原料颗粒过大会影响设备的使用寿命;颗粒过小(小于40目)会出现滑脱现象。因而压缩时间加长,易造成炭化现象。

(2)**膨化**　谷物原料经上述准备后便可进行膨化了。这一步工作是在膨化机内完成的。

谷物膨化机简单地说是根据压差膨化原理制成的。每次生产前需要在喷头部位加热到150℃,然后开始工作(工作开始后则不必再加热)。原料在机腔内受挤压,摩擦产生足够的热能供其膨化需要,维持机腔内温度在150℃～180℃,工作时应首先加入1千克含水量30%的起始料外爆,随后加入正常原料进行生产。原料由进料口进入机腔,由螺旋杆强制推进。由于螺旋杆和螺筒的螺纹沟槽是由深逐渐变浅的,压力也随之变大,并同时进行搅拌、混合、摩擦和剪切,形成生淀粉。由于生淀粉在机腔内是逐渐地升温,使淀粉糊化,即α化(这时其压力上升到10千克/平方厘米以上),然后以预定的喷嘴喷出,突然降压到常压,使其组织内的游离水分骤然汽化、膨胀,形成海绵似的空心、网状结构。同时迅速冷却、硬化,得到膨化食品的半成品。

膨化机在喷头的前部装有回转切刀(其转速可调),可将膨化出的半成品切成理想的长度。

膨化机的主要设计参数有:产量60千克/小时、外形尺寸1 130毫米×1 200毫米×2 070毫米、主轴转速280转/分、重量约800千克、总耗电量18千瓦。

(3)**烘烤(圆筒烤干机)**　由于由膨化机膨出的半成品的残留水分较多(8%左右),为了使膨化的淀粉固定不致回生,并达到松脆可口、散发香味的目的,必须及时地驱出其中的多余残留水分,就必须及时地进行烘烤。圆筒烘干机就是完成这一工作的连续化生产设备,其生产能力为80千克/时,恰好与膨化机配套。

圆筒烘干机设有圆筒状网管,里面装有螺旋导向装置。由10根2千瓦集成式远红外加热器加热、分5组电源开关控制,其温度一般控制在120℃左右。根据生产的具体情况,若温度较高时,可将其中部分关闭。该圆筒由一0.6千瓦电机经减速箱带动,其旋转速度根据实际生产情况可以任意调

整。半成品在本机内烘烤时间为 2～3 分钟,使其水分含量达到 3% 或 4% 左右,同时增添了谷物食品烘烤的芳香。

(4) **加味(连续加味机)** 食品都有色、香、味的要求与差异,膨化食品也一样。除具有其共同的特性——酥脆芳香外,还应各自有特殊的品质与味道。这样,经烘烤后的半成品还须添加上不同的调味品和营养物质,如白糖、食油、味精、奶粉、海米、咖喱糖、精盐及各种维生素等,这一步工作是在连续加味机中完成的。

连续加味机是由不锈钢滚筒构成的,里面装有不锈钢弯折角钢,以使食品能够在滚筒内充分翻滚,接受喷油管喷洒的食油和螺旋输送器撒的白糖、奶粉或咖喱粉等调味副料。电机经减速箱带动滚筒按一定速度(14 转/分)运转,滚筒进出口有一定倾斜角度,食品从高端进口处流入,从低端出口处输出,这时食品均匀地黏满了各种调料,形成了种类不同、味道繁多的膨化食品。

除上述加味法外,加味时若以水或含水的调味料做介质,因产品含有水分,在完成上述工序后,还须进行第二次干燥,也就是最终干燥。

食品经加味、烘烤后就为成品了。成品一般采用聚乙烯或聚乙、聚丙复合薄膜包装。

三维立体膨化食品

三维立体膨化食品是近几年在国内刚刚面世的一种全新的膨化食品。按所使用的原料不同又可分为马铃薯三维立体膨化食品和谷物三维立体膨化食品,尤其是谷物三维立体膨化食品以成本低廉而更具市场优势。三维立体膨化食品的外观不落窠臼,一改传统膨化食品扁平且缺乏变化的单一模样,采用全新的生产工艺,使生产出的产品外形变化多样、立体感强,并且组织细腻、口感酥脆,还可做成各种动物形状和富有情趣的妙脆角、网络脆、枕头包等,所以一经面世就以其新颖的外观和奇特的口感而受到消费者的青睐。

(1) **主要原料** 玉米淀粉、大米淀粉、马铃薯淀粉。

(2) **工艺流程** 配料、混料→预处理→挤压→冷却→复合成型→烘干→油炸→调味、包装。

(3) 操作要点

① 配料、混料:该工序是将干物料混合均匀与水调和达到预湿润的效果,为淀粉的水合作用提供一段时间。这个过程对最后产品的成型效果有较大的影响。一般混合后的物料含水量在28%～35%,由混料机完成。

② 预处理:预处理后的原料经过螺旋挤出使之达到90%～100%的熟化,物料是塑性熔融状,并且不留任何残留应力,为下道挤压成型工序做准备。本工序由特殊螺旋设计,有效的恒温调节机构控制,一般设定温度为100～120℃,中压为2～3个大气压。

③ 挤压:这是该工艺的关键工序,经过熟化的物料自动进入低剪切挤压螺杆,温度控制在70～80℃。经过特殊的模具,挤压出宽200毫米、厚0.8～1.0毫米的大片,大片为半透明状,韧性好。其厚度直接影响到复合的成型和烘干的时间,所以模具中一定装有调节压力平衡的装置控制使出料均匀。

④ 冷却:挤压过的大片必须经过8～12米的冷却长度,有效的保证复合机在产品成型时的脱模。为节省占地面积,可把冷却装置设计成上下循环牵引来保证最少10米的冷却长度。

⑤ 复合成型:该工序由三组程序来完成。第一步为压花,由两组压花辊操作,使片状物料表面呈网状并起到牵引的作用,动物形状或其他不需要表面网状的片状物料可更换为平辊使其只具有牵引作用。第二步为复合,压花后的两片经过导向重叠进入复合辊,复合后的成品随输送带进入烘干,多余物料进入第三步回收装置。第三步为回收利用,由一组专往挤压机返回的输送带来完成,使其重新进入挤压工序,保证生产不间断。

⑥ 烘干:挤出的坯料水分处于20%～30%,而下道工序之前要求坯料的水分含量为12%,并且由于这些坯料此时已形成密实的结构,不可迅速烘干,这就要求在低于前面工序温度(通常为60℃)的条件下,采用较长的时间进行烘干,以保持产品形状的稳定。另外,为使复合后的坯料不至于互相粘连,最好装上微振动装置使产品烘干后能互相独立。

⑦ 油炸:烘干后的坯料进入油炸锅以完成蒸煮和去除水分,使产品最终水分达到2%～3%。坯料因本身水分迅速蒸发而膨胀2～3倍,并呈立体状,使其造型栩栩如生。然后进行甩油,去除油腻感,再进入最后一道工序。

⑧ 调味、包装:该工序可根据消费者的口感进行产品表面喷涂粉状调味

料,用自动滚筒调味机和喷粉机或用八角调味机来完成。

保健食品概述

什么是保健食品?国际上并无统一的定义。通俗地说,保健食品就是使人保持健康的食品。各国对保健食品在定义管理及分类上各不相同。在我国,保健食品是适用于特定人群食用,具有调节机体功能,不以治疗疾病为目的的食品;在日本,保健食品被称为特定保健食品,定义为凡在特殊用途食品中附有特殊标志,人们为特定保健目的而食用,可以达到该保健目的的食品;美国也称之为健康食品,标准是含有生理活性成分,具有预防和治疗疾病或促进健康等功能的食品。

保健食品是食品而不是药品,药品是用来治疗疾病的,而保健食品不以治疗疾病为目的,不追求临床治疗效果,也不能宣传治疗作用。保健食品重在调节机体内环境平衡与生理节律,增强机体的防御功能,达到保健康复的目的。它具有一般食品的共性:营养性,提供人体所需要的各种营养素;感官性,提供色、香、味、形、质等以满足人们不同的嗜好和要求;安全性,必须符合食品卫生要求,不对人体产生急性、亚急性或慢性危害,而药品则允许有一定程度的毒副作用。

保健食品应具有功能性,即具有调节机体功能。这是保健食品与一般食品的区别。它至少应具有调节人体机能作用的某一种功能,如免疫调节、延缓衰老、改善记忆、促进生长发育、抗疲劳、减肥等功能。

保健食品适于特定人群,一般需按产品说明规定的人群食用,这是保健食品与一般食品另一个重要的不同点。一般食品提供给人们维持生命活动所需要的各种营养素是男女老幼皆不可少的。而保健食品由于具有调节人体的某一个或几个功能作用,因而只有某个或几个功能失调的人群食用才有保健作用。该项功能良好的人就没有必要食用,若食用后可能会产生不良作用。例如,延缓衰老保健食品适宜中老年人食用,儿童不宜食用;减肥食品适宜肥胖人食用,瘦人不宜食用。

保健食品的分类

世界各国在保健食品的分类上略有差异。日本健康食品协会对保健食

品作了如下分类:

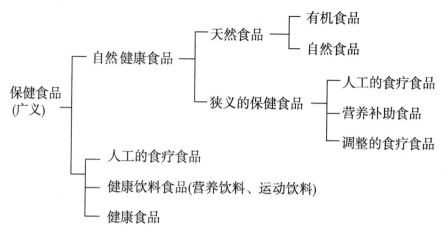

美国食品与药品管理局（FDA）对保健食品分类如下:

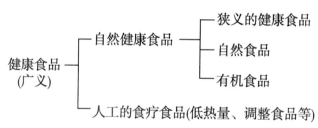

　　欧洲保健食品制造业公会将保健食品分为自然食品、改良系列食品、美容低热量食品、医疗特别食品等。

　　我国保健食品有的以食用人群服务对象分类,有的以调节机体功能的作用特点分类,有的则以产品的形式分类。原卫生部先后两批通过 24 项保健功能,2000 年剔除其中抑制肿瘤和改善性功能 2 项功能。原卫生部公布的可作为保健食品功能受理的 22 类(按保健食品功能分类)有:免疫调节、调节血糖、调节血脂、调节血压、改善视力、改善睡眠、改善记忆、改善营养性贫血、改善肠胃功能、改善骨质疏松、抗疲劳、抗突变、抗辐射、促进排铅、促进泌乳、促进生长发育、保护化学性肝损伤、美容、减肥、耐抗氧、清咽润喉、延缓衰老。

保健食品的发展经历

　　世界各国在发展保健食品的过程中,都大体经历了三个阶段,形成了三

代保健食品。

第一代保健食品为初级保健食品,仅根据食品中的营养素成分或强化的营养素推知该类食品的功能,未经严格的实验证明或严格的科学论证。这代保健食品包括各类强化食品及滋补食品,如鳖精、蜂产品、乌骨鸡类产品等。

第二代保健食品需经过动物或人体实验,证明其具有某种生理调节功能。比第一代有了较大的进步,其特定的功能有了科学的实验基础。

第三代保健食品不仅需经动物或人体实验证明其特定生理调节功能明确可靠,还需确知有该项功能的功效成分的化学结构、含量、作用机理和在食品中的稳定形态。因此,此代保健食品应具有功效成分明确、含量可以测定、作用机理清楚、研究资料充实、临床效果肯定等特点。

目前,欧美、日本等发达国家第三代保健食品已大量上市,并占有越来越大的比重。我国也有部分产品属于第三代保健食品,但数量还比较少,约占10%。

保健食品与其他食品的区别

保健食品与药品的区别:药品是用来治病的,而保健食品不以治疗为目的,决不能认为保健食品是加了药效成分的食品;保健食品达到现代毒理学上的无毒水平,在正常摄入范围内不能有任何毒副作用,而药品都有一定的毒副作用;保健食品无需医生处方,没有剂量限制,可按机体需要摄取。

药膳食品以中医辨证治疗理论为指导,将中药与食物相配伍,通过加工制成色、香、味、形俱佳的具有保健和治疗作用的食品。简而言之,药膳食品就是加了中药的食品。其中部分品种属于第二代保健食品,另一部分采用有明显毒副作用的中药材制成的药膳食品则属于中药制品。

黑色食品指自然颜色较深、营养较丰富、结构较合理的动植物原料加工而成的有一定调节人体生理功能的一类食品。大部分黑色食品属于普通食品。若用药食两用的黑色食品原料开发的产品具有特定生理功能则属保健食品。

绿色食品是指无污染的安全优质营养食品。其中,安全、无污染、无公害,通常更侧重于农业方面。

膳食纤维

膳食纤维是不被人体消化吸收的多糖类碳水化合物和木质素的统称，即膳食中的非淀粉类多糖与木质素。它由三部分组成：纤维素（纤维状碳水化合物），果胶类物质、半纤维素和糖蛋白（基料碳水化合物），木质素（填充类化合物）。纤维素、半纤维素和果胶类物质是构成细胞壁的初级成分，随细胞的生长而生长。木质素是细胞壁的次生成分，为死组织，没有生理活性。不同来源的膳食纤维的基本组成成分相似，但各成分的相对含量、分子的糖苷键、聚合度和支链结构却相差很大。

(1) 物化性质

① 持水性强：膳食纤维的化学结构中含有许多亲水基团，因而持水性强。依纤维来源和分析方法的不同，其持水能力大致是其自身重量的 1.5～25 倍。膳食纤维的持水性可以增加人体排便的体积和速度，减轻直肠内的压力，也减轻了泌尿系统的压力，从而可缓解膀胱炎、膀胱结石和肾结石的症状，并能使毒物迅速排出体外。

② 对阴离子的结合和交换能力：膳食纤维化学结构中的羧基和羟基侧链起到一个弱酸性阴离子交换树脂的作用，可与阴离子（特别是有机阴离子）进行可逆交换，这种可逆性的交换能改变离子的瞬间浓度，从而对消化道的 pH、渗透压和氧化还原电位产生影响，形成一个更缓冲的环境以利于消化吸收。当然，可逆的交换反应也会影响人体对矿物质元素的吸收。

③ 对有机化合物的吸附螯合作用：膳食纤维表面的活性基团可吸附螯合胆固醇和胆汁酸等有机化合物，抑制人体对它们的吸收。此外，膳食纤维还能吸附肠道内的有毒物质、化学药品和有毒医药品，并能促使它们排出体外。

④ 类似填充剂的作用：膳食纤维吸水膨胀时会在胃肠道内占有一定体积，引起饱腹感。同时，膳食纤维的存在也影响机体对其他成分的消化吸收，因而对肥胖症有较好的预防效果。

(2) 生理功能

① 通便及预防结肠癌的作用：结肠癌是某些有毒物质在结肠内停留时间过长，被肠壁吸收而发生毒害作用所致。如果食物中的膳食纤维含量较

高,进入大肠内的纤维即被细菌部分、选择性地发酵,从而使肠内菌群的构成与代谢发生改变,大量有益好气菌群代替厌氧菌群,促进了肠道的蠕动,加速了粪便的排泄,缩短了有毒物质与肠壁的接触时间。同时有毒的致癌物还可被膳食纤维吸附,随膳食纤维一起排出体外,起到预防结肠癌的作用。

② 降血脂及预防动脉硬化的作用:膳食纤维具有降低血脂和血清胆固醇的作用,在预防动脉硬化引起的心脑血管疾病中具有重要意义。膳食纤维能吸附胆汁酸和胆固醇,减少肠壁对胆固醇的吸收,并促进胆汁酸从粪便中排出,加快胆固醇的代谢,从而使体内胆固醇的含量下降。水溶性膳食纤维对降低胆固醇的作用明显,蔬菜和水果中的膳食纤维明显优于谷物。而谷物中的燕麦麸皮水溶性纤维对降低胆固醇有很好的效果。

③ 降血糖及预防糖尿病的作用:膳食纤维可改善末梢组织对胰岛素的感受性,降低对胰岛素的要求,从而可调节糖尿病患者的血糖水平。所以,高纤维膳食对治疗胰岛素依赖型(1型)糖尿病患者很有效,水溶性膳食纤维的作用优于水不溶性膳食纤维。

④ 其他生理功能:膳食纤维能增加胃部的饱满感,因而可减少食物的摄入量,起到预防肥胖病的作用;膳食纤维可减少胆汁酸的再吸收量,改变食物的消化速度和消化道分泌物的分泌量,起到预防胆结石的作用;膳食纤维还可能有抗乳腺癌的作用。

一般正常体重者每日必须保证8～25克的膳食纤维摄入量。

(3) 主要品种及其制备 国内外现已研究开发的膳食纤维共6大类约30余种,包括谷物纤维、豆类种子和种皮纤维、水果和蔬菜纤维、微生物纤维、其他天然纤维、合成和半合成纤维,但在生产实际中应用的不过10余种。膳食纤维的制备方法依据原料及对纤维产品特性要求的不同而不同,一般需经过原料粉碎、浸泡冲洗,漂白脱色,脱水干燥和成品的粉碎、过筛等工序。制备方法不同,膳食纤维产品的功能特性也不同。

① 谷物纤维:以小麦纤维、燕麦纤维、大麦纤维、黑麦纤维、玉米纤维和米糠纤维为主。

小麦纤维可改善焙烤食品的质量,提高产品的持水性并延长保质期;还能提高肉类食品的持水性并降低产品的热能和脂肪含量。小麦纤维是以制粉厂的副产物麸皮为原料,经脱除植酸,分解麸皮蛋白,去除淀粉类物质后,再清洗、过滤、压榨和烘干而制成。其成品为粒状,80%的颗粒直径在0.2～2毫米。化学组成为:果胶类物质4%,半纤维素35%,纤维素18%,木质素13%,蛋白质8%,脂肪5%,矿物质2%和植酸0.5%。膳食纤维总量在80%以上。

米糠纤维含有丰富的油脂、蛋白质、维生素B_1、维生素E和铁,是理想的膳食纤维。但米糠油中的不饱和脂肪酸易因氧化酸败而产生怪味。采用挤压膨化法可使脂肪氧化酶失活,提高产品的稳定性,同时也改善了风味。挤压后的物料经磨碎、过筛后,即得米糠纤维粉。

大麦纤维是以啤酒发酵后的残渣为原料制备的,它含有3%的水溶性纤维和67%的不溶性纤维,适宜加工低能量的焙烤食品。

燕麦纤维(水溶性)对降低胆固醇和预防心血管疾病有明显的效果;黑麦纤维能赋予焙烤食品特殊的风味;玉米纤维味淡而清香,可添加到糕点、饼干、面包和膨化食品中,还可作为汤料、卤汁的增稠剂和强化剂。

② 豆类纤维:以豌豆纤维、大豆纤维和蚕豆纤维为主。豌豆纤维色白味淡,而大豆纤维则适于加工低热能食品,如早餐谷物食品、焙烤食品和营养饮料等。豆类种皮纤维是以豌豆和大豆的外种皮为原料,并去除蛋白质和淀粉而制得。大豆纤维粉是以不经脱皮的整粒大豆磨制的豆渣为原料加工而成的,外观呈乳白色,粒度近似于面粉,其主要成分是蛋白质和膳食纤维,总膳食纤维干基含量约为70%,产品的持水力为700%,1克纤维在20℃的水中可自由膨胀至7毫升。将其添加到食品中,既可提高膳食纤维的含量,又有利于提高蛋白质的含量。

豆类种子纤维主要有瓜儿胶、古柯豆胶和洋槐胶等,它们均属于水溶性膳食纤维,具有良好的乳化性和增稠性,可提高食品的持水性和保形性。

③ 水果和蔬菜纤维:主要有橘子纤维、胡萝卜纤维、葡萄纤维和杏仁纤维等。橘子纤维的颗粒较粗,易于悬浮,能使冷饮、橘汁和其他饮料呈现橘子的色泽,且在冷冻时仍能保持外观质量;胡萝卜纤维是用榨胡萝卜汁的残渣加工制得的,风味独特;葡萄干是一种很好的天然纤维源,还含有多种维生素和矿物质,可将葡萄干粉添加到面包、糕点、饼干和膨化食品中,以增加其中膳食纤维的含量;杏仁除纤维含量高外,还含有丰富的维生素、钙和其

他矿物质,蛋白质和不饱和脂肪酸的含量也很高,是一种高级膳食纤维。

④ 其他天然纤维:品种很多,如甘蔗纤维、甜菜纤维和毛竹纤维等。

甘蔗纤维是以甘蔗制糖后所剩的蔗渣为原料,经清理、粗粉碎、浸泡漂洗、异味脱除、二次漂洗、脱色、干燥、粉碎和过筛等几个主要步骤加工制成的粉状产品。其总膳食纤维干基含量为89%,其中纤维素、半纤维素和木质素的含量分别为43%、26.5%和19.5%。此产品的持水力为500%,1克纤维在20℃的水中可自由膨胀至4.5毫升,并能保持24小时不变。

甜菜纤维是以甜菜制糖后所剩的甜菜渣为原料,经反复漂洗和干燥等工序而制成的片状、颗粒状或粉末状产品。它含膳食纤维约74%,其中24%为水溶性膳食纤维。甜菜纤维的持水力为其自身重量的5倍,可添加到焙烤食品、膨化食品、糕点、饼干、饮料和汤类产品中,也可用做低热量食品的基料。

活性多糖

活性多糖是指具有某种特殊生理活性的多糖化合物。主要包括真菌多糖和植物多糖。

(1)主要品种及化学构成

① 真菌多糖:真菌多糖的种类很多,以下主要介绍几种大型食用真菌和药用真菌多糖。

香菇多糖:香菇又称香蕈,是侧耳科的担子菌,为我国常见的食用菌之一。1969年,日本人千原首次从香菇的子实体中分离出香菇多糖。

银耳多糖:银耳又称白木耳,属于有隔担子菌亚纲银耳科。银耳多糖是存在于银耳子实体中的一种酸性杂多糖。

金针菇多糖:金针菇属伞菌目口蘑科金钱菌属。

云芝多糖:云芝又称杂色云芝,是我国产的一种中草药。云芝多糖是从云芝属子实体中提取的,它含有20%~30%的蛋白质。

茯苓多糖:茯苓属多孔菌科真菌,生长在各种松树的根际。茯苓多糖是茯苓菌核的基本组成成分,它易溶于稀碱而不溶于水。

冬虫夏草多糖:冬虫夏草是虫草属真菌中的一种寄生性子囊菌,是寄生于鳞翅目的幼虫头上或体部的子座与虫体的复合物,为我国名贵的中草药。

灵芝多糖:灵芝属真菌的品种很多,灵芝和紫芝是其中最著名的两个品种。灵芝多糖的种类也很多,从灵芝子实体中可分离出由阿木葡聚糖组成的水溶性多糖,还可得到由岩藻糖、木糖和甘露糖组成的水溶性多糖。

黑木耳多糖:黑木耳是木耳属的一种常见的食用菌。从木耳子实体中可分离出一种酸性杂多糖和两种 β-葡聚糖。

灰树花多糖:灰树花是一种食用担子菌。

猪苓多糖:猪苓是一种担子菌,它寄生在赤杨、栎树等的活根上。

除以上 10 种真菌多糖外,还有核盘菌多糖、裂褶多糖、滑菇多糖、平菇多糖、竹荪多糖和草菇多糖等。

② 植物多糖:从某些植物体中提取的具有特殊生理功能的活性多糖也备受关注,研究较多的有海藻多糖和药用植物多糖。

海藻多糖是一类从海洋藻类植物中提取的多糖物质,如从螺旋藻中提取的螺旋藻多糖,从褐藻中提取的海带多糖,还有羊栖菜多糖和鼠尾藻多糖等。

药用植物多糖包括从人参中提取的人参多糖,从刺五加中提取的刺五加多糖,从黄芪、红芪和黄精等中提取的多糖。

(2) 生理功能

① 抗肿瘤作用:许多研究都表明,活性多糖具有抗肿瘤的活性,只是因为不同的多糖的化学组成及结构上的差异,其抵抗能力不同而已。一般情况下,活性多糖大多不具备直接杀伤肿瘤细胞的能力而是通过调节机体的免疫功能来达到抵抗肿瘤的作用。例如,香菇多糖作为调节机体免疫反应的 T 细胞促进剂,通过刺激抗体的产生来提高机体的免疫功能,而金针菇多糖中的 EA,能增强 T 细胞功能,激活淋巴细胞和吞噬细胞,促进抗体产生并诱导干扰素产生。其他多糖也具有程度不一的免疫刺激与抗肿瘤活性。

② 抗衰老作用:实验表明,银耳多糖、螺旋藻多糖和羊栖菜多糖等均能明显降低小鼠心肌组织的脂褐质含量,增加小鼠脑和肝脏组织中的 SOD(超氧化物歧化酶)的活力,从而起到抗衰老的作用。此外,鼠尾藻多糖有较强的清除自由基的作用。

③ 保肝作用:香菇多糖和银耳多糖等能明显抵抗由四氯化碳引起的谷丙转氨酶的升高,缓解四氯化碳引起的肝细胞损伤,具有保肝作用。此外,

香菇多糖还具有免疫调节作用,能治疗病毒性肝炎,对原发性肝癌也有辅助治疗作用。银耳孢子多糖可治疗慢性活动性肝炎和慢性迁移性肝炎,使HBsAg转阴并改善症状。

④ 降血糖作用:银耳多糖和银耳孢子多糖使小鼠对四氧嘧啶致糖尿病有明显的预防作用,机理可能是多糖减弱了四氧嘧啶对 β 胰岛细胞的损伤。银耳多糖和银耳孢子多糖对正常的高血糖也有明显的抑制作用,可使葡萄糖的耐量恢复到正常。

⑤ 降血脂和抗血栓作用:一些真菌多糖如银耳多糖可明显降低血清胆固醇水平,还可明显延长特异性血栓及纤维蛋白血栓的形成时间,缩短血栓长度,降低血小板黏附率和血液黏度,降低血浆纤维蛋白元含量并增强纤溶酶活性,具有明显的抗血栓作用。

⑥ 其他作用:银耳多糖对放射性损伤有一定的保护作用,并能改善骨髓的造血功能;蜜环菌多糖有对中枢神经系统的镇静和抗惊作用,可改善血液循环,增加脑动脉和冠状动脉的血流量,是治疗偏头痛的特效成分;灵芝多糖对中枢神经系统起镇静和镇痛作用,对心血管系统起增强心肌收缩力和增加心血输出量的作用,对垂体后叶素心肌缺血起保护作用,还有止咳、祛痰和保护肝脏的功能。

调节血压的食物

(1) **洋葱** 洋葱含有维生素 B_1、B_2、C,还有胡萝卜素、钙、磷、咖啡酸、芥子酸、原儿茶酸、斛皮素、挥发油等成分。从洋葱中提取的精油含有可降低胆固醇的环蒜氨酸和含硫化合物的混合物,还含有前列腺素和能激活血溶纤维蛋白活性的成分,这些成分能降低外周血管和冠状动脉的阻力,降低血压,促进钠盐排泄,并对人体内儿茶酚胺等升压物质有对抗作用。

(2) **甜叶菊** 甜叶菊属于低热高甜度食物,从甜叶菊中提取的甜菊甙的甜度是蔗糖的 300 倍。1997 年中国预防医学科学院营养与食品卫生研究所对用甜叶菊为主原料的菜进行了调节血压功能实验,结果表明对实验动物大鼠具有明显的降低血压的功能;40 例 1 至 2 期高血压病人降压总有效率为 97.5%,饮用后无副作用,表明甜叶菊有明显调节血压的作用。

(3) **芹菜** 芹菜含芹菜素、挥发油、咖啡酸、香柠檬内酯、绿原酸、维生

素 C、多种氨基酸等成分,经动物实验证明芹菜素有降压作用,芹菜的生物碱提取物对动物有镇静作用。

(4) **菊花** 菊花含菊甙挥发油,油中主要含有菊花酮、龙脑、龙脑乙酸酯、香豆精类化合物及生物碱。菊花煎液能明显扩张冠状动脉、增加血流量、改善冠心病人的症状,同时对高血压患者也有降压作用。

(5) **大豆及其制品** 大豆及其制品含有优质蛋白质和不饱和脂肪酸,能够降低血中胆固醇的水平,有利于保持血管弹性,防止动脉硬化。大豆还含有丰富的钙质,钙的补充有利于血压的下降。

(6) **山楂** 山楂的花、叶、果都含有降压成分,可降低血管运动中枢兴奋性从而使血压下降。用山楂果、叶或花煎水代茶饮,有明显的降压效果;还可增进食欲,改善消化功能。

(7) **苹果** 苹果中不仅含有大量维生素 C,并含有丰富的锌(每 100 克果肉约含 100 毫克锌),可促使体内钠盐的排出,使血压下降。

其他具有降低血压的食物还有灵芝、香菇、柏叶、大蒜等。

带肉枣汁保健饮料

枣为强壮滋补食品,性味甘温,具有养血气、补脾健目、止渴生津、强神壮力等功效。同时含有维生素 C 及较多铁质,糖含量亦高,适合于脾虚、久泻、体弱的人,对肝炎、贫血、血小板减少性紫癜等病人尤为有益。枸杞也是一种健身佳品,它含有人体所需的糖质、蛋白质、粗脂肪、胡萝卜素、甜菜碱、玉蜀黍黄素、维生素 A、维生素 B、维生素 C、酸浆红素,以及钙、磷、铁等。

用金丝小枣与枸杞、山楂、胡萝卜、上等蜂蜜相配伍,经科学加工制成一种理想的天然营养保健性健康食品,该饮料具有浓郁的枣香味,口感细腻,味美醇爽,并呈天然枣肉色泽及均匀质地。

(1) **原料与配方**

小枣(%)	2	CMC—Na(%)	0.1~0.2
枸杞(%)	1	柠檬酸(%)	0.1~0.15
山楂(%)	1	乙基麦芽酚(%)	0.03~0.08
胡萝卜(%)	2	水	余量
糖(%)	8		

（2）**主要设备**　打浆机、胶体磨、均质机、过滤器、喷雾式真空脱气机、夹层贮液罐、列管杀菌器、封盖机等。

（3）**工艺流程**　金丝小枣、胡萝卜、枸杞、山楂→原料选择→浸洗破碎预煮→打浆→预均质→过滤→调配（添加砂糖、稳定剂、酸味剂和品质改良剂）→高压均质→脱气→列管杀菌→灌装→高温杀菌→冷却包装→成品。

（4）**操作要点**

① 原料选择：必须选择品质上乘的原料，剔除霉烂的果蔬，选用干燥无杂的枣和枸杞及九成熟的山楂和胡萝卜原料。

② 浸洗与破碎：金丝小枣要经过一昼夜浸泡（室温），否则要提高水温至 $50\sim55℃$ 浸泡 $3\sim4$ 小时；枸杞用 $75℃$ 温水浸泡 30 分钟；山楂洗净后淋去多余的水分；胡萝卜用 $3\%\sim4\%$ 的 NaOH 溶液于 $95℃$ 去皮，捞出用自来水冲洗干净后破碎成不规则小块。

③ 预煮处理：将金丝小枣放于 $95\sim100℃$ 水中预煮 10 分钟后，除去预煮液，目的是去除枣的苦味物质，再加入水，蒸气加热至 $95\sim100℃$，蒸煮 $20\sim25$ 分钟。蒸煮山楂时于沸水中加入一定量柠檬酸，蒸煮 $2\sim3$ 分钟后，冷却至 $70℃$ 左右。破碎的胡萝卜块加热蒸煮时也加入一定量的柠檬酸（防止预均质后产生凝聚现象），蒸煮 $15\sim20$ 分钟。最终要求将上述几种原料蒸煮至组织软化，这样既利于打浆处理，也提高了收得率，同时通过此道工序又破坏了氧化酶的活性，利于护色。

④ 打浆处理：将预煮好的原料（$65℃$）送入打浆机中进行打浆，保证果肉与果皮等物达到彻底分离。最好使用双道打浆机，单道者的筛网孔径为 $0.6\sim0.8$ 毫米。

⑤ 预均质：为使浆液中肉颗粒均细化，采用胶体磨将物料进行粗磨，有利于稳定剂、品质改良剂及包埋剂等对果肉品质（色、香、味及营养成分）的保护，也有利于原料中胶体物质的释放。

⑥ 过滤处理：使用双联过滤器，滤网规格为 $60\sim80$ 目，以去除各种肉眼看不到的杂质，改善产品的外观质地。

⑦ 调配：在过滤后的浆液中添加适量的白砂糖、稳定剂、品质改良剂及包埋剂；添加适量的白砂糖和柠檬酸调整产品的口味；添加 0.24% 的黄原胶，这是一种理想的稳定剂，具有很好的增稠效果和悬浮作用；添加一定量

的 CMC-Na 具有良好的胶体保护作用和固定果肉颗粒的作用,其用量控制在 0.1%～0.2%;添加少量环糊精对改善制品的风味及品质均有良好的作用,特别是对制品中一些异味具有很好的掩盖作用,用量控制在 0.03%～0.08%;添加微量的乙基麦芽酚既可增香增甜,又可节省近 15% 的食糖,为产品保持浓郁的果香味提供了保障。

⑧ 高压均质:为确保产品的稳定性,调配后要进行高压均质处理,均质压力为 17.6～19.6 兆帕。料液在挤压研磨、强力冲击与减压膨胀的三重作用下,使料质微细化混合,起到防止或减少料液的分层,改善料液外观,使其色泽、香度及口感更佳的作用。

⑨ 脱气处理:将均质后的料液送入到夹层贮料罐中,保持料液温度在 50～60℃;开启喷雾式真空脱气机,使真空度达到 0.09～0.1 兆帕;而后自吸,喷雾脱气,除去料液中存在的氧气以确保产品的保质期。

⑩ 预杀菌:用列管杀菌器将料液进行杀菌处理。温度控制在 80～85℃。稳定流速连续进行,防止料液糊化。

⑪ 罐装、封盖:罐装时其容器需清洗消毒后方可使用,控制罐装容量;灯检出不合格的产品;要求灌装后容器内的料液中心温度不低于 75℃,以防止二次污染。之后要用封盖机进行封盖。

⑫ 杀菌:封口后于 90～95℃ 水中保持 15～20 分钟,二次杀菌保护的目的是提高、保持产品的质量和延长保质期。

⑬ 冷却和包装:杀菌后采用分段冷却。先用 60℃ 左右的温水冷却,再用 30℃ 左右的冷水冷至常温。包装后即得产品。

降血脂的食物

许多食物含有降血脂的有效成分,可以达到控制或降低血液中胆固醇和甘油三酯的目的。

(1) **香菇提取物** 香菇多糖能够抑制体内胆固醇的吸收与合成,促进胆固醇的分解和排泄,有明显减胀作用。有人将干香菇粉碎物与低聚果糖混合(7:3),发现降血脂效果明显。

(2) **多不饱和脂肪酸和磷脂** 深海鱼油中富含二十二碳六烯酸(DHA)和二十碳五烯酸(EPA),具有降低胆固醇和总甘油三酯的功能,而且

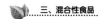

能提高对人体有益的高密度脂蛋白水平。

γ-亚麻酸降血脂效果特别明显,月见草油、沙棘油及其他含γ-亚麻酸比较丰富的食物都可用来制成降血脂食品。

亚油酸对血脂也有控制作用,如红花油、麦胚油都可作为降调血脂的功能性油脂。

卵磷脂具有良好的乳化性能,能阻止胆固醇在血管内壁的沉淀并清除部分沉积物,降低血清胆固醇。磷脂中的胆碱可促进脂肪以磷脂形式由肝脏通过血液输送出去,防止在肝中沉积,出现脂肪肝,对降低胆固醇和中性脂肪都有较好功效。

(3) **黄酮类** 山楂含有牡荆素、金丝桃甙等黄酮类物质,降血脂作用明显;银杏叶黄酮不仅可降低血脂,还具有软化血管的功能;苦荞麦富含芦丁、苦荞麦及其提取物,可作为降脂食品原料。

(4) **多酚类** 多酚类是茶叶提取物(含儿茶素类),具有清除胆固醇的作用。草决明含有大黄酚、大黄素等多酚类化合物,促进胆固醇排泄,并提高高密度脂蛋白的水平;姜黄素也有降低胆固醇的功效。

(5) **皂甙** 某些皂甙具有降血脂的作用。大豆皂甙抑制胆固醇脂蛋白合成;葛根素常用做降血脂功能性原料;桔梗含有皂甙,明显降低总胆固醇和低密度脂蛋白水平;杜仲叶提取物对胆固醇、甘油三酯的降低效果也很明显。

(6) **植物甾醇** 植物甾醇在体内可取代部分胆固醇,特别是β-谷甾醇、豆甾醇等作用比较明显。植物油脂中含有植物甾醇,不含胆固醇,具有较好降脂作用,而一些藻类植物甾醇含量较丰富,具有降脂作用。

(7) **低分子肽** 来自乳酪蛋白的C_6、C_7、C_{12}肽,来自鱼贝类的C_2、C_8和C_{11}肽,来自大豆、玉米的低分子肽,具有降血脂活性,对高血脂人群有益。

(8) **维生素类** 维生素B_6、维生素C和维生素E、泛酸和烟酸均具有降低胆固醇,防止其在血管沉积,并可使已沉积的粥样斑块溶解等作用。维生素B_6、维生意E与功能性油脂同时食用,可使双方的降脂作用都得到增强。

(9) **花粉** 花粉中营养物质十分丰富,含有生物黄酮、肌醇、绿原酸及多种维生素等,对降血脂具有十分明显的效果。

(10) **螺旋藻** 螺旋藻不仅是优质蛋白质的原料,而且含有海藻多糖及

丰富的 β-胡萝卜素,同时富含 γ-亚麻酸,其含量超过月见草油,不仅能增强免疫功能,而且有明显的调节血脂的作用。

(11)**大蒜** 大蒜中的含硫化合物不仅有保护脂质过氧化作用,而且具有降低胆固醇和甘油三酯的作用。目前,降脂产品是大蒜研制开发的重点之一。

(12)**其他降血脂植物原料** 我国中医药对血脂的调节十分重视,将高血脂归于本虚标实,保健措施为扶正去邪。具体方式是活血化淤或利湿化浊、行气消肿并补肝益肾等。

我国许多中草药具有降血脂功能,除前面已谈到的一些食品原料外,尚有许多可供选用,比较重要的有枸杞、杜仲、金银花、灵芝、茉莉花、茵陈、车前草、海藻、绿豆、陈皮、郁金、大黄、桃仁、桑叶、冬虫夏草、苦丁茶、黑豆、黑米、菊花、红花、丹参等。

目前,我国保健食品中降血脂产品较多。在研制开发这类保健食品时,应与减肥或降血压、保护脑功能等结合起来,发挥心脑血管的整体保健作用。

改善记忆的食物

(1)**核桃仁** 含有丰富的优质蛋白质和不饱和脂肪酸,还含有碳水化合物、钙、磷、铁、胡萝卜素和维生素 B_2,是我国传统的健脑食品。核桃仁对神经衰弱也有辅助治疗作用。

(2)**黑芝麻** 含有较多的不饱和脂肪酸及铁质,在人体内可以合成卵磷脂。卵磷脂参与机体代谢,可以起到清除胆固醇、改善脑血管循环的作用。

(3)**花生** 花生仁含有神经系统所需要的重要物质——卵磷脂和脑磷脂,能延缓脑功能衰退,抑制血小板聚集,防止血栓形成,降低胆固醇,常食可改善脑血管循环,增强记忆。

(4)**桂圆(又名"龙眼")** 含有蛋白质、糖、脂肪、矿物质、酒石酸、维生素 A、维生素 B 族等。桂圆核含有皂素、脂肪及鞣质,对神经衰弱、产后体虚、记忆力减退、失眠、健忘、心悸、贫血都有辅助作用。

(5)**小米** 含有较丰富的蛋白质、脂肪、钙、铁和维生素 B_1 等成分,有防治神经衰弱的作用。

(6)**鸡蛋** 蛋黄所含的卵磷脂被酶分解后,能产生丰富的乙酰胆碱,乙

酰胆碱入血后很快到达脑组织中,可提高记忆力。

(7) **蜂蜜、蜂王浆** 含有多种营养物质及乙酰胆碱、激素等成分,对神经衰弱、失眠、神经官能症、健忘症有一定的功效。

(8) **不饱和脂肪酸、二十二碳六烯酸(DHA)** 主要存在于海洋鱼类的鱼油中,DHA很容易通过大脑屏障进入脑细胞,存在于脑细胞及脑细胞突起中。人脑细胞质中有10%的DHA。因此,DHA对脑细胞的形成、生长和发育,以及脑细胞突起的延伸、生长都有着重要的作用,是人类大脑形成和智商开发的必需物质。但服用过多,易造成高度兴奋,因此儿童每天摄入量不宜超过30毫克。

(9) **人参子** 含有的皂甙可以提高大脑工作效率,增强对血氧的利用率,增强记忆力。

乳酸发酵花生乳饮料

花生营养丰富,容易被人体吸收利用,具有防止机体早衰、促进脑细胞发育、提高记忆力等作用。乳酸发酵花生乳饮料营养丰富,口感良好,经调配后其色泽、组织形态及风味可以和果味发酵乳酸饮料媲美。

(1) **原料与配方**

花生乳(%)	90	海藻酸钠(%)	0.1
(花生仁与水之比为1:10)		琼脂(%)	0.05
脱脂乳粉(%)	2	蔗糖酯(HLB=13)(%)	0.1
白砂糖(%)	6	生产发酵剂(%)	2~3
黄原胶(%)	0.1		

(2) **主要设备** 砂轮磨、胶体磨、均质机、离心机、光照培养箱、杀菌锅、手持糖度计、电子酸度计等。

(3) **工艺流程** 花生仁预处理→浸泡→沥干→冲洗→粗磨→精磨→分离→调配→均质→煮浆→冷却→接种→发酵→杀菌→调配→均质→罐装→杀菌→冷却→成品。

(4) **操作要点**

① 发酵剂制备

菌种活化:用无菌水将脱脂乳粉调制成11%乳液,以1/4的罐装量装入已灭菌的试管中,塞好棉塞,经 115℃、15 分钟灭菌,冷却至 40±2℃,以无菌方式接种 2%～3% 的固体乳酸菌种(保加利亚乳酸杆菌与嗜热链球菌之比为 1:1)。在 40±2℃ 保温培养至凝乳,反复 3～4 次,使其充分活化。

母发酵剂:在装有已灭菌的 11% 乳液三角瓶中接种 2%～3% 的活化菌种,在 40±2℃ 保温培养 8 小时。

生产发酵剂:在 3 000 毫升三角瓶中,装入已灭菌的 11% 乳液,经 95℃、15 分钟灭菌。冷却后接种 2%～3% 的母发酵剂,在 40±2℃ 条件下培养 4～6 小时,凝乳后在 0～5℃ 冰箱中保存备用。

② 花生仁预处理:选取籽粒饱满,无霉烂变质、无虫蛀、无发芽的干花生仁,去除杂物,在 100℃ 热水中浸渍 1 分钟,然后脱去红衣。

③ 花生乳制备:脱去红衣后充分浸泡,使其组织软化,沥干浸液后用水冲洗,然后加水(花生仁与水之比为 1:10)用砂轮磨粗磨,再用胶体磨精磨。浆液静置 3～4 小时后,放入 200 目尼龙袋中,离心分离浆渣。浸泡条件确定为:1%NaHCO₃ 溶液,室温下浸泡 12～14 小时或 35～40℃ 下浸泡 6～8 小时。

④ 调配与均质:在花生乳中添加 2% 的脱脂乳粉、6% 的白砂糖、一定量的稳定剂,在 25～30 兆帕压力下均质处理。

单独使用 CMC-Na、黄原胶、琼脂效果都不理想,可选用 0.1% 黄原胶、0.1% 海藻酸钠、0.05% 琼脂、0.1% 蔗糖酯做稳定剂。

⑤ 煮浆与发酵:调配后的花生乳在 121℃ 下加热 10 分钟,迅速冷却至 40℃,接入 2%～3% 的生产发酵剂(菌种比为 1:1),在 40℃±2℃ 条件下发酵,至终点后立即在 100℃ 下杀菌 3～5 分钟。均质后的花生乳在进行接种前要煮浆,目的是杀灭杂菌,创造发酵条件,增加产品的香味,减少生腥味。不同的加热温度和时间对产品颜色、风味及稳定性有影响。加热温度过低,花生乳颜色好,稳定性高,但有生腥味。加热温度过高,颜色加深,这是由于发生了高温美拉德反应。花生乳在 121℃、加热 10 分钟时颜色和风味达到最佳效果,产品没有粗糙感及生腥味,稳定性好。

发酵终点的确定:发酵终点酸度大小直接影响产品的口感和稳定性。发酵终点 pH 在 4.5 左右时产品的稳定性最差。这是因为花生的蛋白质等电点在 pH 4.5 左右,此时蛋白质水化层遭到破坏,溶解度变小,易相互凝聚沉淀。所以为了增加产品的稳定性,产品的 pH 要远离等电点。虽然较低的 pH 有利于产品稳定,但酸度大,难以使人接受,而且发酵时间长,产品有异味;pH 大时,也可以增加产品的稳定性,但发酵时间短,风味物质少,酸度不够,所以发酵终点确定为 pH 在 5.5 左右。

⑥ 调配与均质:在发酵液中添加适量白砂糖、香精或果汁,然后在 20～30 兆帕的压力下均质。

发酵花生乳饮料的组织形态和色泽与发酵果味乳饮料没有明显区别,但风味略差,有豆腥余味。为了提高产品风味,可进行风味调配,用柠檬、橘子、椰子香精调出的产品风味较好,接近发酵果味乳饮料。如果用果汁调味,产品风味更佳,但使用前必须除去果汁中的单宁、果胶及微粒悬浮物(在果汁中添加 1.0%～4.0% 的蜂蜜,在室温下静置 4～8 小时即可)。为了使产品酸甜适口,进一步增加稳定性,发酵后需添加适量糖。以加糖量在 4.0% 左右、产品的可溶性固形物在 9% 左右效果较为理想。

延缓衰老的食物

根据人体衰老的机理和中老年人消化及其他功能减弱、代谢和免疫功能降低等特点,延缓衰老保健食品应着眼于调节生理节律、增强机体免疫功能与消除衰老促进剂相结合的途径。国外一般利用自由基清除剂和微生态因子相结合开发延缓衰老食品。我国还应将补中益气、强肾健脾、滋阴养心的药食两用中药作为原料,开发延缓衰老的保健食品。

(1) **补充自由基清除剂** 自由基清除剂可防止自由基对人体组织细胞的损害,有对抗衰老的作用。自由基清除剂有酶类自由基清除剂和非酶类自由基消除剂(抗氧化剂)两类。两类自由基清除剂都有多种,但目前比较有应用价值的是超氧化物歧化酶(SOD)。SOD 一般从动植物或微生物中提取。动物血液和牛奶都含有 SOD,刺梨、大蒜、小白菜中 SOD 含量较高,可从中分离提取。例如,通过大蒜细胞培养方法可诱导培养出活力很强的 SOD 浓缩液和干制品,作为保健食品的添加剂。

抗氧化剂种类很多,用于清除自由基、增强机体免疫能力、抗衰老,主要有维生素 E、维生素 C、β 胡萝卜素、谷胱甘肽、硒化物、茶多酚、黄酮、皂甙等。

茶多酚、黄酮、皂甙都是植物提取物。茶多酚是从茶叶中提取的;黄酮可从银杏叶、山楂、茶叶、槐米、荞麦、芸香、山柰、鼠李、蔷薇果、酸枣等许多植物中分离提取；人参、绞股蓝、三七、刺五加、黄芪等许多植物中都含有皂甙，这几种植物用于抗衰老食品较为常见。

（2）利用微生态抗衰老因子调节身体机能　由于功能减退，老年人肠内双歧杆菌数量减少，使得致病菌乘虚而入，引发疾病，损害组织器官，加速机体衰老。双歧杆菌能拮抗肠内致病菌，减少内毒素来源，还有清除自由基、增强免疫功能等功效。各种功能性低聚糖，如大豆低聚糖、低聚果糖、低聚乳果糖、低聚异麦芽糖、低聚木糖等，都能使肠道内双歧杆菌活化和增殖，被称为双歧杆菌增殖因子。双歧杆菌及其增殖因子可统称为微生态抗衰老因子。

在食品中加入双歧杆菌或其增殖因子可促进消化功能，抵抗有害细菌，增强免疫能力，有利于延缓衰老。另外，低聚糖具有膳食纤维的作用，不被人体消化吸收，可促进胆汁酸排泄，对心血管病、糖尿病有调节作用，对老年人有益。

食用海藻粉

海藻即海洋植物，其口味鲜美，营养丰富，它的食用价值和药用价值已引起了人们的重视。海藻中除了含有糖类、丰富的矿物质和各种氨基酸、维生素外，还有一般食品所缺少的碘。在日本，海藻食品历来被誉为"保健食品""长寿食品"和"美容食品"。

以食用级海带为原料加工生产的海藻粉保留了海藻的有效成分，具有很高的营养价值，可直接加到香肠、挂面、面包等中，或经过提炼后制成含碘药片。

（1）原料与配方　野生干制海带或养殖干制海带。

（2）主要设备　粉碎机、烘干房、玻璃钢筒、周转箱及食品箱、紫外线杀菌灯等。

（3）工艺流程　原料→除去泥沙杂质→清洗→浸漂白液→干燥→粉碎→过筛→杀菌→检测→称量→包装→封口→成品。

（4）操作要点

① 原料处理：购买的干制海带首先要进行晾晒，除去泥沙杂质和根。

② 浸泡:将处理好的海带置于 4% 的盐水中,浸泡 1 小时左右,使其软化。

③ 清洗:浸泡后直接用洁净饮用淡水漂洗,直至完全干净。

注意:水不溶性灰分超过 10% 时,海藻粉有明显牙碜感,为了有效地控制水不溶性灰分的含量,应增加浸泡时间和清洗次数,尽量减少海带中的泥沙杂质,以达到口感良好、水不溶性灰分含量适中的目的。

④ 浸漂白液:将清洗干净的海带在 1% 的次氯酸钙溶液中浸泡 8～10 分钟。

⑤ 烘干:最好采用烘干设备,若采用自然干燥法,可晒 1～2 天,如果天气不好,需在烘干房中烘干 3～4 小时。

⑥ 粉碎过筛:用粉碎机粉碎后,直接过筛,颗粒度达不到要求的,进行二次粉碎。

不同用途的海藻粉对其颗粒度有不同的要求。用于含碘药片的颗粒度对药片的凝结力和口感有很大的影响。经过反复试验,其颗粒度最好为过 80 目标准筛时,筛上占 45%～55%;而作为添加料用海藻粉,其颗粒度最好为 10% 通过 40 目标准筛,80% 通过 60 目标准筛。

⑦ 紫外线杀菌:海藻粉置于紫外线灯下,距光源 15 米左右,保持时间为 1～2 小时。操作时注意密封,海带粉不能吸水返潮。

⑧ 称量包装:内层采用聚乙烯塑料袋扎口,外层采用复合袋包装,封口后即为成品。

美容的食物

(1) **牛奶** 牛奶所含的醛素可以促进皮肤表面角质的分解,产生理想的美容效果。用牛奶煮大米大枣粥,常食,不但有益健康,还能使人容光焕发。常用牛奶和清水混合的奶水揉洗面部,可增白肌肤,使之变得细腻柔滑。

(2) **蜂蜜** 蜂蜜含有丰富的果糖、葡萄糖、维生素 B 族和维生素 C。若用蜂蜜加水涂抹面部和手背,能增强皮肤活力。促进皮肤新陈代谢,改善皮肤营养状况,使皮肤润滑细嫩,保持自然红润,消除和减轻皮肤老化。口服蜂蜜,不但能起到同样的美容效果,还能化痰止咳。

（3）**苹果**　苹果有美容作用，它不仅能减肥，还能使皮肤润滑柔嫩。苹果是一种低热量食物，每100克所含的热量只有251.21焦。苹果中的营养成分可溶性大，易被人体吸收，含有的水有利于硫元素的分解，能使皮肤滋润细腻。苹果还含有其他微量元素，如铜、碘、锰、锌等。

（4）**猕猴桃**　猕猴桃含有丰富的维生素C，每100克果肉含维生素C100～420毫克，还含有多种氨基酸及解脱酶，可以合成胶原，胶原是形成软骨、骨质及血管上皮的重要物质。若缺乏维生素C，细胞间的排列就会变得松弛，易引起出血，故维生素C可以增加皮肤血管壁的强度，具有消炎作用。维生素C还有美白作用，因为它能将黑色素还原，使斑点的颜色变淡，它还可以通过促进肾上腺皮质的功能来抑制或减少黑色素的形成。其他富含维生素C的蔬菜水果有卷心菜、土豆、甜瓜、油菜、小白菜、西红柿、桂圆、山楂、红枣、柠檬、豆芽、黄瓜等。

（5）**胡萝卜**　胡萝卜富含胡萝卜素，每百克胡萝卜含有3.62克胡萝卜素。胡萝卜素又称为维生素A原，胡萝卜素进入人体后，通过肠道黏膜到肝脏可转化为维生素A。维生素A的特异作用是参与视紫质的形成，预防夜盲症，剂量很少就可以发挥作用。它的非特异作用是维持上皮组织的正常机能，使其分泌出的糖蛋白用以保持肌肤湿润，缺乏维生素A则上皮组织会变得粗糙、干燥。另外，胡萝卜含有芥子油和淀粉酶，能促进脂肪的新陈代谢，防止过多脂肪在皮下堆积而发胖，保持体态优美。

（6）**玉米**　玉米含有70%左右的碳水化合物、8%的蛋白质、4%的脂肪，还含有大量的维生素A、维生素E，并且颜色越发黄，含量就越高。维生素A、E能对抗神经细胞老化，破坏自由基活性，促进皮肤白净、光滑。

（7）**鸡蛋**　鸡蛋是人人皆知的营养食品。其所含14.7%的蛋白质主要为卵蛋白和卵球蛋白。鸡蛋的蛋白质不但含有人体需要的各种氨基酸，而且氨基酸组成的模式与合成人体组织蛋白质所需的模式十分相近，生物学价值达95%以上。鸡蛋黄内除含有脂肪外，还含有丰富的维生素A、B_2、B_6、D、E。

（8）**黄瓜**　黄瓜含有葡萄糖、鼠李糖、半乳糖等成分，还含有多种游离氨基酸、维生素B_2、维生素C、挥发油等。黄瓜有美容作用，将其切片后敷在脸上，或用黄瓜汁涂在脸上，可治疗皮肤色素沉着。目前国内生产了很多以

黄瓜为主要原料的系列美容化妆品,如黄瓜洗面奶、黄瓜面膜等。

（9）**花生**　花生有消除酒刺的辅助作用,常吃可有效防治酒糟鼻。

（10）**姜**　姜有刺激皮肤及毛发生长的作用。用生姜外擦可治斑秃和白癜风。

花粉口服液

花粉含有丰富的营养成分,如蛋白质、碳水化合物、脂类、维生素等,还含有许多活性成分,如核酸、黄酮、激素等。研究表明,花粉可用于贫血、慢性胃炎、肠炎、慢性肝炎、动脉粥样硬化、前列腺炎、胃肠功能紊乱、更年期综合征等,可增加体质,提高免疫功能,促进生长发育,抗衰老,护肤,美容。

（1）**原料与配方**

花粉(%)	10～15	蜂蜜(%)	15～20
柠檬酸(%)	0.1～0.15	香精(%)	适量
苯甲酸钠(%)	0.1	纯净水(%)	65～85

（2）**主要设备**　恒温恒湿设备、提取罐、冷热缸、灌装机、封口机等。

（3）**工艺流程**　原料花粉→清选发酵→提取→澄清→杀菌→配料→罐装→封口→成品→包装。

（4）**操作要点**

① 花粉清选:人工筛选除去昆虫残体及其他杂质。

② 发酵:为花粉增加水分,置37℃温室中自然发酵48小时以上,以达到抑菌、脱敏、产香和软化细胞壁的作用。

③ 提取:将经过发酵处理的花粉在容器内浸渍一段时间(12小时左右),然后进行提取。为使花粉营养成分充分提取出来,采用分级与动态提取法。

④ 澄清、过滤:采用板框压滤机,分两次处理。先澄清过滤,再除菌过滤。

⑤ 配料:花粉提取液经澄清、除菌后,进行调配,配入适量蜂蜜。

蜂蜜预处理:加温到90℃,保温30分钟。

向糖浆配制提取液中加入蜂蜜制成配制液。

⑥ 罐装、封口:采用10毫升的安瓿灌装和火焰封口。

休闲食品概述

休闲食品风味鲜美,热值低,无饱腹感,清淡爽口,能伴随人们解除休闲时的寂寞,因而也就成为人类社会在满足基本营养要求以后自发的选择结果,是顺应人类社会由温饱型逐渐朝着享受型转轨的时尚食品。它包含着具有民族传统特色的小吃食品、电视食品、部分旅游食品、消暇食品、薄膜食品等。其市场上的销售量越来越大,每年以 12％～15％ 的增长率快速增长。在本世纪,休闲食品将有更大的发展。

休闲食品是丰富人们生活质量的一类产品。休闲食品与其他食品的最大区别在于食用一定量不会引起饱腹感。它是一种享受型的食品,是增添口福的零食。它能使人们在休闲时有更为舒适的感觉。

休闲食品既有传统的民间手工产品,又有新兴的现代机械化产品。凡是以糖、各种果仁谷物、水果的果实及鱼和肉类为主要原料,配之各种香料及调味品而生产的具有不同风味的食品,都可称为休闲食品。

休闲食品选料广泛,色、香、味俱佳,并膨松、香脆或柔软,营养丰富,艺术造型考究,是大众休闲享用、接待客人、馈赠亲友和欢度节日的必备食品。

休闲食品的分类

(1) **果仁类休闲食品**　这是以果仁和糖或盐制成的甜、咸制品。分油炸的和非油炸的。这类制品的特点是坚、脆、酥、香,如榆皮花生、椒盐杏仁、开心果、五香豆等。

(2) **谷物膨化休闲食品**　这是以谷物及薯类做原料,经直接膨化或间接膨化,也可经过油炸或烘烤加工成的膨化休闲食品。有一部分是我国传统的产品,如爆米花、爆玉米花,更多的是近年来传入的外来食品,如用现代工艺制作的日本米果。

(3) **瓜子类炒货休闲食品**　以各种瓜子为原料,辅以各种调味料炒制而成,是我国历史最为悠久的、最具传统特色的休闲食品。

(4) **糖制休闲食品**　这是以蔗糖为原料制成的小食品,应归类于休闲食品。这类制品由于加工方法和辅料不同,其各品种在外观口味上有独特风味,如豆酥糖、桑葚糖等。

（5）**果蔬制休闲食品**　以水果、蔬菜为主要原料经糖渍、糖煮、烘干而成的制品,如杏脯、果蔬脆片、话梅等。

（6）**鱼肉类制休闲食品**　以鱼、肉为主要原料,用其他调味料进行调味,经煮、浸、烘等加工工序而生产出的熟制品,如各种肉干、烤鱼片、五香鱼脯等。

硬糖概述

硬糖是经高温熬煮而成的糖果。干固物含量很高,约在 97% 以上。糖体坚硬而脆,故称为硬糖。属于无定形非晶体结构。比重为 $1.4\sim1.5$,还原糖含量范围为 $10\%\sim18\%$ 。入口溶化慢,耐咀嚼。糖体有透明的、半透明的和不透明的,也有拉制成丝光状的。

硬糖有水果味型、奶油味型、清凉味型,以及控白、拌砂和烤花硬糖等。水果味型硬糖要求其与该种水果的色、香、味、形相同。

硬糖是由糖类和调味调色材料两种基本成分组成的。

糖类包括双单糖、高糖和糊精等碳水化合物。各类糖在硬糖中的成分构成为:蔗糖 $50\%\sim80\%$,还原性糖 $10\%\sim20\%$,糊精高糖 $10\%\sim30\%$ 。

硬糖中所用的调味材料包括两部分。一是水果味型的硬糖,它们所用的调味材料有香料、香精和有机酸。最理想的是天然香料,它们不但香味醇和,而且无毒无害;合成香精由酯类、醛类、酮类、醇类、酸类、烯萜类等各种芳香化合物调制而成,香气强烈,必须按食品卫生标准控制用量;柠檬酸是糖果中调味的主要有机酸,也可以用酒石酸、乳酸或苹果酸。调味材料在形成硬糖的风味上起着重要作用。

硬糖的另一种调味材料是天然食品,如奶制品、可可制品、茶叶、麦乳精和果仁等。添加后不但改善了硬糖的风味,而且改变了结构和状态,使其别具风格。

硬糖调色所用的材料有天然着色剂和人工合成色素。在糖果中提倡使用天然着色剂,因为它的食用安全性很高。在使用人工合成色素时一定要严格遵守食品卫生标准所规定的限量。

在设计和生产硬糖时,不论糖体本身,还是包装材料,都应符合该种糖果所应有的色、香、味、形的要求。

硬糖的结构特性

一粒硬糖是由很多蔗糖分子整齐排列而成的结晶体。加水溶化时,蔗糖分子便分散而溶解于水中。酸性条件下加热熬煮时,部分蔗糖分子水解而成为转化糖,连同加入的淀粉糖浆经浓缩后就构成了糖坯。糖坯是由蔗糖、转化糖、糊精和麦芽糖等混合物而组成的非晶体结构。

非晶体结构糖坯的特点是不稳定,它们有逐渐转变为晶体的特性,也即是返砂。为了保持糖坯非晶体的相对稳定性,就需要加入抗结晶物质。抗结晶物质的种类很多,如胶体物质、糊精、还原糖和某些盐类。糖果生产中经常采用糊精和还原糖的混合物,即淀粉糖浆,以提高糖溶液的溶解度和黏度,限制蔗糖分子重新排列而起的返砂。另外,也可以在蔗糖溶液中加入转化剂经熬煮而产生的转化糖作为抗结晶物质以制造糖果。

非晶体结构糖坯的另一个特性是没有固定的凝固点。把熬煮好的糖膏倒往冷却台后,随着温度降低,糖膏黏度增大,原来呈流体状的糖膏就成为具有可塑性的糖坯,最后成为固体。也就是说,由液态糖膏变成多固体糖坯有一个很广的温度范围,有一个固定的凝固点。这也是非晶体物质所具有的共性。糖果生产中就是利用这一特性进行加调味料、翻拌混合、冷却、拉条和成型等操作。糖坯没有固定凝固点这一特性是制订糖果生产操作规程的理论基础。

硬糖的制作方法

(1) **配料** 在配料中要确定物料的干固物平衡和还原料平衡两种平衡关系。配料中加入的各物料干固物的总和应等于成品中的干固物加上在生产过程中损耗的干固物的总和。为了取得较好的技术经济效果,就需要不断提高工艺技术水平,以减少生产过程中的损耗而提高成品率。各物料的湿重乘各物料干固物百分含量的和即得投料的干固物总重量。成品的总重量乘成品的干固物百分含量即得成品的干固物总重量。配料中各物料干固物的总和减去成品中的干固物重量即得干固物在生产过程中的损耗。各物料和成品中的水分或干固物数据可借助化验室的分析求得。

成品中的还原糖有两个来源:一是加入物料的还原糖;二是在化糖和熬糖

过程中产生的还原糖。这两种还原糖的总和即是成品中的还原糖。物料中的还原糖可借助化验室的分析而获得数据;生产过程中产生的还原糖量须根据经验和淀粉糖浆的酸度来确定。

(2) **化糖** 化糖的目的是用适量的水将砂糖晶体充分化开。否则,随着熬糖时糖液浓度不断增加,未化开的砂糖晶体在过饱和的糖溶液中将成为晶体,使糖液大面积返砂,而在机械或管道摩擦时尤为严重,这种情况特别容易发生在真空熬糖锅或铁板上。

为了使砂糖晶体充分化开,就需要加入一定量的水。但加水过多,势必延长熬糖时间,增加还原糖含量,加深颜色,消耗能源。因此,对化糖的要求是:加适量的水在短时间内把砂糖完全化开。为此,要求用热水并提高化糖温度以减少加水量和缩短熬糖时间。

从蔗糖的溶解度来看在 90℃ 时,只需 20% 的水就可以完成化糖任务。但在实际生产中,仅靠这个理论数据是不够的。根据经验,一般需添加干固物总量 30% 的水,其中包括湿物料中的水分。

(3) **熬糖** 熬糖的目的是将糖液中多余的水分除掉,使糖液浓缩。除掉糖液中的水分比除掉其他食品中的水分困难得多,这是由于随着糖液浓度的提高,糖液的黏度越来越大,越到后期,浓糖液中的水分越难除掉,采用一般方法难以去掉糖膏中多余的水分。另外,对糖液中水分的蒸发和浓缩要求在不间断的连续加热过程中完成。这样,就需要高温熬煮。

按照熬糖设备不同,可分为常压熬糖、连续真空熬糖和连续真空薄膜熬糖。

① 常压熬糖:就是在正常大气压下熬糖,也称明火熬糖或开口锅熬糖。随着糖的浓度增大,其沸点升高。如蔗糖溶液浓度为 94.9% 时,其沸点为 130℃;浓度为 98% 时,其沸点为 160℃。因此,欲获得水分为 2% 的硬糖,就需要熬至 160℃ 出锅。

熬糖开始时,糖浆的泡沫大而易破裂。随着熬煮,浓度逐渐提高,泡沫逐渐变小,同时跳动缓慢。随着温度进一步提高,浓度增大,黏度提高,表面泡沫更小,跳动更慢;糖液由浅黄色、金黄色转变为褐黄色。这时可取少量糖膏滴入冷水中,如立即结成硬的小球,咀嚼脆裂,便到了熬糖终点。当然也可以插入温度计以控制出锅温度。

糖液的糖度越大,熬温越高,熬煮的时间越长,还原糖的生成量、分解产物及色度等也越高。为了获得理想的产品,常压熬糖应严格控制这三个条件。

② 连续真空熬糖:真空熬糖的优点是利用真空以降低糖液的沸点,在低温下蒸发掉多的水分,避免糖在高温下分解变色,以提高产品质量和缩短熬糖时间,提高生产效率。

连续真空熬糖装置主要由加热、蒸发和真空浓缩三部分构成。加热部分的主件是蛇形加热管。糖液通过蛇形加热管在极短时间内加热至140℃左右,浓度接近96%,然后进入蒸发室,排除糖液中的二次蒸汽。之后糖液进入真空浓缩室,真空度保持700毫米汞柱以上,再除去少量水分,糖膏温度下降至112～115℃,流入转锅内,便完成了熬糖操作。

③ 连续真空薄膜熬糖:真空薄膜熬糖是利用一个内层设有一个装有很多刮刀的转子轴的夹层锅。转子轴转动时,刮刀沿夹层锅内壁旋转,其顶部设有排气风扇。

在生产中,当纯净糖液经加热管道从夹层锅上部流入内层,刮刀则贴夹层锅内壁旋转,由于离心力的作用将糖液甩到夹层锅内壁上,同时刮刀将糖液刮成厚约1毫米的薄膜。糖液薄膜与锅内壁进行迅速的热交换过程,糖液内的水分迅速汽化。热蒸汽被排风排出,同时,它还把夹层锅内抽成真空,浓缩的糖液沿锅壁下落到底部的真空室内,在减压的条件下,糖浆继续脱除残留水分,同时吸入计量的色素酸溶液。将糖浆沿管道输送到另一混合器中,加香料混合,然后浇模成型。薄膜熬糖周期很短,仅需10秒左右即可。

(4) 冷却和调和　新熬煮出锅的糖膏温度很高,需经冷却。经适度冷却后,加入色素、香精和柠檬酸。加香精的温度太高会使香气成分挥发,而加香精的温度太低,糖膏黏度太高,不易调和均匀。因此,必须掌握好加香精的温度。

糖膏加香精和调味料以后,需立即进行调和翻拌。翻拌的方法是将接触冷却台面的糖膏翻折到糖块中心,反复折叠,使整块糖坯的温度均匀下降。如果翻拌不当,不但香精和柠檬酸分布不均匀,而且糖坯因受热不均而有的脆裂,成型时造成毛边断角。

当调和翻拌至糖坯硬软适度具有良好可塑性时,须立即送往保温床,进行成型。

(5) **成型** 硬糖的成型工艺可分为连续冲压成型和连续浇模成型。

① 连续冲压成型：当糖坯冷却到适宜温度时，即可进行冲压成型。如温度太高，糖体太软，难于成型，即使成型，糖块也易粘连或变形；如温度太低，糖坯太硬，成型出来的糖粒易发毛变暗，缺边断角。冲压成型的适宜温度为80～70℃，这时糖坯具有最理想的可塑性，冲压成型就是要利用糖坯在这段温度下的特性用拉条机或人工将糖坯拉伸成条，进入成型机中冲压成型。

冲压成型时，需注意成型车间内的温度和相对湿度及成型机的模面温度，否则易造成断条或粘连机具。成型室最好不低于25℃，相对湿度不超过70％为宜。

② 连续浇模成型：连续浇模成型是近年来才发展起来的新工艺。将连续真空薄膜熬煮出来的糖膏通过浇模机头浇注入连续运行的模型盘内，然后迅速冷却和定型，最后从模盘内脱出。

连续浇模成型机的优点很多，它把冲压成型前的冷却、调和、翻拌、保湿、拉条、冲压成型、冷却和输送等工序合拼为一道工序。大大减少了工序，提高了劳动生产率，缩小了占地面积，改善了食品卫生条件，提高了产品的透明度和光洁度，促进了糖果生产的连续化和自动化。这种新型糖果浇注机不仅适用于硬糖，还适用于其他糖果的浇注。

(6) **拣选和包装** 拣选就是把成型后缺角、裂纹、有气泡、有杂质粒、形态不整等不合规格的糖粒挑选出来，以保持硬糖的质量和避免堵塞包装机。

要把拣选出来不合规格的糖粒按色、香味不同分开，特别是要把杂粒除去，以免污染好糖。返砂的糖粒也需分开，不得混入返工品内。

硬糖是高温、真空下驱散水分后制成的。它的平衡相对湿度值很低，只要空气的相对湿度大于30％，就呈现吸湿状态。为了保持硬糖不化不砂，成型出来的硬糖应及时包装。

包装可以保护硬糖不化不砂，还可以使其具有漂亮而诱人的外观。

对包装的要求是：包紧、包正、无开裂、不破肚、不破角、中间无皱纹、商标周正、两端应扭成3/4转；包装纸与糖粒紧密贴合，不留空隙；不用湿包装纸或香型不符的包装纸包糖。

包装分为机械包装和手工包装。对包装室的要求是：温度在25℃以下，相对湿度不超过50％（最好设有空调装置）。

软糖概述

软糖是一种水分含量高、柔软、有弹性、有韧性的糖果。有的黏糯,有的带有脆性;有透明的,也有半透明和不透明的。

软糖中的水分含量从 7％～24％,还原糖占 20％～40％。外形为长方形或不规则形。

软糖的主要特点是含有不同种类的胶体,使糖体具有凝胶性质,故又称为凝胶糖果。软糖以所用胶体而命名,如淀粉软糖、琼脂软糖、明胶软糖等。

淀粉软糖以淀粉或变性淀粉作为胶体,其性质黏糯,透明度差,含水量为 7％～18％,多制成水果味型或清凉味型的。

琼脂软糖是以琼脂作为胶体,其透明度好,具有良好的弹性、韧性和脆性,含水量为 18％～24％。多制成水果味型、清凉味型和奶味型的。水晶软糖便属于琼脂软糖。

明胶软糖以明胶作为胶体,制品透明并富有弹性和韧性。含水量与琼脂软糖近似,也多制成水果味型、奶味型或清凉味型的。

在软糖中添加营养性成分或疗效性药物可制成营养软糖或疗效性软糖。

软糖的组成

软糖主要由糖类和胶体组成。随软糖的种类和性质不同,这两种成分的比例有所差异。

淀粉软糖:蔗糖 35％～45％,淀粉糖浆(干固物)35％～45％,水分 14％～18％,变性淀粉 12％～13％。

琼脂软糖:蔗糖 55％～65％,淀粉糖浆(干固物)30％～40％,水分 18％～24％,琼脂 1.5～2.5％。

(1) **淀粉** 淀粉是作为胶体添加在软糖中,故制造软糖要求使用凝胶性强的淀粉。

直链淀粉的相对分子质量小,其凝胶力强;支链淀粉的相对分子质量大,但其凝胶力差。从谷物中提取的天然淀粉中,所含两种淀粉的比例不同,具有不同的凝胶力。豆类淀粉中绝大部分为直链淀粉,其凝胶力良好,适于制作糖果。糯米、黏玉米、黏高粱中的淀粉几乎都是支链淀粉,其凝胶性差。玉米粉中的直链淀粉占 27% 左右,其凝胶力强,符合软糖的要求。玉米中,黄玉米淀粉的凝胶力优于白玉米。

软糖对淀粉的性质有如下要求:有很强的凝胶力;有较低的热黏度;在水中有较好的溶解性和流动性;有正常的气味和色泽。兼有以上几种性质的天然淀粉是极少的,故在糖果工业中,需对淀粉进行变性处理,提高其凝胶力,降低热黏度,改善水溶性和流动性。经处理后的淀粉称为变性淀粉。

使淀粉变性的方法有酸法和酶法,一般采用酸法。盐酸在高温下的作用很强烈,故宜在低温下进行。在低温下,盐酸分子可以随水分子一起渗透至淀粉网囊中,逐渐切断一些枝条,使淀粉网囊松开。这样,从外观上仍保持淀粉形状,但其物理性质有所改变,黏度降低,水溶性和流动性增强,成为符合淀粉软糖要求的变性淀粉。

(2) **琼脂** 琼脂又称冻粉、洋菜,是从海藻中提取的。海藻中的琼脂含量为 25%~35%。琼脂是由半乳糖聚合而成的。由半乳糖组合成直链的叫直链琼脂,其凝胶力很强;支链琼脂的凝胶力则差些。

琼脂易吸水膨胀,在热水中能溶解成为黏稠的水溶液,冷却后则凝固成为透明的凝胶,多用于生产水晶软糖和雪花软糖。

凝胶力强弱是评定琼脂的质量指标。优质琼脂的 0.1% 的溶液即可形成冻胶;0.4% 的溶液才能形成的冻胶的质量差些;劣质琼脂溶液浓度在 0.6% 以上才能形成冻胶。

琼脂软糖的琼胶用量一般为 1.0%~1.5%。用时先用 20 倍的水溶解,再凝成冻胶而后使用。

琼脂水溶液 pH 在 4.5~9 稳定,低于 4.5 的酸性条件下即分解破坏,失去凝胶能力,故琼脂软糖多制成甜味型而不制成酸味型的。

高温长时间熬煮会破坏琼脂的凝胶能力。故加入琼脂后应控制熬制温度,一般在 105~109℃。糖质虽软嫩适口,但结构软糯不坚实,故需经烘烤以除去部分水分,增加其韧性。

琼脂在人的消化器官中不被吸收,也不腐败,可以保持多量水分,有通便功效。

软糖的结构特性

各种软糖都有一种胶体作为骨架。这种亲水性胶体吸收大量水分后，就变成了液态溶胶，经冷却后变成了柔软而有弹性和韧性的凝胶。

由于胶体的种类不同，所形成的凝胶性质不同：淀粉凝胶性黏糯，延伸性好，透明度差；琼脂凝胶透明度和延伸性差，富有弹性、韧性和脆性。明胶的弹性和韧性强，耐咀嚼，但透明度差。

软糖生产中所用的胶体属于一种线形胶粒。线型结构不同，形成的胶体性质各异。

由线形胶粒结成的网状结构富有弹性和韧性；由线形胶粒结成的枝状结构脆性弱。这些结构组成了软糖骨架，在网状或枝状结构内部充满了水分、糖或其他物质，形成了一种稳定的含水胶体，这便是软糖的糖体。

胶粒线条长，交织的牢固，网隙孔穴大，能吸附的填充物多，制出的软糖弹性、韧性和柔软性都较好；相反，如胶粒线条短，交织的不牢固，网隙孔穴小，孔穴中所能吸附的填充物较少，制出的软糖脆性、弹性和韧性差。因此，在软糖生产中，应尽量保护胶粒线条免遭破坏变短，以免影响软糖的质量。

软糖生产中可能破坏胶粒线条结构的有糖溶液的酸度、温度和熬煮时间。所以应注意控制这些因素以保证成品质量。

各种软糖中都含有大量水分（10％～20％）。高水分容易促进蔗糖分子重新结晶而返砂，为了防止返砂，软糖中加入了较多的还原糖。

淀粉软糖的制作方法

（1）**熬糖**　按配方规定将变性淀粉调成变性淀粉浆。加水量为干变性淀粉的8～10倍。将砂糖和淀粉糖浆置于带有搅拌器的熬糖锅内加热熬煮，边熬煮边搅拌，搅拌速度为26转/分钟。当熬至浓度为72％时即到达终点。此外，也可利用热蒸汽管道在加压的条件下熬糖，可以缩短熬糖周期。

（2）**浇模成型**　先用淀粉制成模型，制模型用的淀粉的含水量为5％～8％，粉模温度最好保持37～49℃；当物料熬至浓度为72％以上时，加入色素、香精和调味料。温度为90～93℃之后，接着浇注成型，浇注温度为82～93℃。

（3）**干燥、拌砂、干燥**　　浇模成型的淀粉软糖含有大量水分,需要干燥以除去部分水分。烘房的干燥温度与通风条件是影响干燥速度和软糖品质的重要因素。

淀粉软糖的干燥分为两个阶段。第一个阶段需保持干燥温度为 60～65℃,最适温度内 63℃,相对湿度在 70％以下。前期干燥脱除的主要是游离水。

水分的转移情况如下:模粉内的水分不断蒸发和扩散;软糖表面的水转移到模粉内;软糖内部的水分不断向表面转移。

在干燥过程中,软糖内会产生大量的转化糖。将干燥到一定程度的软糖取出后消除表面的余粉,拌砂糖颗粒。拌砂后干燥目的是脱去多余的水分和拌砂过程中带来的水汽,以防止糖粒的粘连。当干燥至软糖水分不超过 8％,还原糖为 30％～40％时即可结束。

奶糖概述

奶糖是由国外引进的,在我国仅有几十年的历史。由于它口味独特,营养丰富,深受人们喜爱,所以发展很快。奶糖是一种结构比较疏松的半软性糖果,糖体剖面有微小的气孔,带有韧性和弹性,耐咀嚼,口感柔软细腻。

奶糖以含有大量奶品而得名,这类糖的主要特点是具有奶的独特芳香,又称为焦香糖果。奶糖的外形多为圆柱形,也有长方形和方形。色泽多为乳白或微黄色。奶糖的平均含水量为 5％～8％,还原糖含量在 14％～25％。

奶糖可分为胶质型奶糖和砂质型奶糖两种。

胶质型奶糖,包括太妃糖和卡拉密尔糖。胶体含量较多,糖体具有较强的韧性和弹性,比较坚硬,外形多为圆柱形,还原糖含量较高,为 18％～25％,随加入的原材料不同而有多种品种。

砂质型奶糖,又称费奇糖。糖中仅加少量胶体或不加胶体,还原糖含量较胶质奶糖少,在生产中经强烈搅拌而返砂。糖体结构疏松而脆硬,缺乏弹性和韧性,咀嚼时有粒状感觉。外形多为长方形或方形。随加入原材料的不同而有多种名称。

奶糖的组成

奶糖的品种很多,组成也不同。下表是两类奶糖的基本组成。

组成	胶质型奶糖(%)	砂质型奶糖(%)
蔗糖	35～40	55～60
淀粉糖浆干固物	30～35	15～20
非脂乳固体	5～10	5～10
植物脂肪	15～20	5～10
乳脂	5～10	1～3
食盐	0.2～0.3	——
胶体	1.5～2.0	

蔗糖和淀粉糖浆是组成奶糖的基础物质。蔗糖在熬煮中有一部分转化成转化糖。转化糖对奶糖的结构、风味和保存能力都有重要影响。蔗糖的吸水性很小,只有当空气内的相对湿度超过90%时才吸收水分,因此奶糖中蔗糖的组成增多有助于防止其吸水熔化。

淀粉糖浆是一种抗结晶物质。淀粉糖浆的主要组成为糊精、高糖、麦芽糖和葡萄糖。它们既可以降低奶糖甜度,增加黏稠度,又可以防止奶糖在强烈搅拌下产生砂粒,保持奶糖的细腻结构。

晶体蔗糖和抗结晶体淀粉糖浆在熬糖过程中,在水的参与下组成一个连续相,也就是说熬糖过程使两者的体系起了根本变化,使蔗糖的颗粒状态组成变为有抗结晶物质参加的分子状的透明液体混合糖浆。

明胶是奶糖骨架。它是从动物的骨、皮、肌腱等组织中提取而制成的。明胶可以吸水膨胀,在热水中易溶解。明胶的水溶液经冷却后可以结成胶冻,这种胶冻的抗压能力很强,浓度为15%的明胶水溶液形成胶冻后可以支撑500克/平方厘米的荷重。它可以使奶糖具有良好的坚韧性、耐嚼性和弹性,保持糖果的形态稳定。

乳制品系用鲜乳加工成的制品,包括炼乳、奶油和奶粉。在鲜乳中约有

87%以上的水分。由于鲜乳水分高,不利于工艺和贮运,所以在奶糖中多用乳制品而不用鲜乳。

乳制品在奶糖中不仅提高了其营养价值,而且起着乳化作用,进一步改变了奶糖物态体系,特别是对奶糖起着增香作用和润滑作用。

炼乳是用鲜乳经真空浓缩、排除一部分水分后制得的浓缩品。炼乳又分为淡炼乳、甜炼乳、全脂炼乳和脱脂炼乳。在奶糖中,最理想的炼乳是淡炼乳,它是鲜乳的浓缩制品,具有奶的浓厚芳香,不需要调制,可以直接使用,是理想的奶糖增香剂。

奶油又称黄油或白脱油,它是由鲜乳中分离出来的乳脂,是由脂肪、乳和水三相组成的,熔点低于猪脂肪,为 $28\sim33℃$,在常温下为半固态,有令人愉快的脂香。奶油的可塑性是其具有的一种特殊的物质性质,能阻止脂肪球和水两相在一般温度下分离。奶油还有较强的亲水性,作为一种乳化剂,它可以使糖果的结构细致均匀。糖果奶油具有脂肪和乳的双重作用,也是奶糖的良好增香剂。

奶粉是由鲜乳浓缩后喷雾干燥而成的,按其所用的鲜乳脱脂与否分为全脂奶粉和脱脂奶粉。根据我国奶粉标准的规定,全脂奶粉的脂肪含量不得低于 25%。脱脂奶粉中的芳香物质大部分随脂肪而被分离、除掉,故其口味不如全脂奶粉。

由于奶粉的水分含量低,便于贮存和运输,在糖果中的用量很大。在糖果中,使用奶粉的方法分为干调法和湿调法。干调法是将奶粉直接加入,这种方法虽然方便,但有其缺点,有时候奶粉溶解不完全,导致颗粒状存在。湿调法一般是根据糖果的需水量加入温水调制成不同浓度,其优点是可使奶粉颗粒充分溶解。

在奶糖中所用的油脂除了奶油外,还有植物氢化油。它是将植物油经氢化而制成的。常用的氢化油有两类,即月桂酸型和非月桂酸型。前者以椰子油和棕榈油为代表,后者是由豆油、棉籽油、花生油和葵花油等制成。月桂酸型油脂含饱和脂肪酸较高,氢化较易,熔点在 $30\sim35℃$,气味纯正,颜色洁白,是制糖果的理想氢化油脂。非月桂酸型油脂饱和脂肪酸含量较低,需经精炼才能取得满意的效果。

奶糖的结构特性

奶糖是将砂糖、淀粉糖浆、胶体、乳制品、油脂和水经高度乳化而制成的。在这种均匀的统一体中，很难分辨出其中某一种物质的单独存在，且其经过放置也不会再发生分离。

油与水是互不相溶的两相，要使奶糖成为高度均一的乳浊体，就必须通过某种手段使油脂成为极小的球体，使其分布在水与胶体的分散介质中，并被这种介质所包围，使之成为稳定的乳固体，强烈搅拌是完成这一过程的手段。

在奶糖中，乳制品是天然的乳化剂。乳中含有 0.2％～1％的磷脂。含乳制品少的奶糖要添加乳化剂，常用的乳化剂有大豆磷脂、单硬脂酸甘油酯、蔗糖酯和山梨醇脂肪酸酯等，它们能起到良好的乳化效果。

乳化剂分子结构的基团中同时存在着亲水基和亲油基，在物料的乳化过程中，乳化剂亲水基的一端被吸附在糖液一端，亲油基的一端被吸附在油相一端，从而降低了两相间存在的斥力，变成相对稳定的紧紧吸附在一起的分散体系。

明胶是一种亲水性胶体，也是一种良好的起泡剂。当把明胶溶于水中搅拌起泡时，它便吸附在气液界面上。当加入糖液和乳制品后，在搅拌过程中，糖乳制品和油脂便均匀地分布在明胶泡沫层周围。在这种结构中，油脂以细小的液滴分散在这个体系中，加强了泡沫层的稳定性，经冷却后，由糖、乳制品、油脂和明胶所组成的胶质糖体便逐渐由软变硬，最后形成疏松多孔、具有一定韧性和弹性的奶糖结构。

明胶的等电点为 pH 4.7，在此 pH 条件下，明胶的黏度和膨胀度最低，故在糖果生产中严禁在 pH 为 4.7 的环境下进行工艺操作。

强烈搅拌可使蔗糖分子形成微小的结晶，这是砂质型奶糖所要求的工艺条件。

为了防止胶质型奶糖的返砂，一般是增加其还原糖含量，其范围为17％～25％，而砂质型奶糖的还原糖含量较低，为 14％～25％。

奶糖的制作方法

（1）**浸泡明胶**　将选好的 12℃以上的明胶用 20℃左右的温水浸泡，用水量一般为明胶的 2.5 倍左右，浸泡用水不要过多，因水分不易蒸发，会使糖体变软。浸泡时间不宜过长，一般 2 小时左右就够了。稍微加热搅拌，冷却待用。

（2）**熬糖焦香味的形成**　熬糖的作用是将物料充分溶解、混合，蒸发掉多余的水分，使奶糖具有焦香味，焦香味的产生是一个复杂的化学反应过程。

熬糖温度随不同物料、季节和其他条件而不同。各种胶质奶糖的出锅温度：一、四季度为 124～130℃，二、三季度为 126～132℃。

各种砂质型奶糖的出锅温度：一次冲浆者一般掌握在 130℃左右；两次冲浆者，第一次冲浆的出锅温度为 124～126℃，第二次冲浆的出锅温度为 130～136℃。

出锅温度随下列条件而改变：配料中砂糖含量高，出锅温度也应相应提高；配料中淀粉糖浆含量越高，其出锅温度应相应降低；奶油炼乳中含水量高者，出锅温度应相应提高，反之则降低一些；含蛋白质量高者，出锅温度应降低；高温季节应提高出锅温度，低温季节可降低出锅温度；长期贮存或运销于炎热地区者可适当提高出锅温度。

投入炼乳或奶油的温度根据不同物料条件和奶糖品种而不同，一般是在 125～130℃投放，待熬温回升至所要求的温度，制成的糖体软硬适度时即可出锅。奶糖是在搅拌时加入。

（3）**搅拌和混合**　在打蛋锅中搅拌的作用是使物料充分混合、起泡，除掉部分水分。

将熬好的糖浆置于打蛋锅内，放入已熔化的明胶，开始慢转搅打，以防糖浆溅溢，待糖浆稍冷而黏度增大后，再开始快转搅打，最后加入奶粉和油脂混合均匀。

关于控制糖体软硬问题，不同奶糖所要求的软硬不同，一般是利用以下方法控制糖体的软硬：利用熬温控制；采取措施，降低材料中的水分，如降低奶油、明胶和炼乳中的水分；延长搅拌时间也可以除去部分水分。

要改善奶糖质量,使组织细腻、口感不粗糙,可采取下列措施:先加水使奶粉溶解和乳化,再加入糖液中,不直接将奶粉投入锅中;将奶粉压碎过箩;强烈搅拌,使物料充分混合、乳化;使用淡炼乳,不使用加糖炼乳。

(4)砂质型乳糖的砂质化 使砂质型乳糖砂质化有以下几种措施:

控制还原糖含量,在打蛋机内通过强烈搅拌使蔗糖重新结晶。

在熬糖后期,将物料进行激烈摩擦,使蔗糖产生晶体而返砂,不过这种方法不易控制结晶速度和晶粒大小。

先制成一种晶糖基,晶糖基是砂糖晶体和糖浆的混合物。它是由两相构成的,即结晶相和糖浆相。结晶相占50%~60%,其余为糖浆相。结晶相中的晶核很小,为5~30微米,大小在10微米以下者可产生细腻的口感。

制作晶糖基的配方是蔗糖80%~90%,其他为淀粉糖浆。熔化后熬至118℃,然后冷却至60℃以下,在产砂机内制成白色可塑体,冷却后成为固体。

使用时,将熬好的糖膏冷却至70℃以下,加入20%~30%的晶糖基,搅拌混合,晶糖基在砂质型奶糖中起着晶核的诱晶作用,最终使制品形成细致的砂质结构。

瓜子类休闲食品的加工

(1)美味瓜子

① 选料:选择无霉烂变质、无虫咬,大小均匀,棱角带色白的瓜子。配料:以煮50千克瓜子为例,用大料、桂皮、茴香各1千克,花椒150克,盐5千克,糖精、味精各100克,装入布袋内封好,放入开水锅里煮。

② 蒸煮:当开水锅里煮出味时再放入瓜子,盖上易透气的织布,蒸煮时火要匀,勤翻动,以不烧干水为宜,1~2小时就可蒸煮好,捞起,再重新倒入新瓜子,按以上方法重复进行6次,配料全部用完(从第二锅开始糖精、味精、盐按第一锅的配方加煮,其他配料不变)。

③ 炒干脱皮:把蒸煮好的瓜子放入旋转着的瓜子机里炒干,脱去瓜子表面黑皮,火要小并均匀,约1.5小时即可出机。

④ 包装:将出机的瓜子用筛子除去杂质,装入塑料袋内封好。

(2)五香瓜子 原料:普通西瓜子5千克、细贝壳灰50克、大茴香75

克、桂皮 25 克、食盐 1 千克。

制法:将瓜子倒入缸中,浸入清水,加入贝壳灰搅匀,水以淹没瓜子为宜,浸 10 小时左右。捞出后,以清水漂洗干净,沥干待用。取清水 1.5 千克,放在锅中以文火烧沸,加入大茴香、桂皮煎 30 分钟,再放入瓜子,翻动搅匀,然后再猛火烧沸。加入食盐搅匀,盖严煮 1 小时,再转微火,让瓜子静置锅中一夜,次日早晨将瓜子捞出,余汁可留作下次配合使用,然后将瓜子放在竹席上晒干,不时翻动,晒到酥脆。加工五香瓜子一般采用价格较低的普通西瓜子。要使五香瓜子皮壳清黑,可在水中加入皂矾 25 克煎煮。5 千克瓜子可加工五香瓜子 6 千克。

(3) 甘草瓜子　用甘草 5%、食盐 3%、糖精 0.05%配水烧成汤。将瓜子洗净,晾干,入锅以旺火烧至烫手,改用文火,同时将烧好的汤洒入,一边炒一边洒,直至瓜子肉泛黄为止。

(4) 奶油瓜子　瓜子 5 千克,熟素油 1 千克,糖精适量,香草香精 0.2克。制法:锅烧热后,将瓜子放入锅内翻炒,等瓜子有爆声时,可取一粒咬开,待瓜仁稍带黄色,即将糖精调水倒入,炒干后出锅冷却,将瓜子与油、香精拌和,翻匀即成。

(5) 酱油瓜子　瓜子 5 千克,酱油 1 千克,生石灰 1 千克左右,茴香、桂皮各 25 克。制法:将石灰化水滤去残渣,瓜子泡在石灰水里浸一昼夜,然后洗净瓜子壳外层的粉质,最后把瓜子入锅加水、酱油、香料煮熟。水快干时,不断翻炒,待略干即成。此外,制酱油瓜子还可按食盐 17%、茴香 0.4%、桂皮 0.5%、绿矾 0.2%和瓜子一起入锅,加水煮 1 小时,晒干后拌少量麻油或其他植物油以增色、香。

(6) 玫瑰瓜子　瓜子 10 千克、食盐 0.5 千克、糖精 10 克、五香粉 300克、公丁香 100 克、开水 6 千克,玫瑰香精 30 毫升。

制法:清水烧开,加入食盐、糖精、五香粉、公丁香粉搅匀。把瓜子倒入缸中,倒进以上配液,滴入玫瑰香精搅拌均匀,加盖放置 24 小时,中间要搅拌 3～4 次。取出后焙炒至干燥酥脆,即为成品。

花生类休闲食品的加工

(1) 鱼皮花生　原料配方:花生米 22 千克、标准粉 16.5 千克、大米粉

6.5千克、白砂糖7千克、味精10克、酱油6千克、精盐0.5千克、水2.5千克。挑拣不破瓣、不霉、不烂的花生米,将8.5千克标准粉、6.5千克大米粉调混均匀制成调和粉,将清水和白糖混合化开。

成型:将花生米倒入转锅内,开机转动,随后将糖汁均匀浇在花生米上,再将3千克标准粉均匀撒上,浇一层糖汁就撒一层调和粉,直到将调和粉撒完为止,最后把剩下的5千克标准粉挂在花生米表面,裹实摇圆即可出转锅。

烘烤调味:将炉火调旺,将成型后的花生米推入烤炉,开动转笼,烤熟后立即倒入和面机,开动机器,将酱油、味精、细盐混合均匀倒入调味料后即可冷却包装。

(2)五香花生米　配料:每百千克花生米用细盐6～7千克,五香粉50～75克。

炒前处理:去除破烂、发霉花生米,用50～60℃的水烫一下,若水温低,可浸泡2～3分,再捞入容器,加入各种辅料拌匀,闷一昼夜,在炒制前筛去盐及五香粉(可供下次再用)。

炒制:每锅约炒10千克,炒时先将相当于花生米体积80%以上的白胶泥土(碾粉)或白土、黄土用旺火炒开,再放入花生米,不断翻炒,大约经过10分花生米稍变黄后筛去泥土,即为成品。对筛下来的土可连续使用数次,但土凉后就不能再用,或经多次使用后,土色变黄、发黏,也不能再用,否则炒出的花生米易出油,颜色也不美观。

(3)巧克力花生豆　巧克力花生豆营养丰富,口感酥脆,味道甜、咸、香,具有巧克力特有的风味。

配方:可可粉(含糖)4千克、可可脂1.6千克、糖粉1.5千克、食用酒精0.5千克。将可可粉、可可脂、糖粉加微热,使之成浆、冷却,加酒精混匀,呈糨糊状起锅,留待接近冷却但尚未凝结时用。

加工方法:精选颗粒饱满、无霉烂破粒的花生仁,放入浓度为0.01%～0.02%的葡萄糖或饴糖水溶液中,然后放入用精制芡粉60%、精粉40%制成的稀稠适度的粉浆中挂粉,捞出沥干,再放入温度为177～193℃的植物油中炸3～8分钟,至表面呈棕黄色为止,捞出沥干,稍冷却,再用2%食盐水均匀喷洒,至微咸为止,然后放入巧克力糖浆中,浸泡后立即捞出,均匀地摊放在钢化玻璃上干燥,凉后即可包装。

（4）**花生酱** 采用分选机将花生米分成几个等级，并用恒温脱色器将花生米颜色脱去，放入恒温油炸器将花生米炸焦，再通过风冷设备将花生米快速冷却，去红衣后磨成酱并加入各种辅料、调料即可。

速冻食品概述

速冻食品是指在－30℃或者更低的温度下进行冻结的食品。在此低温下，食品以最快的速度或最短的时间通过最大冰晶区－1～－5℃，使食品组织中的水分凝结成细小的冰晶（直径不大于100微米），且均匀地分布在整个组织中。当食品中心温度达到－18℃时，速冻过程结束。此时食品内90%以上的水分被冻结，酶活性减缓，微生物的繁殖受到抑制。速冻食品经解冻后，能保持原有的组织结构（细胞组织未破坏），汁液流失少，基本上保持了食品原有的色、香、味。速冻食品必须在低于－18℃的稳定低温条件下贮存，温度波动不能超过±1℃，否则细小的冰晶体会继续增大，直至破坏食品的细胞组织。对于有包装的速冻食品，贮藏1年仍能保持食品的原有品质。

慢冻食品是指在高于－30℃条件下（一般为－18～－23℃）冻结的食品。这种方法主要适用于整白条肉和整禽产品的加工。在慢速冻结过程中，水分先在细胞外部空间凝结，细胞内部的水分有足够的时间渗透出来，然后在细胞外部空间形成较大的冰晶。随着冰晶的增大，细胞受到挤压，产生变形并破裂，从而破坏了食品的组织结构，解冻后汁液流失多，不能保持食品原有的外观和鲜度，质量明显下降。慢冻食品在贮存期也要求保持稳定的低温（－10～－18℃），以降低食品的干耗损失。

速冻食品的分类

国际上，速冻食品还没有一个统一的分类方法。在美国，速冻食品除了分成几个大类外，还分成正餐食品、早餐食品、族裔食品、小零食、烘焙食品、比萨饼等。我国则较倾向于日本的分类法，分为水产类、畜禽类、果蔬类、调理食品类和点心类。前三大类属于食品原料类，后两大类属于深加工类。由于菜肴类与面点类在中国是两大类产品，所以面点类食品应从调理食品中分离出来，这样，调理食品类仅包括菜肴类食品。冷冻牛奶、酸奶、果汁和饮料由于没有达到－18℃低温，故不宜归入速冻食品类。

目前我国市场上的速冻食品已有 100 多个品种,但总的来讲,品种仍然太少,特别是水产品类,而在日本,仅速冻水产品就有 100 多种,速冻调理食品则有 1 600 多种,速冻食品的总数达 2 000 多种。

速冻食品的生产工艺过程

(1) **原料的选择** 速冻加工既不能提高食品的新鲜度,也不能提高食品的品质,而只能最大限度地保持食品原有的新鲜度。因此,必须选择新鲜的优质原料,才能得到质量好的速冻食品。在 GB8863－88《速冻食品技术规定》中明确规定:"速冻食品的原料应是质量优良,符合卫生要求",也就是要求用于速冻加工的原料要保持食品原有的新鲜色泽,应无变形、畸形和病虫害等,原料不能夹有杂物,加工前应去掉不能食用的部分,无论是刚刚收获的或经过初步加工的原料,都必须在不变质、不受污染的条件下短期贮存。加工预制食品时,必须防止生熟食品相互污染。

(2) **速冻前的处理** 在速冻前,原料、配料均要进行清洗、沥干和修整等处理,禽肉类要进行切割处理等。

蔬菜在速冻前为保证产品质量大都需要进行烫漂处理。

烫漂是将原料放入沸水或蒸汽中短时间加热,达到半熟程度。通过烫漂可以全部或部分地破坏氧化酶和杀死微生物,保持蔬菜原有的色泽,同时排除组织内所含的空气,减小蔬菜在冻结时因冰晶膨胀而产生的压力和冻藏中的氧化程度。同时,烫漂使蔬菜的体积缩小,便于去皮和包装。对于含淀粉较多的蔬菜,烫漂还可以使部分淀粉固定,以防止长期冻藏中的淀粉老化。烫漂的时间根据原料的性质、酶的强度、水或蒸汽的温度而定,一般是数秒至数分。蔬菜的老嫩、切块大小都会影响烫漂时间的长短,所以生产中必须通过试验来确定烫漂时间。

沸水烫漂的容器一定要大,沸水要多些,使投入一定量的蔬菜后水能立即再沸腾,以达到较好的烫漂效果,维生素 C 损失也少。叶菜类的蔬菜烫漂时应根朝下,叶朝上,根部先烫一定的时间后,菜叶再浸入沸水中。有些蔬菜,如蘑菇、花椰菜等,遇铁质容器会变色,所以最好采用不锈钢蒸汽夹层锅烫漂。

烫漂后的蔬菜应立即进行冷却,使其温度下降到 10℃ 左右,一般可用冷水冲淋冷却、冰水直接冷却或采用机械冷却池冷却。

蔬菜烫漂时间过长或不足,以及烫漂后不及时冷却,都会使速冻蔬菜在贮藏中变色、变味、质量下降,并使贮藏期缩短。

水果受热易引起风味改变,所以一般不进行烫漂,以采用药物处理为较好,具体的处理方法有以下几种:

① 添加糖和维生素 C:水果浸渍在糖液中(30%～50%)或在水果表面上撒满糖粉,糖将水果包住,既防止氧化,又能防止芳香成分挥发和水果干燥,所以加糖是水果速冻前采取的重要措施之一。

添加维生素 C 的目的主要是防止水果在去皮和除核后发生褐变。例如,将桃的薄片浸渍在含有 0.2% 维生素 C 的糖汁中,捞出后速冻,再于 $-18℃$ 下冻藏 2 年也不变色。

② SO_2 处理:水果采用二氧化硫或碳酸氢钠溶液处理,可有效地防止褐变。一般是将水果去皮切分后即投入到 50 毫克/千克的二氧化硫或碳酸氢钠水溶液中浸渍 2～5 分钟。

加工中应注意防止产品表面上附着二氧化硫而有臭气。另外,水果切片厚薄要均匀,以免果片因浸泡时间不够而颜色变深。

③ 柠檬酸处理:柠檬酸可降低 pH 和钝化水果中氧化酶的活性,故水果经柠檬酸处理后不会发生褐变。此外,柠檬酸还可以与果实或糖液中存在的铁和铜离子形成复合盐,从而降低其对酶的催化作用。在冷冻果品的填充糖液中加入 0.5% 的柠檬酸,既可调味,又能起护色作用。

(3) 冻结 冻结是速冻食品加工中的重要工序,通常采用的方式有下面三种:

① 食品在空气(静止或鼓风)中进行冻结,如采用快速冻结装置和螺旋式冻结装置冻结。

② 食品与制冷剂间接接触冻结,即将食品密封包装后直接放在制冷剂中空的制冷金属板中冻结。

③ 食品直接放入液体冷媒中冻结。

(4) 包装 速冻食品的包装是为了防止冻藏期间的水分蒸发,一般要求用透气性小的材料作为包装材料。若采用抽空密封袋,或者充入惰性气体(N_2),则更有利于食品的保存。

冷冻干燥食品概述

冷冻干燥又称真空冷冻干燥,简称冻干。它是先将含有大量水分的物质进行降温,使所含水分冻结成固态,然后在真空的条件下使食品中的水分直接从固体冰中升华出来,从而达到脱水干燥的目的。食品经冷冻干燥后仅仅是水分的升华,而其他物质则留在冻结时的冰架子中,因此体积不变且疏松多孔。

冷冻干燥技术是冷冻技术与真空干燥技术综合运用于食品加工中的一项新技术。采用冷冻干燥技术生产的食品统称为冷冻干燥食品。

国外冻干食品的发展状况

国外冻干食品的品种之多,已超过用冷藏、冷冻、罐头及其他热干方法中任何一种方法贮存或加工的制品,如食品工业用的主料(蜂蜜、可可粉、蛋粉、贝汁粉和菜汁粉)、家庭烹饪的主料(日本鲜虾、豆腐,意大利番茄和匈牙利红甜椒)、调味料及配料(葱、姜、蒜、胡椒、松茸、紫苏、腌菜、豆酱、酱油、天然香料和色素)、水果(美国菠萝、黄桃、日本橘子、白桃和意大利柑橘)、特需(航天、航空、航海、野外、极地、军用和旅游)与方便快速食品(美国的色拉、方便三餐、日式杯式面条、日式速溶酱汤、果酱、乳酪、茶饮)等。

某些品种在市场上已具有举足轻重的地位,例如,美国销售的快餐食品中40%～50%是冻干品,欧美销售的速溶咖啡中40%～70%是冻干品。日本冻干豆酱早就与喷雾干燥豆酱平分秋色。冻干品产量增长很快,美国在1963～1970年年增长率为63.62%,1970年达到200万吨,日本在1972～1978年的6年间产量增长了5倍,产值在1 700亿日元以上,并于1971年设立了"冻干食品工业协会"。

冻干食品与其他保鲜及贮存食品的质量对比

冻干原理和热干、罐藏、冷藏、冷冻等传统贮存及保鲜方法有本质区别。

所有热干方法,无论晒干,还是用红外、热烘、微波和喷雾干燥,其实质都是在常氧压、中高温作用下使水分蒸发、解吸干燥。被干燥物会产生各向异性的严重收缩、扭曲、开裂,使宏观、微观结构严重破坏,游离水中组分分布发生梯度改变,表层趋于浓缩而结板或结晶,形成硬壳,有益成分严重流失,组织结构破坏,氧渗透率增大。例如,酥油的自动氧化酸败在 $21\sim63℃$ 时,温度每上升 $10℃$ 氧化速度增加 2 倍,破坏必需的脂肪酸、脂溶性维生素,产生有强烈恶臭及哈喇味的低分子醛、酮、酸类及有毒产物;美拉德非酶褐变在 $30℃$ 以上时,每升高 $10℃$,速率增加 $3\sim5$ 倍,叶绿素、花青素、氧合肌红蛋白在常氧压下极不稳定;维生素 C 在热风、阴干、晒干中分别损失 50%、93%、96%,风味物质的损失率与游离水含量呈正相关等。总之,色、香、味、形和营养卫生均受到全面破坏。

热干还能导致微生物、细胞、酶制剂类 100% 致死或失活。

罐藏加工贮存自始至终是在高热或高氧下进行的。

冷藏只能有限度降低质变反应速度,仅能稍稍延长贮存期。

与此相反,冻干时制品的质量损失很小,体积稳定,可溶性固形物、溶胶分布梯度小。升华时间小于 12 小时,机械、溶剂、盐效应小,微观、宏观结构完好。高碳水化合物、蛋白质、残浓溶液起着"选择性分子筛"的作用,只允许水分子通过,将相对分子质量较大的香气分子"筛留",因而香气物质的比挥发度远小于水分子的比挥发度。

冻干食品易贮运,重量只有原重的 1/3.5 至 1/27,某些制品的体积还可压缩至 1/10。室温下肉类可贮存 $2\sim3$ 年,苹果可贮存 3 年以上,不需特殊运输工具。

冻干食品用冷水复水后的质量与鲜品非常接近。有些冻干食品还可以不经过复水而直接进行加工和烹饪,甚至可以直接食用。

因此,冻干食品具有其他保鲜制品的多方面优点,但又克服了它们的缺点,独具一格。对于微生物、活细胞、酶制剂,冻干几乎是长期保存其高活性的唯一有效手段。

冻干食品的特点

在冷冻干燥过程中,冰升华时要吸收热量,引起产品本身温度下降而减慢升华速度。为了增加升华速度,缩短干燥时间,必须对产品进行适当加热。适当的外部加热产生的热量被固体冰升华而吸收,不会引起物质本身

温度的升高。只在升华结束后,为使产品达到合格的残水量,才通过加热使产品达到最高允许温度,并在该温度下一直维持到冷冻干燥结束为止。整个升华干燥过程均是在较低的温度下进行的,所以产品具有以下优点:

干燥是在低温下进行的,因而食品中的挥发性成分损失很小,有利于营养成分和色、香、味的保留。

干燥是在真空下进行的,氧气极少,故一些易氧化成分得到了保护。

干燥是在冻结状态下进行的,因而物质体积基本不变,不发生收缩和龟裂,不会引起表面硬化现象。

干燥后的物质疏松多孔,呈蜂窝状。复水时吸水迅速、完全,几乎立即恢复原来性状,养分流失极少。

冷冻干燥过程中微生物的代谢、酶的活性及以水为媒介的生理生化反应等均受到抑制,因而可减少有益成分的损失和不利物质的生成。

冻干能脱除 95％～99％ 以上的水分,可使物质长期贮存而不发生变质,且重量轻,贮运携带方便。

若将冻干产品进行特殊包装,如抽真空、充氮气、闭光、密封、压缩等,可避免氧气、水分、微生物等的作用,在常温下即可贮存,在物流中不需建立耗资巨大的冷链。

可见冻干是一项先进的食品加工贮藏技术,冻干产品不仅具有贮运条件简单、携带食用方便的优点,还能完好地保持新鲜食品的营养成分及色、香、味、形,因而深受人们的欢迎。

辐照食品概述

随着经济的发展、科技的进步和社会生活水平的提高,人们对商品质量和使用价值提出越来越高的要求,反过来又进一步促进科技和经济的前进。在食品工业中. 传统的食品加工技术不断被新技术代替,冻干、超高温处理(UHT)、无菌包装、微波技术等的引入,更丰富了食品加工技术的内容,出现了诸如速溶咖啡、预加工肉制品、长贮牛肉等新型食品。

核能作为人类能源的宝库备受各国重视,核技术和原子能在科学技术及国民经济中占有重要地位。大亚湾核电站、秦山核电站的建立和运行,给千家万户送去了温暖和光明,标志着我国核能技术的应用已经达到了国际

先进水平,而核辐射技术在食品工业中的应用为人类提供了最干净的食品。

食品辐照加工是人类利用核技术开发出来的新型食品加工手段,随着辐射装置的发展和普及,食品的辐照贮藏、辐照保鲜、辐照检疫等也慢慢地普及起来。

辐照食品的分类

经过几千年的发展,人类食品的种类和品种日益增多,其中辐照食品的种类和品种也不断增加。下面着重介绍辐照食品的三种分类方法。

(1) **依据辐照剂量的分类** 食品辐照加工中最重要的工艺参数就是辐照剂量,依据辐照剂量可将辐照食品分成以下三类:

① 高剂量辐照食品:辐照剂量在 10.0 kGy 以上的辐照加工食品称为高剂量辐照食品,如辐照香肠、辐照冻虾、辐照牛肉等。

② 中等剂量辐照食品 辐照剂量在 1.0～10 kGy 的辐照加工食品称为中等剂量辐照食品,如辐照调料、辐照烧鸡、辐照肉片等。

③ 低剂量辐照食品 辐照剂量在 1.0 kGy 以下的辐照加工食品称为低剂量辐照食品,如辐照苹果、辐照草莓、辐照栗子等。

(2) **依据辐照目的分类** 依据辐照目的的不同可将辐照食品分为四类:

① 辐照抑制发芽食品:是指通过一定剂量的辐照加工得到的不发芽或延期发芽的根茎菜类食品,如辐照洋葱、辐照大蒜、辐照马铃薯等。

② 辐照杀虫食品:是指通过一定剂量的辐照加工得到的可以长期贮藏或无虫害的谷物、坚果、热带水果类食品,如辐照木瓜、辐照玉米、辐照小麦等。

③ 辐照杀菌食品:是指通过一定剂量的辐照加工得到的畜肉、禽肉、蛋和水产品类无菌食品、健康食品和安全食品。这类食品又可根据辐照杀菌剂量的不同分为以下三类:第一类是采用完全杀菌剂量辐照加工的无菌食品,如太空食品、战备食品、无菌营养食品等;第二类是采用针对性杀菌剂量辐照加工的无病原微生物食品,如辐照牛肉、辐照鸡蛋、辐照冻虾等;第三类是采用选择性杀菌剂量辐照加工的延长贮藏期的食品,如辐照调味品、辐照香肠、辐照烤鸭等。

④ 辐照改性食品:是指通过一定剂量的辐照加工调节成熟度和改进质量,得到成熟度加快或减级,同时风味、品质有所改善的食品,如辐照香蕉、辐照柿子、辐照桃子、辐照酒等。

(3) 依据辐照食品原料的分类　食品原料不同,辐照加工的方法也各异。依据食品原料的不同,可将辐照食品分为辐照肉类、辐照禽类、辐照水产品类、辐照谷物、辐照水果、辐照蔬菜、辐照干果、辐照调味品等。此外,还可依据食品中酶的活性,将辐照食品分为辐照熟食品和辐照生鲜食品。

总之,辐照食品的每一种分类方法都有其相应的分类依据,我们只要掌握其中一种分类依据,就能对辐照食品有个较为全面的认识。

食品辐照加工工艺

食品辐照加工工艺是根据已有的射线源、不同的食品特点、不同的卫生要求和不同的加工目的,确定合适的吸收剂量进行加工,以达到人们对食品的各种要求。

(1) 食品辐照装置　辐照食品的装置大致分为两类:放射性核素源(同位素源)和机械源。

① 同位素源:同位素源是指以天然的或人工的放射性核元素作放射源的辐照装置。

γ-射线源是目前使用最广泛的同位素源,由反应堆废料制得,尤其是^{60}Co元素放射出的γ-射线,在国内外广为使用。它具有下列优点:γ-射线的能量高,穿透力强,其源可制得很高的比活度;源体可制成金属状态,并密封在金属外套中,使它们在水中没有放射性泄漏;装置结构简单,可采用干法和湿法两种方法屏蔽射线,采用链式或液压式传输,自动连续照射或不同工位积放照射,以达到均匀、合适的剂量,但^{60}Co源的半衰期短(5.26年),需经常增换。

② 机械源:通过机器产生X射线、电子或质子等高能粒子的辐照装置称为机械源,比较常用的是电子加速器。与同位素源相比,电子加速器具有下列特点:粒子能量高,辐射强度大,能量利用率高,可随时开关。但电子束的穿透力差,一般只适合加工小包装、低密度及薄装食品。

(2) 辐照加工的工艺流程　食品辐照加工的工艺流程可归纳如下:① 对待辐照加工的食品进行初检验,检测细菌总数,分析主要菌种;② 根据初检结果、微生物的存活曲线和D_{10}值以及达到卫生标准的最终菌数要求确定辐照剂量,此剂量不得超过该食品的最高安全辐照剂量;③ 采用设定的辐照剂量对小批量样品进行辐照加工;④ 对辐照后的小样进行二次检测和贮藏试验;⑤ 如果试验结果达到要求,则采用此剂量进行大批量食品的辐照加工;⑥ 如果试验结果不符合要求,则需要根据二次检测的结果调整辐照剂量,再重复③、④两个过程,直至达到要求。

辐照食品的技术优势

与其他众多的食品保藏方法(如干燥贮藏、冷冻贮藏、气调贮藏、化学处理等)相比,食品辐照保藏具有如下特点和优势:

① 可以杀菌、消毒,降低食品的病原菌污染,降低因食用不卫生食物引起的疾病的发病率。

② 可以延缓鲜活食品早熟,抑制发芽,减少食品腐烂和损失。

③ 食品在辐照杀菌和消毒处理时温度不会升高(温升小于 2℃),因此特别适用于用传统方法进行热处理会失去原有风味的食品、含芳香性成分的食品的杀菌和消毒。

④ 辐照新鲜食品时,其外观形态不发生变化,能很好地保持食品的色、香、味、新鲜天然状态和外观品质。

⑤ 辐照加工食品无毒物残留,无污染,这是用化学方法处理食品无法比拟的。

⑥ 辐照加工食品能耗低。据 1976 年 IAEA 通报估计,冷藏食品的能量消耗为 90 千瓦/(小时·秒),巴氏加热消毒的能耗为 23 千瓦/(小时·秒),高温加热杀菌的能耗为 300 千瓦/(小时·秒),而辐照加工食品的能耗仅为 6.3 千瓦/(小时·秒),辐照巴氏消毒的能耗只有 0.76 千瓦/(小时·秒)。

⑦ 在某些场合,辐照处理是最好的消毒和杀菌方法。由于γ-射线的穿透力强,用γ-射线对不适合熏蒸、湿煮的食物(如板栗、大枣、蚕茧、冷冻菜卷、冻虾等)及包装材料进行杀菌和杀虫处理十分有效。

⑧ 可以处理完成最终包装的大件食品,减少包装环节引起的污染,保证了食品在消费前的卫生性。这就是说,辐照消毒和杀菌是食品上市前的最后一道工序,在不损坏包装的情况下,食品食用前绝对不存在二次污染问题。

⑨ 在辐照保鲜的同时，还有助于改善和提高食品的品质和档次。例如，酒类的加速陈化，改善牛肉等粗纤维食品的口味，提高脱水蔬菜的复水率等。

⑩ 通过辐照可以对某些食品进行检疫处理，避免国际间的虫害和疾病传播。例如，1995 年以来，进口水果在市场上的流通增强，随之而来，地中海果蝇和其他果树、果品害虫也在中国许多地方被发现。尤其是我们还没有对食用后的水果垃圾进行热处理的习惯，导致病虫害繁衍的可能性增大，如果不经有效的控制，会严重地威胁国内的果树和森林。

⑪ 辐照食品可以作为宇航员、登山运动员和特种病人（大面积烧伤和器官移植等病人）食用的无菌食品。

辐照食品的安全性评价

由于辐照食品的卫生安全性关系到食用者的健康和食品辐照技术的前途，因此受到许多国家的重视。多年来各国科学家在辐照食品化学、辐照食品的营养学、微生物学与毒理学方面进行了大量的研究，为辐照食品的安全性提供了科学的依据，辐照食品也逐渐为人们所接受。

FAO、IAEA 和 WHO 于 1961 年在布鲁塞尔召开的国际会议上强调要重视辐照加工食品的安全卫生性。1964 年联合专家委员会在罗马讨论并确定将辐照用于加工食品应进行的研究工作：以辐照在食品中产生的辐射降解产物为前提，认为这些产物应与食品添加剂等同对待，其结论是确定辐照食品的安全性；应该遵循类似于通常评价食品添加剂安全性的方法，对各种食品逐一检查。

1976 年联合专家委员会检查了大量关于各种辐照食品的动物实验，建议无条件批准或暂时批准其中大多数食品；联合专家委员会还检查了食品主要成分的辐射化学研究结果，发现许多被查明的食品辐解产物在热处理和其他方法加工的食品中也同样存在，其结论是这样浓度的辐射降解产物对健康的危害是微不足道的。

微胶囊食品概述

微胶囊技术又称微胶囊化，是用特殊手段将固体、液体或气体物质包裹在半透明或封闭性微小的高聚物容器内的过程。采用微胶囊技术制得的产品称为微胶囊制品。

一般的硬质明胶胶囊制品,其内容物是用填装机填入预先制成的胶囊里,而微胶囊制品是先将被包覆物料分散成微粒,然后使聚合物成膜材料在其上沉积形成包层而制得的。微胶囊的被包覆物和囊壁为两独立相,被包覆的物料称为心材、核或填充物,而囊壁称为皮、外壳或保护膜。微胶囊的心材可以是固体粉末,也可以是胶体材料,若采用特殊的制备方法,还可以包封住气体。

微胶囊的尺寸为5～200微米,而在某些实例中,可扩大到0.2～0.25毫米,甚至数毫米。当微胶囊小于5微米时,其布朗运动很剧烈而难于收集。当粒度超过300微米时,其表面静电摩擦系数显著减小而易于沉积。微胶囊壁壳的厚度一般在0.2微米至数微米之间。

微胶囊可制成多种形状,如球状、粒状、肾球状、谷粒状、絮状或块状等,而制品的形状与被包裹物料的结构、性质,以及微胶囊的制法有关。微胶囊按核的结构可分为单核、多核及多核—无定型的,按囊壁的结构可分为单层壁、多层壁及不同壁层的。此外,还有不同核的复合微胶囊、微胶囊簇等,如图所示。微胶囊可以内包一种心材,也可以内包多种心材。微胶囊囊体的强度以手指压迫时囊体能破裂为最适宜。

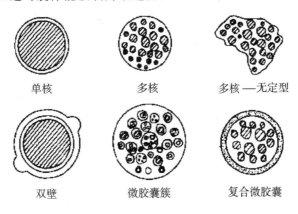

| 单核 | 多核 | 多核—无定型 |
| 双壁 | 微胶囊簇 | 复合微胶囊 |

微胶囊的各种结构

微胶囊化

微胶囊技术发展迅速,目前美国市场已推出数百余种微胶囊产品。由于微胶囊壁材的化学、物理性质可以根据需要来选择,所以人们得以用微胶囊制成各种商品,其中大多数是利用微胶囊来保护被包封的物料免受腐蚀。在需用时微波囊即破裂,使心材得以释放。

微胶囊化即微胶囊技术,它是将心材物质包裹于微容器内的全过程。首先需将心材物质分散成细粒,然后再用微胶囊壁材包覆。但有些方法并不完全如此,如心材和壁材均为液体,经微胶囊化后,微胶囊为一种液体包裹着另一种液体的液滴。

微胶囊的设计和制备必须满足各种要求,如心材的性质、产品的使用目的及贮存的环境等。

心材物质不同,其处理方法也各异。如果心材和微胶囊化所用介质都为液体,则可选用乳化、机械搅拌、超声振动或其他化学手段,总之最终要使心材分散成小液滴。如果微胶囊化所用的介质为气体,则可选用喷雾法、离心法或流化床法。如果心材为固体,可将其研磨成粉末后过筛,也可先将其制成溶液,然后按照纯液态心材的处理法,使之形成微小液滴。

微胶囊化可分为以下几个步骤:首先将已经细分散的心材分散于微胶囊化的介质中;其次将成膜材料倾入该分散体系中;第三,通过适当的方法使壁材聚集、沉积或包覆于分散的心材周围,通常壁材不会全部消耗;第四,在许多情况下,微胶囊的膜壁是不稳定的,还需要用化学或物理的方法进行处理,以达到一定的机械强度。

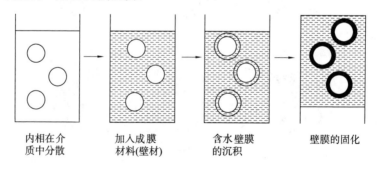

| 内相在介 | 加入成膜 | 含水壁膜 | 壁膜的固化 |
| 质中分散 | 材料(壁材) | 的沉积 | |

微胶囊化的一般步骤

微胶囊的功能

微胶囊具有改善和提高物质表观及其性质的功能。确切地说,微胶囊能够贮存微细状态的物质,并在需要时释放该物质。微胶囊也可转变物质状态,保持其原有的颜色、风味、形状、重量、体积、溶解性、反应性、持续性、压敏性、热敏性以及光敏性。

(1)**液态转变成固态** 液态物质经微胶囊化后,可转变为细粉状产物,称为拟固体。虽然在使用上它具有固体特征,但其内相仍然是液体,因而能够很好地保持液相的性能。

(2)**改变重量或体积** 物质经微胶囊化后其重量增加,也可因制成了含有空气的胶囊或空心胶囊而使物质的体积增加,这样可使高密度固体物质经微胶囊化后转变成能漂浮在水面上的产品。

(3)**降低挥发性** 易挥发物质经微胶囊化后能够抑制挥发,因而能减少食品中香气成分的损失,并延长贮存的时间。

(4)**控制释放** 微胶囊所含的心材可即刻释放出来,亦可逐渐地释放出来。如果要使所有的囊心物质即刻释放,一般采用机械方法,如加压、揉破、毁形、摩擦,也可在加热下燃烧或熔化,或者采用化学方法,如酶的作用、溶剂及水的溶解、萃取等方法破坏囊壁来实现。另外,在心材中掺入膨胀剂或应用放电或磁力的电磁方法也能使其即刻释放。

(5)**隔离活性成分** 微胶囊具有保护心材物质,使其免受环境中温度、氧、紫外线等影响的作用。此外,由于微胶囊化后隔离了各成分,故能阻止两种活性成分之间的化学反应。两种能发生反应的活性成分,其中之一经微胶囊化,再与另一种成分混合,这样便可将它们分隔开来而不发生反应,当需要时将微胶囊压毁,两种活性成分便相互接触,反应即可发生。

(6)**良好的分离状态** 微胶囊呈高分散状态,便于应用。例如,在等量浓度下,其黏度较低,能以粉末状态使用等。

转基因食品概述

基因工程技术从 20 世纪 70 年代诞生以来,得到了迅速的发展,并且日益深入到与人们生活息息相关的食品工业中,使得食品的概念从农业食品、工业食品发展到基因工程食品,基因工程食品以其全新的面貌成为庞大食品家族体系中的一名新成员。

转基因食品又称基因改性食品。从狭义上说,是利用分子生物学技术,将某些生物(包括动物、植物及微生物)的一种或几种外源性基因转移到其他的生物物种中去,从而改造生物的遗传物质,使其有效地表达相应的产物（多肽或蛋白质）,出现原物种不具有的性状或产物,以转基因生物为原料加工成的食品就是转基因食品。从广义上来说,除采用转基因技术外,也可对生物体本身的基因进行修饰而获得,在效果上等同于转基因。

转基因的基本原理与常规杂交育种有相似之处。杂交是将整条的基因链（染色体）转移,而转基因是选取最有用的一小段基因转移,因此转基因比杂交具有更高的选择性。

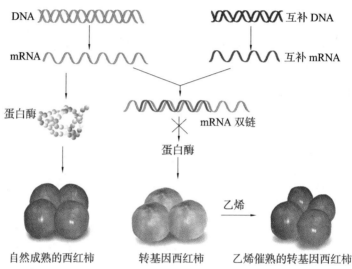

DNA	互补 DNA
mRNA	互补 mRNA
蛋白酶	mRNA 双链
	蛋白酶

自然成熟的西红柿　　转基因西红柿　　乙烯催熟的转基因西红柿

转基因食品的分类

（1）植物性转基因食品　植物性转基因食品很多。例如,面包生产需要高蛋白质含量的小麦,而目前的小麦品种含蛋白质较低,将高效表达的蛋白基因转入小麦,将会使此种小麦制成的面包具有更好的焙烤性能。

番茄是一种营养丰富、经济价值很高的果蔬,但它不耐贮藏。为了解决番茄这类果实的贮藏问题,研究者发现,控制植物衰老激素乙烯合成的酶基因是导致植物衰老的重要基因,如果能够利用基因工程的方法抑制这个基因的表达,那么衰老激素乙烯的生物合成就会得到控制,番茄也就不会容易变软和腐烂了。经过美国、中国等国家的多位科学家的努力,已培育出了这样的番茄新品种。这种番茄抗衰老,抗软化,耐贮藏,能长途运输,可减少加工生产及运输中的浪费。

(2) **动物性转基因食品** 动物性转基因食品也有很多种类。例如,牛体内转入了人的基因,牛长大后产生的牛乳中含有基因药物,提取后可用于人类病症的治疗。

(3) **转基因微生物食品** 微生物是转基因最常用的转化材料,转基因微生物比较容易培育,应用也最广泛。例如,生产奶酪的凝乳酶,以往只能从杀死的小牛的胃中才能取出,现在利用转基因微生物已能够使凝乳酶在体外大量产生,避免了小牛的无辜死亡,也降低了生产成本。

(4) **转基因特殊食品** 科学家利用生物遗传工程,将普通的蔬菜、水果、粮食等农作物变成能预防疾病的神奇的"疫苗食品"。例如,科学家培育出了一种能预防霍乱的苜蓿植物。用这种苜蓿喂小白鼠,能使小白鼠的抗病能力大大增强,而且由其制得的霍乱抗原能经受胃酸的腐蚀,并能激发人体对霍乱菌的免疫能力。

转基因食品按功能可以分为以下类型:增产型、控熟型、高营养型、保健型、新品种型、加工型。

转基因食品的安全性评价

自从转基因技术问世以来,关于转基因食品是否安全,即食用转基因食品对人类健康是否有不良影响,转基因技术对环境、物种的进化是否有影响等问题一直就争论不休。尽管有各种防护措施和安全性审查制度,但并没有完全消除人们对转基因食品的担忧。这些担忧主要表现在如下方面:

(1) **转基因作物对生态环境可能造成一定的影响** 具有除草剂耐性因子的转基因作物的遗传因子可能通过授粉和种子迁移传播给野生植物。获得这些耐性后的野生植物有可能会变成对一般除草剂有耐性的"超级"杂草。为了清除这些杂草,将不得不使用更强大的、浓度更大的除草剂,这必然会引起土壤板结、土质变坏、药物残留等,从而对生态环境造成破坏。

(2) **标记基因的传递可能引起的抗生素耐性** 基因工程技术中应用的标记基因通常是一类抗生素基因,人们担心食用含有此类标记基因的食品是否对肠道微生物产生影响或对抗生素类药物产生耐药性。

(3) **转基因食品引起食物过敏的可能性** 转基因食品引起食物过敏

的可能性是人们关注的焦点之一,特别是转基因食品转入的蛋白质是新蛋白时,这些蛋白质有可能引起食物过敏。

(4) 毒性方面 许多食品原料本身会产生大量的毒性物质,如蛋白酶抑制剂、溶血剂和神经毒素等,那么转基因作物中是否有毒素以及毒素的含量就成为争议的重要内容之一。

(5) 伦理方面 许多民族都有其独特的饮食习惯,若某些宗教团体禁止食用的动物基因转入他们通常食用的动物中,转基因食品可能触犯某些民族的饮食戒律。另外,将动物基因转入植物中也可能使素食者感到困惑。

(6) 其他 除以上争论外,对转基因食品安全性的争议还表现在微生物作为宿主细胞的安全性问题,转基因动物激素、食品、饲料添加剂等对动物本身的生长、发育和繁殖的安全性问题等方面。

基于上述诸多方面的异议,转基因食品的安全性问题成为转基因技术研究的一个热点。实质等同性原则最早由国际经济互助开发组织于 1993 年提出,并已被大多数国家采用。该原则认为:如果导入基因后产生的蛋白质经确认是安全的,或是转基因作物和原作物在主要营养成分(脂肪、蛋白质、碳水化合物等)、形态和是否产生抗营养因子、毒性物质、过敏性蛋白等方面没有发生特殊的变化,则可以认为转基因作物在安全性上和原作物是同等的,对人类的影响是相似的,则无须对它的安全性作进一步的分析。

绿色食品

绿色食品是指经过专门机构(如中国绿色食品发展中心)认定和允许使用绿色食品标志的无污染、安全和优质营养食品。

参照国外与绿色食品类似的有关食品标准,结合我国的国情,可将绿色食品分为两类,即 AA 级绿色食品和 A 级绿色食品。AA 级绿色食品是指在生态环境质量符合规定标准的产地,生产过程中不使用任何有害化学物质,按特定的生产操作规程生产、加工,产品质量及包装经检测、检查符合特定标准,并经专门机构认定,许可使用 AA 级绿色食品标志的产品。A 级绿色食品是指在生态环境质量符合规定标准的产地,生产过程中允许限量使用限定的化学合成物质,按特定的生产操作规程生产、加工,产品质量及包装经检测、检查符合特定标准,并经专门机构认定,许可使用 A 级绿色食品标志的产品。

绿色食品工程

绿色食品工程是以开发绿色食品为核心,将农学、生态学、环境科学、营养学、卫生学等多学科的原理综合运用到食品的生产、加工、贮运和销售以及相关的教育科研等各环节中去,从而形成一个完整的无公害污染的优质食品的产供销及管理系统,逐步实现经济效益、社会效益和生态效益良性循环的系统工程。

我国的绿色食品工程是以政府行为来推行的。由专门机构(中国绿色食品发展中心)系统地组织实施,并有序地向社会推进,引导绿色食品开发向产销一条龙、贸工农一体化的方向发展。绿色食品工程注重各子系统之间的平衡和联系,通过标志管理等方法,宏观调控系统因子,以市场为先导,无污染的原料基地为基础,环境监测和食品检验为保证,教育培训和宣传为推广手段,依靠先进的科学技术,带动生产条件的优化和耕作技术的改进,保护农业生态环境,保证资源可持续利用,推动我国农业产业化发展。

有机食品

有机食品是以有机农业生产体系为前提,有机农业是一种完全不用化学合成的肥料、农药、生长调节剂、畜禽饲料添加剂等物质,也不使用基因工程生物及其产物的生产体系,其核心是建立和恢复农业生态系统的生物多样性和良性循环,以维持农业的可持续发展。

国际有机农业运动联合会(IFOAM)将有机农业定义为:有机农业包括所有能促进环境、社会和经济良性发展的农业生产系统。这些系统将农地土壤肥力作为成功生产的关键。通过尊重植物、动物和景观的自然能力,达到使农业和环境各方面质量都最完善的目标。有机农业通过禁止使用化学合成的肥料、农药和药品而极大地减少外部物质投入,相反利用强有力的自然规律来增加农业产量和抗病能力。有机农业坚持世界普遍可接受的原则,并据当地的社会经济、地理气候和文化背景具体实施。因此,IFOAM强调和运行发展当地和地区水平的自我支持系统。从这个定义可以看出有机农业的目的是达到环境、社会和经济三大效益的协调发展。有机农业非常注重当地土壤的质量,注重系统内营养物质的循环,注重农业生产要遵循自然规律,并强调因地制宜的原则。在有机农业生产体系中,作物秸秆、畜禽粪肥、豆科作物、绿肥和有机废弃物是土壤肥力的主要来源。作物轮作以及各种物理、生物和生态措施是控制杂草和病虫害的主要手段。有机农业生产体系的建立需要有一个有机转换过程。

有机食品与国内其他优质食品的最显著差别是,前者在其生产和加工过程中绝对禁止使用农药、化肥、激素等人工合成物质,后者则允许有限制地使用这些物质。因此,有机食品的生产要比其他食品难得多,需要建立全新的生产体系,采用相应的替代技术。有机食品是一类真正源于自然、富营养、高品质的环保型食品。

在我国推广有机食品、绿色食品和无公害食品的目的是相同的,都是为了向社会提供安全、优质、高品位的消费食品。在安全食品中,通常可以这样理解:有机食品是精品,绿色食品是优良品,无公害食品是普及品。虽然三种食品有着基本的联系,但三者在认证管理机构、生产环境、生产过程控制及生产加工标准等方面还是有很大不同。

四、发酵食品加工

发酵食品概述

所谓发酵,是借助微生物在有氧或无氧条件下的生命活动,来制备微生物菌体本身或其代谢产物的过程。食品原料在微生物的作用下转化得到的新食品类型或饮料就是发酵食品。发酵过程中,在微生物代谢产生的酶和食品原料本身的酶的作用下,食品原料中的成分经过生物化学反应被分解或转化,从而得到所需要的成分。

酿造是我国人民对一些特定产品进行发酵生产的一种叫法,通常把成分复杂、风味要求较高,诸如黄酒、白酒、啤酒、葡萄酒等酒类以及酱油、酱、食醋、腐乳、豆豉、酱腌菜等副食佐餐调味品的生产称为酿造,而将成分单一、风味要求不高的产品,如酒精、柠檬酸、谷氨酸、单细胞蛋白等的生产称为发酵。在本书中,将酿造和发酵统称为发酵。

传统发酵食品的工艺中微生物类群来源于自然界,而现代科技则采用微生物纯培养技术,这不仅能提高原料利用率,缩短生产周期,而且便于机械化生产,但其产品与传统的比较,有的虽保留了传统食品的某些特点,其风味却有了很大变化,这种现象在白酒、黄酒、酱油、食醋、腐乳、酱腌菜等的生产中屡见不鲜。

食品经微生物发酵后,可产生酸类、醇类和某些抗生素,对于可能侵染食品的一般致病菌有抑制作用,有时对肠内腐败菌的抑制力也很强,所以有利于食品的保藏。与其他保藏食品的方法相比,发酵更加节约能量。有些发酵食品还具有预防心脑血管疾病、改善便秘、降低胆固醇、增加免疫功能和抗癌等作用。发酵食品常常比未经发酵的食品更有营养,蛋白质的含量和吸收率提高,甚至可产生维生素等营养物质,另一方面,改变了食品的质

地,使其更容易被消化。

发酵食品在我国具有悠久的历史,我国人民积累了丰富的经验,发酵食品种类繁多、风味独特、脍炙人口,以色、香、味、形俱佳誉满中外。世界各国的发酵食品也各具特色。随着人们生活水平的提高,对各种发酵食品的需求量越来越大,对质量的要求也越来越高。

发酵食品的种类

(1) 按产业部门来分类　发酵原酒和蒸馏酒(啤酒、葡萄酒、黄酒、白酒等)、佐餐副食调味品(酱、酱油、食醋、腐乳、豆豉、虾酱、鱼露等)、氨基酸(谷氨酸、赖氨酸等)、有机酸(柠檬酸、苹果酸、葡萄糖酸等)、核苷酸(三磷腺苷、肌苷酸、鸟苷酸等)、酶制剂(淀粉酶、蛋白酶等)、食品添加剂(黄原胶、乳酸菌素等)、功能性发酵食品(低聚糖、真菌多糖、红曲等)、食用菌发酵制品(香菇、灵芝等)、发酵非酒精饮料(茶、咖啡、可可)、菌体(单细胞蛋白、酵母等)、维生素(维素 B_2 和 B_{12} 等)以及发酵乳(奶酪、酸奶)、发酵肉制品(发酵火腿、发酵香肠)。

(2) 按产品性质来分类

① 代谢产物发酵:以代谢产物为产品的发酵是数量最多、产量最大,也是最重要的部分,产品包括初级代谢产物、中间代谢产物和次级代谢产物。各种氨基酸、核苷酸、蛋白质、核酸、脂类、糖类、醇类和酸类等,为初级代谢产物或中间代谢产物。次级代谢产物是由初级代谢的中间体或产品合成的,有些次级代谢产物具有抑制或杀灭微生物的作用(如抗生素),有些是特殊的酶抑制剂,有些是生长促进剂。

② 酶制剂发酵:酶普遍存在于动植物细胞和微生物细胞内,可以说,所有生物细胞都含有酶。利用发酵法制备并提取微生物产生的各种酶,已是当今发酵工业的重要组成部分。目前,工业用酶大多来自于微生物发酵生产的酶。例如:α-淀粉酶、β-淀粉酶、葡萄糖苷酶、脱支酶、转化酶、葡萄糖异构酶、纤维素酶、碱性蛋白酶、酸性蛋白酶、中性蛋白酶、果胶酶、脂肪酶、凝乳酶、过氧化氢酶、青霉素酰化酶、胆固醇氧化酶、葡萄糖氧化酶、氨基酰化酶等。另外,酿酒工业、传统酿造工业等生产中应用的各种曲的生产也相当于酶制剂的生产。

③ 生物转化发酵:生物转化是指利用生物细胞中的一种或多种酶,作用于一些化合物的特定部位(基团),使它转变成结构类似但具有更大经济价值的化合物的生物化学反应。生物转化的最终产物并不是生物细胞利用营养物质经代谢而产生的。生长细胞、休止细胞、孢子或干细胞均能进行转化反应,为提高转化效率,降低成本并减少产物中的杂质,现在越来越多地采用固定化细胞或固定化酶。在转化反应中,生物细胞的作用仅仅相当于一种特殊的生物催化剂,只引起特定部位发生反应。而其可进行的转化反应包括脱氢、氧化、脱水、缩合、脱羧、羟化、氨化、脱氨、异构化等。生物转化反应与化学反应相比具有许多优点,如工艺简单、操作方便、反应条件温和、对环境污染小等。生物转化反应最明显的特点就是反应的特异性强,包括反应特异性(反应类型)、结构位置特异性(分子结构中的位置)和立体特异性(特殊的对映体),其中以反应的立体特异性显得尤为重要。

④ 菌体制造:传统的菌体发酵业主要应用于面包工业的酵母培养和人类食品或动物饲料的微生物菌体发酵(单细胞蛋白)。现代发酵技术则大大扩展了应用范围,如藻类、食用菌的发酵,人、畜防治疾病用的疫苗、生物杀虫剂的发酵等。属于食品发酵范围的为酵母培养、单细胞蛋白培养和藻类、食用菌的发酵。酵母菌既可用于酿造工业,又可用来作为人类或动物的食物。利用微生物同化石油烷烃(该技术既可以用于生产微生物菌体,又可用于消除石油污染),以及利用甲烷、乙酸等制造微生物菌体蛋白的研究也较为重视。藻类含有丰富的维生素和必需氨基酸含量高的蛋白质,其营养价值超过农作物,可用做食物和饲料,有些藻类含有许多生物活性物质,现在很多被用来制作保健品。食用菌的营养保健状况与藻类类似,但食用菌菌丝体发酵很少被用于作为食物和饲料,主要被用来制备保健品或用来作为生产菌种,如冬虫夏草、蜜环菌、灵芝、茯苓、香菇等都已大规模发酵生产。活性乳酸菌制剂是在干燥菌体中加入了活性保护物质,用以提高人体的整肠作用,也是菌体直接作用的一种体现。

发酵食品中的微生物

(1) **根据作用及对人类的影响分类**　发酵食品中存在的微生物,根据其作用及对人类的影响可人为地划分为四大类:

① 病原微生物：指那些让人类致病的微生物群，如沙门氏菌、肉毒梭菌等。

② 腐败微生物：指那些使食物腐败变质的微生物群，如凝结芽孢杆菌、嗜热脂肪芽孢杆菌等。

③ 无效用微生物：这类微生物的存在对人类既无害又无益，如粪链球菌。

④ 有益微生物：这是指对人类有益的微生物类群，如乳酸菌、酵母菌等对发酵食品色、香、味、形的形成有贡献的所有微生物种群，总称为发酵微生物，这类微生物是食品发酵的动力。与发酵食品关系密切的细菌有乳酸杆菌属、醋酸杆菌属、链球菌属、明串珠菌属、芽孢杆菌属。酵母菌有酿酒酵母、卡尔斯伯酵母、球拟酵母、面包酵母、汉逊酵母等。霉菌有毛霉属、根霉属、曲霉属、红曲霉属等。

病原微生物和腐败微生物又总称为有害微生物。它们是发酵工业的有害菌，阻碍着发酵过程的进行，并会引起发酵食品的变质、变味，是引起食物腐败和食物中毒的根源，也是食品卫生检验的主要对象。在发酵食品生产过程中，我们必须尽量避免这两类微生物的污染，因为它们的存在会干扰正常的发酵过程，严重影响产品质量。

(2) 根据微生物与氧气的关系分类　按照微生物与氧气的关系，可把它们分成好氧微生物和厌氧微生物两大类。好氧微生物可分为专性好氧菌、兼性厌氧菌和微好氧菌。专性好氧菌的生长必须供给较高浓度的氧，如谷氨酸棒杆菌。兼性厌氧菌以有氧生长为主，也可在厌氧条件下生长，如酿酒酵母。微好氧菌需在微量氧下生活，较高浓度的氧气对其有毒害作用。厌氧菌分为耐氧菌和专性厌氧菌，耐氧菌的生长不需要任何氧气，但氧的存在对它们无害。专性厌氧菌即使短期接触氧气也会生长受抑制或死亡，只有在无氧处或在较低的氧化还原电势的环境下才能生长，如乳酸菌。

目前发酵微生物中研究较多的是专性好氧菌或兼性厌氧菌，在发酵生产过程中必须给好氧微生物供给适量空气才能使菌体生长繁殖并积累代谢产物。

发酵食品的形成过程

发酵食品的一般形成过程可分为三个阶段。在不同的食品发酵中,通过对发酵工艺操作的不同控制,决定发酵最终产物。

第一阶段称为大分子降解阶段。原料中固有的酶和微生物代谢产生的酶同时水解有机物质。另外,物料本身就是一种选择性培养基,使目的微生物生长繁殖,通过代谢活动造成原料的初步降解。参与的微生物大致可分为淀粉分解菌、蛋白质分解菌、果胶分解菌、纤维素分解菌和脂肪分解菌等。在发酵食品中应用较多的是前两种分解菌。

第二阶段称为代谢产物形成阶段。在这一阶段,微生物在好氧或厌氧、高温或低温、前期或后期等条件下将大分子原料降解的同时进一步进行降解产物的转化,包括醇类、有机酸、酯类、氨基酸、芳香化合物的形成。

第三阶段可以指发酵食品的陈酿阶段(或称后发酵阶段),也可指从发酵液的预处理直至形成产品的整个过程。传统发酵食品的风味协调性在此过程中形成。

发酵的工艺过程

(1) **菌种活化与扩大培养**　菌种在使用之前,往往采用斜面冰箱保藏法、沙土管保藏法、石蜡油封存法、真空冷冻干燥保藏法等方法保藏,此时处于休眠状态,必须先接入试管斜面活化,再经过扁瓶或摇瓶及种子罐逐级扩大培养,获得一定数量和质量的纯培养物(又称种子)。

其过程大致可分为实验室制备阶段和生产车间种子制备阶段。实验室制备阶段包括琼脂斜面、固体培养基扩大培养或摇瓶液体培养。生产车间种子制备阶段的任务是种子罐扩大培养。

(2) **培养基制备**

① 培养基的分类:培养基可按其组成物质的纯度、状态和用途进行分类。

按纯度分类可分为合成培养基和天然培养基。合成培养基是根据微生物生长和发酵的需要人工配制成的培养基。天然培养基的原料是一些天然的动植物产品,其成分相对复杂,营养丰富,价格低廉,如花生粉、豆饼粉、蛋白胨等。它们适合于工业生产,但生产稳定性不易控制。

按状态分类,可分为固体培养基、半固体培养基和液体培养基。固体培养基比较适用于菌种的分离和保存,也广泛应用于香菇、木耳、灵芝等真菌类的生产。半固体培养基即在配好的液体培养基中加入少量琼脂,培养基即呈半固体状态,主要用于实验室用途。液体培养基中的 $80\%\sim90\%$ 是水,其中配有可溶性的或不溶性的营养成分,是发酵工业大规模使用的培养基,它有利于氧和物质的传递。

按用途不同,可分为斜面培养基、种子培养基和发酵培养基。

斜面培养基:使菌种繁殖、扩大,要求能够使菌体长得快,健壮,并且不易引起菌种变异。例如,放线菌多采用营养较差的合成培养基,因为丰富的营养利于菌丝的形成却不利于大量孢子的形成。细菌常采用牛肉膏蛋白胨培养基。酵母多采用麦芽汁琼脂斜面培养基。用斜面培养基培养的菌种一般称为斜面菌种。

种子培养基:在液体深层发酵中,为了扩大发酵罐的接种量,缩短发酵时间,提高发酵罐的设备利用率等,往往将斜面菌种先植入相对较小的种子罐中进行培养。种子培养基是供孢子发芽、生长和菌体繁殖的。对这类培养基应提供速效碳源,如葡萄糖等,氮源也要提供一些易于利用的,如无机氮源硫酸铵、有机氮源尿素、玉米浆、酵母膏、蛋白胨等。磷酸盐的浓度可适当高一些。总之要相对丰富、安全,并要考虑能够维持稳定的 pH。最后一级种子培养基的成分应该较接近发酵培养基,以便种子进入发酵培养基后能迅速适应发酵环境,快速生长。

发酵培养基:为菌体生长繁殖和合成发酵产品提供营养物质。其营养要适当的丰富和完全,适合于菌种的生理特性和要求,使菌种生长迅速、健壮,能在较短的时间内使生产菌充分合成发酵产品,但要注意原料成本和耗能。发酵培养基一般是一次添加投料。为了人工控制代谢,提高产量,在发酵过程中还要进行各种营养物质的添加或中间补料,以补充发酵培养基的不足。另外还应考虑配合发酵装备、培养工艺(调浆、进料、灭菌等)和通气搅拌性能。固体发酵中常常在配料时适当加入填充料来稀释营养物质并保持适当疏松,以利于通气、调节温度、提高出品率和产品质量。

② 培养基的配制原则:各种微生物所需的营养物质都可归为以下五类:

水、碳源、氮源、无机盐、生长因子。如果为好氧型微生物，还需要氧气。常用的碳源有糖类、脂肪、某些有机酸、某些醇类和烃类。氮源有无机氮和有机氮两种，常用的无机氮源有氨水、尿素、气态氨、硫酸铵和氯化铵等，有机氮源的组成比较复杂，必须经微生物分解后才能利用。微生物对无机盐的需要量很少，但无机盐对微生物生长及代谢产物的形成影响却很大，常用的无机盐有磷酸盐、硫酸镁、钾盐等。生长因子是指微生物不能自己合成生长所必需的物质，而必须从外界摄取，否则就不能生长，仅仅是部分微生物的生长需要生长因子。生长因子通常指氨基酸、嘌呤、嘧啶和 B 族维生素。在配制培养基时，一般可用生长因子含量丰富的天然物质作为原料，以保证微生物对它们的需要，如酵母膏、玉米浆、肝浸液、麦芽汁或其他新鲜动植物的汁液等。

不同的微生物在不同的生长时期及不同的使用目的时，对培养基的要求也不同。应根据具体情况，从微生物营养特点及生产工艺要求出发选择合适的培养基，以达到稳产、高产的目的，同时也要增产节约、因地制宜。配制培养基时需要考虑的因素有合适的碳氮比、pH、渗透压、生长因子、前体物质和氧化还原电势等。在发酵工业中还要注意生产成本问题，尽可能使用廉价原料来配制培养基。

(3) **发酵工艺**　根据涉及的主要微生物种类，有单菌发酵和混合发酵。单菌发酵如啤酒等食品，这种发酵在现代发酵工业中最常见。混合发酵指采用 2 种或 2 种以上的微生物进行发酵，这是传统发酵中常用的发酵方式，根据所用菌种被人们了解的程度可分为两类，即利用天然的微生物菌群进行混合发酵和利用已知的纯种进行混合发酵。传统大曲酒的生产采用天然的微生物菌群进行发酵，这种混合发酵有多种微生物参与(在微生物之间还必须保持一种相对的生态平衡)，其产物也是多种多样的，发酵过程较难控制，在许多情况下还依赖于实践的经验。酸牛奶发酵、液态酿酒等则采用已知的纯种进行混合发酵，这类发酵方式是食品发酵的发展方向。随着我们对发酵微生物和发酵机理的深入研究，采用纯种混合发酵生产传统风味的发酵食品是肯定可行的。

根据物质的物理状态，可分为固态发酵、半固态发酵和液态发酵。固态发酵的发酵培养基不能流动，培养基中没有或几乎没有游离水，这是我国传统发酵常用的形式,如固态酱油发酵,印度尼西亚的丹贝发酵和日本纳豆的生产也都采用固态发酵法。半固态发酵的发酵培养基为半流动状态,大的原料颗粒悬浮在液体中,黄酒发酵、酱油稀醪发酵都属于半固态发酵。液体发酵指发酵培养基呈流动状态,如醋酸发酵,它是目前发酵工业中最主要的发酵方式。它是指将各种原材料按一定配比配制成液体培养基,经灭菌后接入菌种在发酵罐中进行发酵。与固态发酵相比,液体发酵的优点在于容量大,生产效率高,适于机械化,便于工艺条件的控制,产品质量高。

按照发酵中对氧气的需求,可分为好氧发酵和厌氧发酵。谷氨酸、柠檬酸、醋酸等属于好氧发酵,乳酸则属于厌氧发酵。采用酵母生产酒精则属于兼性厌氧发酵,在发酵过程前期需要通入一定量的氧气,以供酵母生长,而在发酵后期则应形成缺氧环境,以使代谢中间产物乙醇大量积累。

此外,按照生产情况,还可将发酵分为连续式、批量式和半连续式发酵。连续式发酵是将发酵液连续不断地放出,同时不断添加等量的培养基,使菌体保持稳定的生长状态,它的优点是微生物的生长阶段及环境保持稳定,生产过程亦处于稳定状态,使发酵过程以最快的速度运转,其缺点在于容易染菌,且长期培养的菌种容易退化。此外,由于工艺复杂,这种方式在工业上并不常用。工业上常用的仍是批量式发酵。

(4) **下游加工**　发酵技术下游加工的一般过程主要包括:发酵液的预处理与分离、初步纯化、高度纯化、成品加工等过程。

预处理的目的是改变发酵液的物理性质,实现工业规模的过滤,尽可能使产物转入便于处理的物质中,除去发酵液中的部分杂质,便于后续操作。例如,用淀粉酶将发酵液中残留的不溶性多糖转为单糖,从而提高过滤速度。将带电胶体(如鱼胶)添加到浑浊的饮料中以除去悬浮体等。过滤时可在待滤的发酵液中加入适量的助滤剂。工业上最常使用的助滤剂是硅藻土或珍珠岩粉。使用量一般为液体的 $0.05\%\sim1.00\%$,最适的添加量应根据实验确定。

初步纯化的目的主要是浓缩。初步纯化的方法有吸附法、离子交换法、沉淀法、萃取法、超滤法。

经初步纯化后,滤液的体积已大大缩小,但纯度提高不多,需要进一步精制。精制的方法很多,常见的有色层分离和结晶等,一般大分子物质的精

制依赖于色层分离,而小分子物质的精制常常利用结晶操作。

根据产品应用的要求,一般经提取和精制后,最后还需要一些加工步骤,如浓缩、干燥、加入稳定剂等。如果最后要求的是结晶性产品,则先进行浓缩,后进行结晶和干燥。

消毒、灭菌与防腐

为防止食品霉腐,有时需采取防腐措施。防腐就是利用某种理化因素完全抑制霉腐微生物的生长繁殖,即通过抑菌作用防止食品、生物制品等发生霉腐的措施。防腐的方法很多,原理各异,如低温、缺氧、干燥、高渗、高酸度、高醇度和添加防腐剂。有些发酵食品,如泡菜、白酒等本身可以因为高酸度、高醇度而防腐,不需添加防腐剂。

采用强烈的理化因素使任何物体内外部的一切微生物永远丧失生长繁殖能力的措施,称为灭菌,如高温灭菌、辐射灭菌等。消毒是采用较温和的理化因素,仅杀死物体表面或内部一部分对人体或动植物有害的病原菌,而对被消毒的对象基本无害的措施。例如一些常用的对皮肤、水果、饮用水进行药剂消毒的方法,对啤酒、牛奶、果汁和酱油等进行消毒处理的巴氏消毒法等。但是在工业上常将消毒和灭菌两者通用。

灭菌和消毒的方法很多,大致可分为物理法和化学法。常用的物理方法有加热灭菌、过滤除菌和紫外辐射。

(1) 加热灭菌 加热灭菌是作用最大、最常用、最方便的灭菌方法。可分为干热灭菌法和湿热灭菌法。干热灭菌包括火焰灼烧法和烘箱内热空气灭菌法。湿热灭菌法包括常压灭菌(如巴氏消毒法、煮沸消毒法和间歇灭菌法)和加压灭菌(如常规加压灭菌和连续加压灭菌)。

① 干热灭菌法:把金属器械或洗净的玻璃器皿放入电热烘箱内,在150～170℃条件下维持1～2小时,即可达到彻底灭菌(包括细菌的芽孢)的目的。灼烧是一种最彻底的干热灭菌法,可是因其破坏力很强,故应用范围仅限于接种环、接种针的灭菌或携带病原菌的材料、动物尸体的烧毁等。

② 湿热灭菌法:湿热灭菌法是指用蒸汽进行灭菌。在同样温度和相同作用时间下,湿热灭菌法比干热灭菌法更有效。在湿热温度下,多数细菌和真菌的营养细胞在60℃左右处理5～10分钟后即被杀死,酵母菌细胞和真

菌的孢子稍耐热些,要在 80℃ 下才被杀死,细菌的芽孢最耐热,一般要在 120℃ 下处理 15 分钟才被杀死。

巴氏消毒法因最早由法国微生物学家巴斯德用于果酒消毒而得名。这是一种专用于牛奶、啤酒、果酒或酱油等液态风味食品或调料的低温消毒方法。一般在 60~85℃ 处理 30 分钟。具体方法可分为两类:第一类是经典的低温维持法,如用于牛奶消毒只要在 63℃ 下维持 30 分钟即可;第二类是较现代的高温瞬时法,用此法给牛奶消毒只要在 72℃ 下保持 15 秒。

煮沸消毒法一般用于饮用水的消毒,即在 100℃ 下煮沸数分钟。

间歇灭菌法又称分段灭菌法。适用于不耐热培养基的灭菌。将待灭菌的培养基放在 80~100℃ 条件下蒸煮 15~60 分钟,然后放至室温或 37℃ 下保温过夜,第二天再以同样的方法蒸煮和保温过夜,如此连续重复 3 天即可达到彻底灭菌的良好效果。

常规加压蒸汽灭菌法是采用专用的加压灭菌锅,通过加热煮沸,让蒸汽排出锅内原有的空气,再继续加热,使锅内温度上升至 100℃ 以上,维持 15~35 分钟。此法适用于对培养基或物料的灭菌。

连续加压蒸汽灭菌法也称"连消法"。此法仅用于大型发酵厂的大批培养基灭菌。让培养基在管道的流动过程中快速升温、维持和冷却,然后流进发酵罐。培养基一般加热至 135~140℃ 条件下维持 5~15 秒。

(2) **过滤除菌** 此法适用于对一些对热不稳定、体积小的液体培养基和气体除菌。

① 空气除菌:实验室中,一般将棉纤维或玻璃纤维固定在超净工作台、无菌箱等设备上,然后借助鼓风机将空气吹过棉纤维或玻璃纤维,即可获得无菌空气。生产上一般先过滤,再通过空气压缩机压缩(一般压力在两个大气压以上,温度 120~125℃),冷却到适当温度除去油和水,再加热,最后通过总空气过滤器和分过滤器获得无菌空气。

② 液体除菌:将清洗干净后的滤菌器包扎,用干热或湿热法灭菌,然后用无菌操作安装成空气抽滤装置,把滤液倒入滤器进行抽滤,抽滤结束后,无菌操作取出滤液。滤器用完后应在消毒液中浸泡,再刷净洗涤,干燥后灭菌备用。

(3) **紫外辐射** 接种室常用紫外灯作空气除菌,只适用于空气及物体表面的灭菌,距离物体不超过1.2米。为加强紫外线的灭菌效果,开灯以前可在接种室内喷洒苯酚溶液,接种室内的桌面、凳子等用来苏儿水擦洗,再开紫外灯照射30分钟左右。紫外线对人体有伤害作用,尤其是人的眼睛,所以不能直视开着的紫外灯,也不能在开着灯的情况下工作。

发酵温度与控制

根据生长温度的不同,微生物可分为低温型、中温型和高温型。对某种特定的微生物而言,其生长温度又可分为最低、最适和最高三种。其生长最适温度和形成代谢产物的最适温度也往往不一样,因此在生产上,发酵前期温度要满足菌体生长的要求,而后期的温度要有利于发酵。同一菌种在不同菌龄对温度的敏感性也是不同的,一般幼龄的细胞对温度比较敏感,因此种子培养基发酵初期应当严格控制温度,而发酵后期对温度的敏感性较差,甚至能短时间忍受较高的温度。

整个发酵过程中,物料的温度一般呈上升趋势。但在发酵开始时,因微生物数量少,产生的热量少,须加热提高温度,以满足菌体生长的需要,当微生物进入生长旺盛期,菌体进行呼吸作用和发酵作用放出大量的热,温度急剧上升,发酵后期逐渐缓和,释放的热量较少。若前期升温剧烈,可能是杂菌感染。

为了使微生物在适宜的条件下生长和代谢,生产上必须采取措施加以控制,在发酵罐中可利用夹层或盘管,用蒸汽保温或用冷水、冷盐水降温,固体发酵则采用通风、散盘、摇瓶等措施降温,用提高室温及堆积等办法保温。

发酵过程中 pH 的变化及控制

不同种类的微生物对 pH 的要求不同,细菌生长所需的最适 pH 一般为 6.5~7.5,霉菌、酵母菌一般为 3~6,放线菌一般为 7~8。微生物生长的 pH 也分为最低、最适和最高三种。在不同的发酵阶段最适 pH 也往往不同。在不同 pH 的培养基中,其代谢产物往往也不完全相同。另外,在生产中往往通过调节培养基的 pH 抑制其他微生物的生长,这样更有利于某些工业生产的稳定进行。

在发酵过程中 pH 是一个很敏感的因素,要注意正确控制和适当调节。

调节和控制 pH 的方法主要有：调节培养基的原始 pH；加入缓冲溶液（如磷酸盐）制成缓冲能力强、pH 变化不大的培养基；选用不同代谢速度、不同种类和比例的碳源和氮源；在发酵过程中加入弱酸或弱碱进行 pH 调节；通过调整通风量来控制 pH；补料，等等。

发酵过程中的溶解氧及控制

工业发酵使用的菌种多为好氧菌。一般说来，发酵初期菌体大量增殖，氧气消耗大，菌体主要利用的是溶解于水中的氧，所以增加培养基中的溶解氧可以满足代谢的需要。提高溶氧浓度的措施有：调节搅拌转速或通气速率来控制供氧，发酵罐中采用空气分布管来分散空气，提高通气效率；在传统发酵中经常采用打耙、翻缸、倒醅、封缸、料醅疏松或压紧、开窗换气等措施来提高氧的供给量。同时要有适当的工艺条件来控制菌体的需氧量，使生产菌的生长和产物形成对氧的需求量不超过设备的供氧能力，使生产菌发挥出最大的生产能力。

二氧化碳的控制

对二氧化碳的控制应视具体情况而定，如果对发酵有利，则应设法提高二氧化碳的浓度，反之则尽可能降低其浓度。一般工业上采用通气搅拌的方法来控制二氧化碳浓度。通气不仅能增加溶解氧，还可以使发酵过程中产生的二氧化碳不断排出。降低通气量和搅拌速率有利于增加二氧化碳在发酵液中的溶解度，反之则会降低二氧化碳的溶解度。

发酵过程中泡沫的形成及控制

在好气性发酵过程中，由于通气及搅拌，产生少量泡沫是空气溶于发酵液和产生二氧化碳的结果。因此，发酵过程中产生少量泡沫是正常的，但泡沫过多就会对发酵产生负面影响，因此需要消泡。

发酵过程中的消泡方法有物理法、机械法、化学法几种，机械法和化学法较为常用。机械消泡可以在罐内将泡消除，也可以将泡沫引出罐外，泡沫消除后再回到罐内。最简单的方法是在搅拌轴上安装消泡桨，用机械的强

烈振动和压力的变化使气泡破灭。发酵工业上常用的化学消泡剂主要有四类：天然油脂类（花生油、玉米油、菜籽油、猪油等）、聚醚类、醇类（聚二醇、十八醇等）和硅树脂类。

发酵过程的污染及控制

发酵过程的污染是任何发酵厂都面临的重要问题。发酵设备系统、空气设备系统和培养基灭菌系统等有关设备以及管道的配制都必须严格符合无菌要求。染菌可以是大批发酵罐染菌，也可以是部分发酵罐和个别发酵罐连续染菌。在显微镜下观察菌体形态是判断染菌及其原因的依据。污染的原因有多种，可能是设备和管道灭菌不彻底，也可能是种子带菌，还有可能是操作过程中带入杂菌。生产实践中，尤其是传统酿造积累了大量防止染菌的经验，如控制酸度、通氧量、温度、水分等。

发酵终点判断

发酵终点的判断对提高产量和经济效益都是很重要的，如果不及时结束发酵，会延长生产周期，降低设备的利用率，还会使菌体合成产物的能力下降，甚至改变发酵液的性质，造成产品质量下降，因此必须把握合适的发酵周期。判断终点的指标有：产物产量、过滤速度、氨基氮含量、菌体形态、pH、发酵液外观和温度等。发酵终点要综合考虑这些参数来确定。

酒的分类

在我国，酒类的主要品种是啤酒、黄酒、葡萄酒和白酒。根据生产工艺的不同，可分为发酵酒和蒸馏酒，其中啤酒、黄酒和葡萄酒是发酵酒，白酒是在黄酒酿造的基础上发展起来的蒸馏酒，随着蒸馏技术的出现和成熟，才有了白酒。

发酵酒又称酿造酒，指以淀粉质（或糖质）原料如粮谷、水果、乳类等为原料，主要经酵母发酵等工艺制成的酒精含量小于 24%（体积比）的饮料酒。蒸馏酒是以粮谷、水果等为主要原料，经发酵、蒸馏、陈酿、勾兑制成的酒精度在 18%～60%（体积比）的饮料酒。

酒的生产原理

生产原料不同,酒精发酵的生物化学过程不同。对糖质原料,可直接利用酵母将糖转化成乙醇,如水果、乳类;对于淀粉质和纤维质原料,如粮谷类,则首先要进行淀粉和纤维质的水解(糖化),再由酵母将糖发酵成乙醇。

淀粉水解又称糖化,是一种复杂的过程,通过添加酶制剂或糖化曲来完成。原料中的淀粉首先经浸润、蒸煮形成糊状溶液,在液化酶的作用下,糊状溶液变稀,淀粉分解成大分子的糊精,这个过程叫做液化。在糖化酶的作用下,淀粉和糊精进一步分解成小分子的糖类,这个过程叫糖化。糖化曲中含有的起水解作用的淀粉酶类包括 α-淀粉酶、β-淀粉酶、葡萄糖淀粉酶和异淀粉酶(脱支酶)。淀粉在以上几类酶的共同作用下被彻底水解成葡萄糖和麦芽糖,麦芽糖可在麦芽糖酶的作用下进一步生成葡萄糖。

另外,在糖化曲中还含有一些蛋白水解酶、脂肪水解酶等,在糖化过程中能将原料中的蛋白质水解成胨、多肽和氨基酸,脂肪分解成脂肪酸和醇等。这些物质有的可供菌体生长,有的经微生物作用生成风味物质。

酵母是兼性厌氧菌,在厌氧条件下,酵母菌将糖类转化成酒精和二氧化碳,放出大量的热。为了保证生成足够的酒精,必须有足够的酵母菌。所以在发酵前期,需要有一定量的氧气,使酵母充分生长繁殖,而在后期则应形成缺氧环境,以生成大量的酒精。

发酵过程中除主要生成酒精外,还生成数量不大的某些副产物,包括甘油、有机酸、杂醇油(高级醇)、甲醇、酯类、醛类、酮类等物质,它们对酒的香气、滋味和风味有重要作用。

白酒概述

白酒,俗称"烧酒""高粱酒",是以淀粉质(或糖质)为原料,以大曲、小曲或麸曲及酒母等为糖化发酵剂,经蒸煮、糖化、发酵、蒸馏、陈酿和勾兑而制成的含有高浓度酒精的蒸馏酒。它澄清透明,具有独特的芳香和风味,是我国传统的蒸馏酒,与国外的白兰地、威士忌、伏特加、朗姆酒和金酒并列为世界六大蒸馏酒,许多名白酒在国际上享有盛誉。除供直接饮用外,白酒还可用来浸泡中草药制成药酒。

白酒的分类

按使用的糖化发酵剂种类的不同，分为大曲酒、小曲酒和麸曲酒、大小曲混用法白酒、液体曲白酒和酶法白酒。大曲酒使用的糖化发酵剂为大曲，小曲酒为小曲，麸曲酒分别以麸曲、纯种酵母为糖化剂和发酵剂，大小曲混用法采用大曲、小曲两种曲为糖化发酵剂，液体曲白酒的糖化剂和发酵剂为纯培养的液体曲和酵母液，酶法白酒的糖化剂和发酵剂分别为糖化酶、纯培养的酵母。按照生产工艺，即发酵、蒸馏时物质状态的不同，可分为固态法（国内的名优白酒采用）、半固态法（一般米酒采用）和液态法（又分为全液态法、固液结合法和调香法）。按酒精含量不同分为高度白酒和低度白酒，酒精度分别为 41～65 度和 40 度以下。

从 1979 年起，我国正式确定按香型评酒，按香型制定标准。白酒的香型有酱香型、清香型、浓香型、凤香型、米香型和其他香型，其代表酒分别为贵州茅台酒、山西汾酒、四川泸州老窖大曲、陕西西凤酒、广西桂林三花酒和贵州董酒。

白酒的原料与微生物

白酒的主要酿造原料是富含淀粉的物质，如粮谷类、薯类和糖质原料。粮谷类原料有高粱、玉米、小米、豌豆，薯类原料有甘薯和马铃薯，糖质原料有甘蔗糖蜜和甜菜糖蜜。优质白酒都以高粱为原料，有的搭配其他粮谷，普通低档白酒有以薯类块根或块茎为原料的，也有以甘蔗糖蜜或甜菜糖蜜为原料的。

白酒酿造中还需要麸皮、米糠、高粱壳等辅助原料，稻壳、酒糟、玉米芯、谷壳、花生壳、麦秆等作为填充料。此外，水也是酿酒的重要原料，可分为工艺用水、锅炉用水和冷却用水。天然的河水、泉水、井水以及自来水都可作为酒厂的水源，但以溪水、矿泉水为最好。

霉菌、酵母和细菌共同参与白酒的发酵。霉菌可分泌淀粉水解酶、蛋白质水解酶等酶类，主要起糖化作用，此外还有蛋白质分解作用和微弱的酒化作用，霉菌主要通过孢子繁殖。酵母主要是酒化作用，即发酵生成酒精。细菌对白酒质量的影响较大，产生的代谢产物，如有机酸和酯类等风味物质对

白酒的风格、香型的形成有很大的关系,它们也可以水解淀粉和蛋白质。

白酒的糖化发酵剂

(1)**大曲** 以大麦、小麦和豌豆为主要原料,经粉碎、添加曲种、加水、踩曲成型,在曲房中于一定温度、湿度下培育而成,含有霉菌、酵母和细菌等多种菌体,生产中用量大,也是酿酒的原料之一。大曲贮存 3 个月以上为陈曲。大曲分为高温曲、中温曲和低温曲,高温曲用于生产酱香型白酒,中温曲用于生产浓香型白酒,低温曲用于生产清香型白酒。

(2)**小曲** 也称酒药、白药、酒饼等,以米粉或米糠为原料,添加(或不添加)中草药自然培养或接种曲种,成型,在一定温度、湿度下于曲室中培育而成,主要含霉菌和酵母,自然培养的小曲还含有细菌。因为呈颗粒状或饼状,习惯称之为小曲。

(3)**麸曲** 以麸皮为主要原料,酌量配入酒糟、稻壳、谷糠,接种霉菌,扩大培养而成。

大曲酒的生产工艺

大曲酒的酿造工艺有续渣法和清蒸法。续渣法是指将粉碎后的生料和发酵的固体醅混合,在甑桶内同时进行蒸煮和蒸馏。蒸酒蒸料后扬冷,加入大曲继续发酵,蒸酒,由于生产过程中一直在加入新料和曲,继续发酵,蒸酒,故称续渣法。清蒸法是原料和酒醅都单独蒸,原料蒸煮后拌曲发酵蒸馏,蒸馏后的酒糟拌曲发酵再蒸馏一次即丢掉酒糟。

白酒的固态装甑蒸料是中国独有的一种蒸馏类型,酒醅的蒸酒称为"烧"。它在甑底加热,水蒸气通过上面的酒醅时带出里面的酒精。边加热边装甑,酒精通过层层浓缩,能从含酒精 50 度的发酵酒醅中获得 $40\sim60$ 度的白酒,同时其他挥发性物质也蒸馏出来,使白酒具有独特的风格。蒸馏过程中得到酒头和酒尾,即蒸馏最初和最末得到的酒液,可作勾兑用酒。

(1)**浓香型大曲酒的生产工艺** 一般采用续渣法。高粱粉碎浸润,填充料清蒸,将大曲用钢磨磨成粉,三者按一定比例与发酵后的酒醅混合均匀,在甑桶中蒸酒蒸料,将酒精和其他挥发性物质蒸馏出来并收集,成为酒液,同时原料被蒸熟。蒸馏结束后向粮糟中加入热水,使其充分吸水保浆,然后放在帘子上通风降温,再加入大曲粉拌匀,进入泥窖发酵,每装完两甑粮糟就踩窖一次,装满后盖上篾席或撒一层稻壳,再敷抹窖泥封顶。发酵结束后出窖。新蒸馏出的酒有辛辣味和冲味,口感不好,必须贮存半年到3年,这个过程叫老熟,然后经过勾兑、用特制调味酒调味后得成品。

(2) **清香型大曲酒的生产工艺** 一般采用清蒸法。以汾酒为例。把高粱和辅料都经过清蒸处理,加入大曲粉拌匀,放入陶瓷缸中,把缸埋入土中,发酵28天,取出蒸馏,蒸馏后的醅不配入新料,只加入大曲粉进行第二次发酵,发酵28天后取出蒸馏,将糟扔掉。两次蒸馏收集到的白酒分别贮存在耐酸的陶瓷缸中,存放3年,然后勾兑成成品。

(3) **酱香型大曲酒的生产工艺** 以茅台酒为例。生产上称粉碎后的高粱为沙。第一次投料称为下沙,第二次投料称为糙沙。下沙高粱加入未蒸酒的醅拌匀进行蒸馏,摊晾后加入大曲粉拌匀,堆积发酵至堆内温度上升至要求的温度时,再入酒窖发酵。发酵结束后,向酒醅中加入已经湿润好的糙沙,拌匀后混蒸。蒸出的酒(生沙酒)泼回到糟中,加入大曲粉,再堆积,入窖发酵,得到糙沙酒醅。蒸馏后得到第一次原酒,称1次酒(或糙沙酒),酒糟中加入酒尾和曲粉,发酵蒸馏得2次酒(或回沙酒)。以后按照上述步骤重复操作,直到取7次酒后丢掉酒糟。收集到的7次酒分别入库贮存。根据轮次、香型、酒度和酒龄的不同,用于勾兑茅台酒的酒样有200～300个,每批酒用30～70个酒样勾兑成。

小曲酒的生产工艺

小曲酒的生产分为固态发酵法和半固态发酵法两种,后者又可分为先培菌糖化后发酵和边糖化边发酵两种典型的传统工艺。下面就这两种工艺进行介绍。

(1) **先培菌糖化后发酵工艺** 以广西桂林三花酒为代表。采用药小曲为糖化发酵剂,前期固态培菌糖化,后期半固态发酵,再经蒸馏、陈酿和勾兑而成。大米浸泡后,蒸熟成饭,摊晾冷却后加入药小曲粉,拌匀后入缸。中央挖一空洞,待温度降低至要求温度时盖上盖子,进行培菌糖化,约经1天后加水进行发酵,残留糖接近0时结束发酵。之后进行蒸馏,传统工艺采用土灶蒸馏锅,大罐工艺采用蒸馏釜。蒸馏所得的酒应进行品尝和检验,色、香、味及理化指标合格者入库陈酿 1 年以上,最后勾兑装瓶成为成品。

(2)边糖化边发酵工艺 这是我国南方各省酿制米酒的传统工艺。将大米洗净、蒸熟、摊晾冷却至要求温度后加入酒曲饼粉,拌匀后入埕(酒瓮)发酵。装埕时先添加清水,再加米饭,封口后入发酵房发酵。一般经 15～20 天发酵结束。蒸馏时截去酒头和酒尾,酒液装入坛内,添加 10% 的肥猪肉,经 3 个月陈酿后,将酒倒入大池沉淀 20 天以上,坛内肥肉供下次陈酿。经沉淀后进行勾兑,除去油质和沉淀物,将酒液压榨过滤、包装,即为成品。

黄酒概述

黄酒是我国特有的古老酒种,它与源于地中海沿岸的啤酒和葡萄酒一起,被称为世界最古老的三种酿造酒。因其大多数品种的颜色是黄色或褐黄色,所以叫黄酒。黄酒是以大米等谷物为原料,经蒸煮、糖化和发酵、压滤而成的酿造酒,其酒精度最高可达到 22 度,为酿造酒中最高。

相对而言,黄酒中的水分比较少,所以其发酵醪较黏稠,黄酒中的营养成分也高出啤酒许多。它具有开胃健脾、增加食欲的保健功效,可作为饮料、调味料或解腥剂,还可作药引子,制药酒。在华侨中,被认同为"国酒"。

黄酒的分类

黄酒可以产地命名,如绍兴酒、兰陵美酒、即墨老酒;以颜色取名,如状元红、竹叶青和黑酒;以特殊的酿造方法命名,如加饭酒、老熬酒;按照酒中糖分的高低命名,为干型、半干型、半甜型、甜型、浓甜型五类。按配料差别,绍兴黄酒分成元红酒、加饭酒、善酿酒、香雪酒等多个品种,元红酒是绍兴酒的典型代表。沉缸酒是福建省生产的甜黄酒。

黄酒的原料

酿造黄酒的原料是米等粮食类和水,北方有用黄米、小米、玉米的,其辅助原料有用于制麦曲的小麦、麸皮等。原料中的淀粉质经过浸渍、蒸煮,呈糊化状态,糊化淀粉易于被曲霉的糖化酶作用,分解为可发酵性糖,在无氧条件下,酵母所产生的酒化酶将可发酵性糖转化为酒精和二氧化碳,这就是黄酒的"酒精发酵"。同时原料中的蛋白质、脂肪等在微生物分泌的酶的作用下,分解生成氨基酸和酯类等,赋予黄酒特有的酒香味和醇厚感。黄酒中的酸只有很少一部分来自原料,主要是在发酵过程中由酵母利用葡萄糖生成的,适量的酸对改善黄酒的口味和香气有好处。

黄酒的糖化发酵剂

酿制黄酒用的糖化发酵剂主要有麦曲(大曲)、酒药(小曲)和酒母,在福建、浙江还有用米曲(红曲)的。采用传统的自然方法制造的糖化发酵剂属于多菌种混合培养。麦曲是糖化剂,酒药和米曲兼有糖化和发酵的功能,酒母是扩大培养的酵母菌,分为淋饭酒母和纯种培养酒母。纯种麦曲、高温酒母和酶制剂则是用现代纯种培养技术生产的糖化发酵剂。

黄酒的生产工艺

黄酒的生产为开放式发酵,所以传统工艺中黄酒的生产一般在冬季进行,这样可抑制杂菌繁殖,并且有利于形成香味物质,产生黄酒特有的风味。在黄酒的酿造过程中,如果发酵醪的糖浓度很高,会对酵母的生长和发酵不利,需要一边糖化一边发酵,所以淀粉糖化和酒精发酵是同时进行的,且发酵过程中会产生大量的热量,整粒的米饭也会浮在表面形成醪盖,所以必须合理开数次耙,尤其是把握好开头耙的时间,以调节温度、补充酵母生长所需的氧气。黄酒生产采用的糖化剂为不同种类的麦曲、米曲、麸曲及酒母,使各种霉菌、酵母和细菌共同发酵,赋予黄酒特殊的鲜味、酸味、香味和苦味。

黄酒的酿造工艺有传统工艺和新工艺(机械化生产工艺),无论哪种工艺,对米和水的处理方法相同。具有代表性的传统黄酒生产工艺中,根据蒸熟米饭的冷却方式不同,主要有淋饭法、摊饭法和喂饭法三种生产方式,它们的配料和生产工艺也有所不同。淋饭法浸米后用清水洗净,蒸饭后用清水淋在米饭上,淋下的热水再淋回米饭,这样反复进行,使米饭冷却。摊饭法浸米后不经淋洗,米饭蒸好后鼓风冷却,习惯使用浸米过程中产生的浆水来配料,浆水和清水的比例通常为 3:4,所以有"三浆四水"之说。喂饭法在蒸饭过程中用温水数次浸润,使米饭充分吸水膨胀,然后淋水使米饭冷却。

原料经浸米、蒸煮冷却后加入糖化发酵剂进行主发酵，发酵过程中温度升高，用开耙操作来降低温度和补充氧气，然后继续糖化和发酵，这称为后酵。酒醪发酵成熟，应及时将酒液和糟粕分离，先将酒醪过滤，再对酒脚进行压榨过滤。过滤得到的酒液经 85℃ 煎酒处理，以杀死微生物，破坏残存酶的活力，使黄酒质量稳定。将杀过菌的黄酒趁热装入已灭菌的包装容器中，严密封口，于室温下贮存 1 年以上。一般普通黄酒的贮存期为 1 年，甜黄酒和半甜黄酒的贮存期可适当缩短。

啤酒概述

啤酒是以大麦芽和水为重要原料，以大米或其他谷物、酒花为辅料，经制麦、糖化、酵母发酵、过滤和杀菌等工序酿制而成的一种含有二氧化碳、低酒精度并起泡的饮料酒。啤酒的酒精含量很低，仅为 3％～6％，有酒花香和爽口的苦味。1972 年在墨西哥召开的第九届"国际营养食品会议"上，啤酒被正式选定为营养食品。啤酒用于佐餐或作为清凉饮料，以 12～14℃ 饮用为宜。

啤酒的分类

由于生产啤酒所用的酵母品种、生产方式、产品浓度、色泽的不同而形成很多品种。按所用的啤酒酵母品种分类：上面发酵啤酒是以上面酵母发酵而成的啤酒；下面发酵啤酒是以下面酵母发酵而成的，我国制造的啤酒多属于此种类型。按啤酒的原麦汁浓度分类：原麦汁浓度从低到高分为营养啤酒、佐餐啤酒、贮藏啤酒和高浓度啤酒。按啤酒色泽分类：浅色啤酒（淡黄色、金黄色和棕黄色）、浓色啤酒和黑色啤酒。按生产中灭菌与否分为鲜啤酒（不经巴氏杀菌的新鲜啤酒）、熟啤酒和纯生啤酒（成品酒采用超滤技术进行无菌处理）。按包装容器分为瓶装啤酒、罐装啤酒和桶装啤酒。特殊类型啤酒有粉末啤酒、无醇啤酒、乳酸啤酒、加糖啤酒和低糖啤酒。

国际上著名的啤酒有德国的慕尼黑啤酒和多特蒙德啤酒、捷克的比尔森啤酒、英国的巴登爱尔和司陶特、中国的青岛啤酒等。

啤酒的原料与微生物

酿造啤酒的原料有大麦、水和酒花。主要原料是大麦,它的化学成分主要是淀粉、蛋白质、纤维素、苦味质和多酚等。大麦中的淀粉含量越高,麦芽汁的得率也越高。大麦的发芽能力、糖化能力、酵母菌的生长与发酵、啤酒的风味、泡沫持久性和稳定性与大麦中蛋白质的含量和种类有密切联系。刚收获的大麦经发芽、干燥后制成麦芽,含有丰富的水解酶和丰富的营养。在糖化操作时,可用大米或玉米代替部分麦芽。酒花又称忽布花、蛇麻花,它赋予啤酒特有的香气和爽口苦味,提高啤酒泡沫的持久性等。生产中所用的大都为酒花制品提取了酒花中的有效成分,常见的酒花制品有酒花粉、酒花浸膏、酒花油等。啤酒生产中,不同用途的水有不同的质量要求,以糖化用水的要求为最高。此外,啤酒的生产采用的是纯种培养的酵母。

啤酒的生产工艺

制麦是啤酒生产的第一步,即生产大麦芽。目的是产生各种水解酶,使淀粉和蛋白质等发生轻度水解,制得的麦芽要经过干燥处理并除去根部,以除去水分和腥味,从而产生特有的色、香、味。麦芽经短期贮藏后才能使用。

将麦芽粉碎成砂粒大小,与已经在糊化锅中糊化过的辅料混合,加水加热到 $76\sim78℃$,依靠麦芽自身和添加的各种酶的作用,使淀粉、蛋白质等大分子物质水解成糖类、糊精、氨基酸、多肽等物质,再经过煮沸、过滤得到原麦汁,原麦汁再煮沸,在煮沸的过程中添加酒花或酒花制品,然后经过沉淀和澄清处理,冷却到所需温度,制成营养丰富、适合酵母生长和发酵的麦芽汁,这个过程叫做麦芽汁的制备。

麦芽汁在添加酵母以前或同时必须充氧,使酵母大量增殖,然后酵母细胞在无氧条件下利用麦芽汁中的营养成分发酵生成酒精、杂油醇和有机酸等。发酵过程中可人工或自然升温,在发酵后期人工降温,使主发酵结束,进入后酵。如果成品用自然方法充入二氧化碳,那么在主发酵结束时应该残留足够的可发酵性糖,以便后酵时产生二氧化碳。如果用人工方法充入二氧化碳,那么应该在主发酵时使糖发酵完全。后酵结束后经过过滤、包装、杀菌得成品。

果酒概述

凡是以人工种植的果品或野生的果实为原料,经过破碎、压榨取汁、发酵或浸泡工艺精心酿制而成的各种低度饮料酒都被称为果酒。一般而言,果酒都以其果实原料的名称来命名,如葡萄酒、苹果酒、山楂酒和猕猴桃酒等。

果酒的分类

按酿造方法分类,可分为发酵酒(如葡萄酒和苹果酒)、蒸馏酒(如白兰地和水果白酒)、果露酒(也叫配制果酒,是将果汁或果皮中加入酒精浸泡取其清液,再加入糖和其他配料勾兑而成)和汽酒(含有二氧化碳的果酒)。按含糖量高低分为:干酒、半干酒、半甜酒、甜酒。按所含酒精多少分为:低度果酒和高度果酒。

果酒的原料

生产果酒的原料可分为主要原料和辅助原料两类,主要原料为水果、白砂糖、精制酒精和水,辅助原料为防腐剂、澄清剂、酸味剂和单宁等。

果酒的工艺过程

酿造果酒的工艺过程包括水果处理、发酵、陈酿、调配和成品包装等主要工序。水果处理包括分选、洗涤、破碎及压榨,一般还需要进行澄清处理,以防止果胶等物质对酒质的不良影响。发酵又分为前发酵(主发酵)和后发酵,前发酵期间完成大部分物质的发酵,温度比后发酵要高,前发酵可用果汁单独发酵,也可用果汁、皮渣等混合发酵。前发酵结束后取出酒液,调整酒精度后进行后发酵,依靠酒液中的酵母完成最后的发酵,这样得到的酒称为原酒。原酒必须经过贮存,以使酒体澄清和风味协调。贮存时间的长短因果酒品种不同而异,一般需要半年至数年,贮酒前要调整酒度,期间进行数次倒酒,以除去沉淀物,并注意添酒,保持满容器状态。贮存期内还可采用冷热处理以加速酒的老熟,再进行过滤和澄清处理,最后调配包装得成品。

葡萄酒概述

葡萄酒是国际性饮品,它酒精度低,营养、医疗和经济价值高,其产量在世界饮料酒中仅次于啤酒。

葡萄酒是用鲜葡萄酿制而成的,一般含酒精 $8\%\sim22\%$,还含有糖类、酯类、醇类、矿物质、有机酸、多种氨基酸及维生素等,适量饮用除能增加营养、促进食欲外,还能活血、通脉、利尿和防治心血管、贫血等疾病,具有一定的保健作用。酿酒后的葡萄核可用来榨取高级食用油和提取单宁,葡萄皮渣用做肥料和饲料,酿酒后的酒脚可用来提取食品、化工原料。

葡萄酒的分类

葡萄酒的品种很多,分类方法也不同。以颜色分类,可分为白葡萄酒(用白葡萄或红皮白肉的葡萄酿成)、红葡萄酒(用红葡萄酿制)和桃红葡萄酒(用红葡萄酿制,发酵过程中及时分离果汁)。以是否含有二氧化碳分类,分为静止葡萄酒、起泡酒和汽酒,静止葡萄酒不含二氧化碳,起泡酒的二氧化碳是葡萄酒加糖再发酵产生的,属于"特制葡萄酒",典型代表是法国的"香槟酒",该名称属于专利,其他同类型的产品不得称"香槟酒",一般叫起泡酒,汽酒是用人工的方法在酒中加入二氧化碳。按酿造方法分类,可分为天然葡萄酒、加强葡萄酒和加香葡萄酒,原酒中添加白兰地或脱臭酒精来提高酒精度的称为加强干葡萄酒,添加酒精和糖的称为加强甜葡萄酒(我国叫浓甜葡萄酒),用葡萄原酒浸泡芳香植物再经调配而成的叫加香葡萄酒。按糖含量分类,则有干葡萄酒、半干葡萄酒、半甜葡萄酒和甜葡萄酒。干葡萄酒是将葡萄中的糖类几乎完全发酵得到的,而半干、半甜葡萄酒是以含糖量较高的葡萄为原料,在主发酵尚未结束时停止发酵,使糖分保留下来,可以干葡萄酒为酒基,按规定的含糖量调配成半干、半甜、甜型的葡萄酒。

葡萄酒的生产菌种

用于发酵葡萄酒的酵母有天然酵母、活性干酵母或扩大培养的优良酵母菌种。天然酵母主要来自成熟的葡萄。在无氧条件下,酵母菌使葡萄糖生成酒精和二氧化碳的过程即酒精发酵,除酒精和二氧化碳外,还有很多数量不大的副产物,如甘油、有机酸、甲醇、高级醇(也叫杂油醇)、酯类、醛类和酮类等物质,它们对葡萄酒的香气、滋味和风味有重要作用。除酵母菌外,乳酸菌在发酵中也起一定的作用。

葡萄酒的生产工艺

(1) **水果处理与发酵** 白葡萄酒酿造的工艺特点是:皮汁分离、果汁澄清、低温发酵、防止氧化。原料葡萄经破碎(压榨)后分离出果汁,果汁单独进行发酵。果汁分离后立即进行抗氧化处理,然后澄清,白葡萄酒发酵多采用添加人工培育的优良酵母(或固体活性酵母)进行低温密闭发酵的方法。低温发酵有利于保持葡萄中的挥发性化合物和芳香物质。在生产中应采取防氧化措施,如避免与铁、铜等金属物接触,充入惰性气体等,以防止白葡萄酒的颜色变深而呈黄色或棕色。

红葡萄酒的生产特点是:需要浸取皮渣中的色素和香味成分;发酵温度高于白葡萄酒的发酵温度,发酵过程中要循环果汁;对酒的隔氧抗氧化措施要求不严格;发酵方法可分为果汁和皮渣共同发酵(如传统法、旋转罐法、二氧化碳浸渍法和连续发酵法)及纯汁发酵(如热浸提法);前发酵可采用开放式发酵和密闭式发酵。

在上述方法中,二氧化碳浸渍法是把整粒葡萄放到充满二氧化碳的密闭罐中进行浸渍,然后破碎、压榨,再按一般方法进行酒精发酵。在浸渍过程中,葡萄果粒发生无氧代谢,生成了乙醇和香味物质,部分物质分解,色素、单宁等物质浸提出来。二氧化碳浸渍法不仅用于红葡萄酒的酿造,还可用于桃红葡萄酒和一些原料酸度较高的白葡萄酒的酿造。热浸提法生产红葡萄酒是通过加热果浆,充分提取果皮和果肉中的色素和香味物质,然后压榨分离皮渣,纯汁进行酒精发酵。热浸提法分为全果浆加热、部分果浆加热和整粒加热三种方式。

桃红葡萄酒是近年来国际上新发展起来的葡萄酒类型,其色泽和风味介于红葡萄酒和白葡萄酒之间。目前桃红葡萄酒的生产方法有以下五种:桃红色葡萄带皮发酵法、红葡萄与白葡萄混合带皮发酵法、冷浸法(果浆静置冷浸一段时间再皮渣分离)、二氧化碳浸渍法和直接调配法(先分别酿制出红葡萄原酒和白葡萄原酒,再将两类原酒按一定比例调配)。

(2) **葡萄酒的贮存(陈酿)** 贮酒容器有橡木桶、水泥池和金属罐三大类。橡木桶是酿造某些特产名酒或高档葡萄酒必不可少的特殊容器,而酿制优质白葡萄酒用不锈钢罐最佳。贮酒方式有传统的地下酒窖贮酒、地上贮酒室贮酒和露天大罐贮酒等。白葡萄酒的贮酒期一般为 1～3 年,干白葡萄酒为 6～10 个月,红葡萄酒为 2～4 年,其他生产工艺不同的特色葡萄酒更适宜长期贮存,一般为 5～10 年。

(3) **葡萄酒的调配** 普通葡萄酒的调配按葡萄酒质量标准要求,在原酒内加入浓缩葡萄汁或白糖、柠檬酸、葡萄原白兰地或食用酒精等。干酒一般不用调配,必要时可将不同酒龄的同品种酒进行勾兑。在调配时除注意红葡萄酒的香味与典型性外,必要时可用调色品种调色。干白葡萄酒要求自然本色,以浅为佳。

(4) **葡萄酒的澄清** 澄清的方法有下胶净化、冷处理、离心澄清和过滤等。下胶净化是指在葡萄酒中添加有机或无机的澄清剂(如鱼胶、蛋清、干酪素、皂土等),使它在酒液中产生胶体沉淀物,将悬浮在葡萄酒中的大部分悬浮物沉淀下来。一般在 -4～-7℃ 条件下冷处理 5～6 天。在葡萄酒的生产中一般需要进行多次过滤,在下胶净化后用硅藻土过滤机进行粗滤,冷处理结束后在低温下用棉饼(或硅藻土)过滤机过滤,在装瓶前用膜除菌过滤。

(5) **葡萄酒的包装、杀菌和瓶贮** 常见的葡萄酒多为瓶装酒(玻璃瓶装、塑料瓶装、水晶瓶装),瓶塞有软木塞(一般用于高级葡萄酒和高级起泡葡萄酒)、蘑菇塞(一般用于白兰地等酒的封口,用塑料或软木制成)和塑料塞(一般用于起泡葡萄酒的封口)三类。

一般酒精度低于 16% 的葡萄酒在装瓶后均应进行杀菌,可采用巴氏杀菌法,使瓶中心的温度达到 65～68℃,保持 30 分钟即可。

瓶贮是指葡萄酒装瓶后至出厂的一段过程,它能使葡萄酒在瓶内进行陈酿,达到最佳的风味。瓶贮期因葡萄酒的品种、酒质要求不同而异,至少 4～6 个月,有些高档酒的瓶贮期要求达到 1～2 年。

白兰地的生产

白兰地是一种以水果为原料酿制而成的蒸馏酒。通常所说的白兰地,是指以葡萄为原料,经发酵、蒸馏、橡木桶贮存、配制生产的蒸馏酒。以其他水果酿成的白兰地应以原料水果的名称命名,如苹果白兰地、樱桃白兰地等。

用来蒸馏白兰地的葡萄酒叫白兰地原料酒,它的生产工艺与传统法生产白葡萄酒的工艺相似,但在加工过程中禁止使用二氧化硫。白兰地酒中的芳香物质主要是通过蒸馏获得的,需要进行两次蒸馏,第一次蒸馏白兰地原料酒得到粗馏原白兰地,然后将粗馏原白兰地进行重蒸馏,去酒头和酒尾,取中间的馏分,即为原白兰地。原白兰地需要在橡木桶里经过多年的贮存陈酿,才能成为名贵的陈酿佳酒。

调味品的分类

调味品是指在烹调中能够调和食物口味的烹饪原料,也称调味原料、调料等。调味不仅能赋予食品一定的滋味和气味,而且还能改善食品的质感和色泽。

调味品种类繁多,分类方法也多种多样。按商品分类分为酿造类、腌渍类、鲜菜类、干品类、水产类及其他类。按味感分为以下几类:咸味调味品、甜味调味品、酸味调味品、鲜味调味品、酒类调味品、香辛调料、复合及专用调味品。

酱油概述

酱油起源于我国,是一种常用的咸味调味品,它是以蛋白质原料和淀粉原料为主要原料经微生物发酵酿制而成的。酱油营养丰富,含有多种调味成分,有酱油的特殊香气、食盐的咸味、氨基酸钠盐的鲜味、糖及其他醇甜物质的甜味、有机酸的酸味、酪氨酸等爽适的苦味,还有天然的红褐色色素,是一种五味调和、色香俱佳的调味品。

酱油的分类

酱油在分类上名目繁多,根据世界各地的食用习惯,可分为三类,即欧美一些国家常食用的酸解蛋白质水解液;东南亚国家及我国沿海地区以海产的小鱼、虾为原料酿造的鱼露类；我国大部分地区及日本均以大豆蛋白质为主要原料酿制的豆制酱油。按不同的分类方法豆制酱油也多种类别：根据加温条件不同，可分为天然晒露法和保温速酿法。天然晒露法是在自然温度下，经日晒夜露而成的自然发酵品，具有优良的风味和香气。保温速酿法是以人工保温法提高发酵温度，缩短发酵周期，是目前普遍采用的方法；根据成曲拌水多少，分为稀醪发酵法、固态发酵法和二者相结合的固稀发酵法；按拌盐水的浓度，分为高盐发酵法、低盐发酵法和无盐发酵法；按成曲的菌种种类不同，分为单菌种制曲发酵和多菌种制曲发酵；按成品的物理状态，分为液体酱油、固体酱油（液体酱油经真空浓缩制成）和粉末酱油（由酱油直接喷雾干燥制成）；按酱油色泽，分为浓色酱油（颜色呈深棕色或棕褐色）和浅色酱油（又叫白酱油，颜色为淡黄褐色）。此外，在豆制发酵酱油的基础上还可配兑各种辅料制成特殊风味的产品，如蘑菇酱油、辣味酱油、五香酱油等。

"生抽"是酱油的一个品种，广东人把淡色酱油称为"生抽"，即不用焦糖增色的酱油，其成品色泽比一般酱油浅，多用于色泽要求较浅的菜肴；"生抽王"是"生抽"中最好的。"老抽"是在生抽中加入用红糖熬制成的焦糖，再经加热搅拌、冷却、澄清而制成的浓色酱油，尤其适用于色泽要求较深的菜肴。

酱油酿造的原料与微生物

酿制酱油的主要原料是蛋白质原料，传统酿制法中以大豆为主，现在大部分酿造厂采用大豆榨油后的饼粕，也可采用其他蛋白质含量高的代用原料，如蚕豆、豌豆、绿豆、花生饼、葵花子饼、芝麻饼等。原料中的蛋白质在米曲霉产生的蛋白酶的作用下，水解成多肽、氨基酸，成为酱油的营养成分及鲜味来源，部分氨基酸进一步反应，形成酱油的香气物质和色素。

其他原料有淀粉质原料、食盐、水和一些辅助原料。淀粉质原料有小麦、麸皮、薯干、碎米、高粱、玉米等。淀粉在酱油酿造过程中分解为糊精和葡萄糖，除提供微生物生长所需要的碳源外，葡萄糖经酵母发酵生成的酒精、甘油、丁二醇等物质是形成酱油香气的前体物和酱油的甜味成分。葡萄糖经某些细菌发酵生成各种有机酸，可进一步形成酯类物质，增加酱油的香味。残留在酱油中的葡萄糖和糊精可增加甜味和黏稠感。食盐也是酱油生产的重要原料之一,它使酱油具有适当的咸味,并与氨基酸一起使酱油保持鲜味,起到调味的作用。另外,在发酵过程中食盐有抑制杂菌的作用,在成品中还可以防止酱油变质。

参与酱油酿造的微生物有曲霉、酵母和乳酸菌。酱油生产中的酵母与酒类生产中所用的酵母不同。酱油生产中的乳酸菌耐盐,它们生成的乳酸具有特殊香气而对酱油有调味和增香作用,而且乳酸与乙醇生成的乳酸乙酯也是一种重要的香气成分。在发酵过程中,乳酸菌与酵母共同作用生成糠醇,赋予酱油独特的香气,乳酸菌还可以促进酵母的繁殖和发酵。

酱油的生产工艺

酱油的酿造工艺一般可分为五个阶段:原料处理、制曲、发酵、浸提、配制。制曲和酱醅(酱醪)发酵是酱油生产中的两个重要阶段。制曲的目的是使曲霉在基质中大量生长繁殖,发酵时即利用其所分泌的多种酶,其中最重要的是蛋白酶和淀粉酶,将蛋白质分解为氨基酸,淀粉分解为糖类。在酱醅发酵阶段,酵母菌和乳酸菌的发酵产物对酱油风味的形成有重要作用。

(1) **原料处理**   原料处理包括豆粕(或豆饼)的轧碎、润水、蒸熟、冷却。将淀粉质原料用酶进行液化、糖化(也可不经糖化)成热糖浆。淀粉质原料也可与蛋白质类原料一起处理。

(2) **制曲**   分为种曲和成曲。种曲是将米曲霉接种在培养基上,使之长满孢子,也可将孢子收集后经密封包装制成曲精,代替种曲使用。将孢子接种在培养基上,通过厚层通风培养制得成曲,也可采用米曲霉和黑曲霉混合培养制曲,提高酱油中的谷氨酸含量。传统制曲采用固体制曲,采用液体深层培养制得酶的溶液用于生产现在也已取得成功。

(3) **发酵、浸提和配制**   在成曲中拌入大量盐水,使之成为黏稠的半流动状态的混合物,称为酱醪。成曲中拌入少量盐水,成为不流动状态的混合物称为酱醅,将其装入发酵容器内,保温或不保温,利用微生物所分泌的酶将酱醅(酱醪)中的物料分解成我们所需要的新物质的过程就是发酵。酱油的发酵方法基本可以分为固态低盐发酵和稀醪高盐发酵。

① 固态低盐发酵:食盐溶解,与热糖浆配成稀糖浆液,再与粉碎后的成曲混合,如果不用酶法生产糖浆,则将淀粉质原料与豆饼一起混合,经过润

水、蒸煮及制曲后,直接加入热盐水。使上述浆液入发酵容器,在酱醅表面加盖聚乙烯薄膜,四周加盐,将薄膜压紧,容器上加盖。发酵期间要保温,得成熟酱醅。酱醅成熟后,利用浸泡和过滤的方法,将有效成分从酱醅中分离出来的过程叫浸提。酱醅第一次浸泡过滤得到的酱油称为头油,浸出头油的酱醅称为头渣;第二次浸泡过滤得到的酱油称为二油,得到的酱醅称为二渣;第三次称为三油和残渣,残渣可用做饲料。头油用来配制产品(称生酱油),二油、三油则用于浸泡下一批生产的成熟酱醅和头渣,提取头油和二油。生酱油加热后加入甜味料、助鲜剂和防腐剂等进行配制,再经澄清处理得到各等级的成品。

② 稀醪高盐发酵:成曲中拌入盐水制成酱醪,搅拌后入发酵容器进行常温发酵或保温发酵,得成熟酱醪。经压榨得头油、二油和三油,三油用于浸泡头渣,头油和二油加热沉淀,配制得成品。

酿造酱油中最难控制的是酱油的香气,一般认为酱油香气越浓,品质也越优良,而香气的浓淡则与发酵时间成正比。

酱品概述

酱是指用粮油作物为原料,经微生物发酵作用而制成的呈半流动态状黏稠的调味副食品,其种类主要有豆酱和面酱两种,以它们为主料,再加入各种辅料,可加工成各种花色品种的酱品,如花生酱、芝麻酱、虾米酱、鸡丁酱和辣子豆瓣酱等。酱品营养丰富,易被人体吸收,能刺激食欲,是我国传统的佐餐品之一。

酱品的原料

大豆酱也称豆酱,以大豆、面粉、食盐、水为原料;蚕豆酱也称豆瓣酱,以蚕豆、面粉、食盐、水为原料;面酱也称甜面酱,以面粉、食盐、水为原料。

酱品的常用菌种

与酱油酿制的菌种相同,有米曲霉、酵母和细菌(主要指乳酸菌)。米曲霉经扩大培养制成种曲或曲精,再将大豆、蚕豆(先将坚硬的皮壳除去)或面粉蒸煮冷却后,拌入种曲或曲精,经培养得到成曲,面酱的成曲称为面糕曲。

酱品的生产工艺

(1) **豆酱的生产** 将大豆曲或蚕豆曲移入发酵容器内,扒平,稍压实,使自然发酵;升温到40℃左右时加入热盐水,使之缓慢渗入曲内,表面加封一层封面盐,加盖,45℃保温发酵10天左右酱醅成熟;第二次补加盐水和适量细盐后混合均匀,于室温下后发酵4~5天即得成品。

豆瓣辣酱因可见豆瓣粒而被称为豆瓣酱,其制作方法分为有盐发酵法、加辣椒有盐发酵法和固态低盐豆瓣辣酱发酵法。有盐发酵法类似于大豆酱和蚕豆酱,不同之处是添加盐水时再加辣酱,混合保温发酵,再经后酵成熟得成品。加辣椒有盐发酵法没有后发酵的过程,豆瓣曲加入盐水和辣椒酱后保温发酵。固态低盐加辣椒发酵法则是豆瓣曲入池先加辣椒酱保温发酵,再加高浓度盐水进行后发酵。

(2) **面酱的生产** 传统面酱生产工艺分为一次加盐法和二次加盐法:一次加盐法是将面糕曲加入发酵容器内,自然升温后加入盐水保温发酵;二次加盐法是先将面糕曲堆积自然升温,再加入盐水,入发酵容器保温发酵,再第二次加入盐水。成熟的酱醅需经磨细工序然后灭菌,并加入苯甲酸钠,得到成品。

酶法制酱是面粉蒸熟成面糕后加入酶液,再保温发酵,然后磨酱、灭菌得成品。

豆腐乳概述

豆腐乳又称腐乳或乳腐,亦称酱豆腐,是一类以霉菌为主要菌种的大豆发酵食品。它以大豆为原料,经过加水磨浆、成坯、长霉、腌坯、发酵而成,是我国著名的具有民族特色的发酵调味品之一,以其独特的工艺、细腻的品质、丰富的营养、鲜香可口的风味而深受广大群众的喜爱。

豆腐乳的分类

豆腐乳品种繁多,根据豆腐坯是否有微生物繁殖而分为腌制型、发霉型和细菌型三大类。

腌制型腐乳的特点是豆腐坯不经发霉阶段而直接进入后期发酵,其生产公式为豆腐坯煮沸后用食盐腌制,加入各种辅料装坛发酵得成品,是一种原始的腐乳生产方法。

细菌型腐乳的生产是将细菌接种在豆腐坯上,让其产生大量的酶,产品成形较差,但口味鲜美,为其他产品所不及。

发霉型腐乳是利用霉菌在豆腐坯表面长满菌丝体,同时分泌大量蛋白酶,使豆腐坯经过腌制和后期发酵形成产品细腻、氨基酸含量高的腐乳,其根据霉菌的来源又分为天然发霉和纯种接种发酵两种,根据添加辅料的不同又分为白腐乳、红腐乳、别味腐乳(又叫花色腐乳,因添加的辅料各具特色而得名,如北京的玫瑰腐乳、南京的火腿腐乳等)、臭腐乳和酱腐乳。

豆腐乳的原料

同酱油一样,酿造腐乳的主要原料也是蛋白质原料。辅助原料有糯米、食盐、酒类(黄酒、酒酿、米酒和白酒)、曲类(面曲、米曲和红曲)、甜味剂、胶凝剂(盐卤和石膏,用于豆腐坯的制作)和香辛料等。各种辅料主要是增加腐乳的花色品种和口味,还可以促进腐乳的后期发酵。

豆腐乳的生产工艺

腐乳的主要加工过程大致相同,为制豆乳、制豆腐坯、前期发酵(生霉发酵)和后期发酵。大豆经浸泡后磨成豆浆,加热到 $90 \sim 100℃$,用胶凝剂点浆,待蛋白质凝固形成豆腐花后,移入木框内进行重力压榨制得豆腐坯。将菌种培养后制得的悬浮液接种到豆腐坯上(或利用环境中的菌种自然接种),进行前期发酵,然后加入食盐腌坯,晾干装坛,加入辅料,抹净坛口,加盖后用水泥等封口,一般成熟半年左右就可得到成品。

(1) **北京王致和臭豆腐** 豆腐坯比一般豆腐坯稍老。将豆腐坯在室温下自然培养,待长满菌丝完成前期发酵后,将腐乳坯各块分开,放入腌坯缸中,放一层豆腐毛坯撒一层精盐,加花椒 20 粒,放到距缸口 20 厘米处,盖精盐一层,用板加压后加盖置于常温处。待盐全部溶解后,加入鲜的或干的荷叶 1～2 片,用石片压好,再加黄浆水(点浆时的豆腐水母液)及精盐,最后加

盖并用石灰泥等将缸口密封,利用日晒夜露或在 17℃ 的室温中进行后期发酵,经过 3～4 个月,即得"臭豆腐"。

(2) **桂林腐乳** 豆腐坯的制作基本与前面叙述的一般制豆腐坯的工艺相同,不同的是用酸水点浆(酸水由黄浆水经乳酸杆菌和醋酸杆菌发酵而成)。前发酵采用人工接种毛霉和自然传种相结合的方法培养。完成前期发酵后的毛坯直接入坛进行后发酵,并按品种分层加入配料,密封后在 20～25℃ 室温下,进行为期约 100 天的后熟。

(3) **上海红腐乳** 后发酵前的部分与一般腐乳工艺相同。将每块腌坯在染坯用的红曲卤中浸泡,使其全面染色后装入坛内,再灌入装坛用红曲卤,以淹过坯块 1 厘米为度,然后顺次加入面曲、荷叶、封面食盐、土烧酒,后熟即可。

豆豉概述

豆豉是始创于我国的一种传统发酵食品。它是我国四川、湖南、江西、福建、广东及北方地区一种常见的古老发酵食品,色泽黑褐或黄褐,颗粒完整,不仅色泽光润、质地细腻、鲜美醇香可口,而且营养丰富,是深受人们喜爱的一种佐餐调味佳品。豆豉的品种繁多,有淡豆豉、咸豆豉、十香豆豉、水豆豉、酒豆豉和西瓜豆豉等。作菜或作鱼、肉的拌料,经蒸煮后风味独特,也可直接食用。

豆豉是用黄豆或黑豆经浸泡、蒸煮、制曲、发酵而制成的。根据发酵菌种的不同分为霉菌型豆豉(豆豉、干豆豉)和细菌型豆豉(水豆豉),霉菌型豆豉主要有毛霉型和曲霉型两大类。豆豉是利用它们分泌的蛋白酶等将大豆蛋白质分解到一定程度,加入食盐、酒、香辛料等辅料抑制酶活力,延缓发酵过程,形成具有独特风味的发酵食品,其发酵机理与酱油、酱类制品基本相同。

豆豉的生产工艺

毛霉型豆豉以四川潼川豆豉、永川豆豉为代表。黄豆或黑豆经浸泡、蒸熟后摊晾,利用自然接种,在低温条件下用曲盘或通风制曲后加入食盐和水,堆积浸润半天再加入白酒、醪糟等入发酵容器发酵,表面洒少量白酒,用

无毒塑料薄膜捆扎封口,加水密封,在阴凉通风室内控制室温20℃以上发酵8个月以上,成熟的豆豉经加热杀菌包装得成品。

曲霉型豆豉以湖南浏阳豆豉、广东阳江豆豉为代表。多采用纯种接种。制得成熟的豆曲后用清水淘洗,称为"洗霉",然后拌入食盐和其他香辛辅料,拌匀后装入发酵容器,室温发酵,成熟后取出包装得成品。在日光下晾晒或风干,得干豆豉。

细菌型豆豉将煮熟沥干的黄豆摊晾后装入容器中加盖保温25℃以上,使空气中落入的细菌等微生物繁殖,温度升高,待形成黏膜并产生特殊气味时,取出结束发酵。拌入食盐、姜丝和煮豆水后,密封保存在室温下后熟1个月以上,得成熟的豆豉。将水豆豉加热灭菌,趁热分装密封得成品,或者趁热加入苯甲酸钠后装罐密封。

食醋概述

食醋是一种营养丰富的调味品,不仅具有酸味,而且含有香气和鲜味等,除用做调料外,还有清热解渴、杀菌消炎、增进食欲、帮助消化、防治肠道疾病、软化血管等医疗效果。

食醋的分类

我国食醋品种很多,其中不乏名醋,如山西陈醋、镇江香醋、北京熏醋、上海米醋、四川麸醋、江浙玫瑰醋、福建红曲醋等。这些醋风味各异,远销国内外,深受广大消费者欢迎。食醋可以划分为酿造醋、合成醋、再制醋三大类。

产量最大、与人们关系最为密切的是酿造醋,它是用粮食等为原料,经微生物制曲、糖化、酒精发酵、醋酸发酵等阶段酿制而成。主要成分除醋酸外,还含有各种氨基酸、有机酸、糖类、维生素、醇和酯等营养成分及风味成分,具有独特的色、香、味、体,是调味佳品,经常食用对健康也有益。

合成醋是用化学方法合成的醋酸配制而成,缺乏发酵调味品的风味,质量不佳。再制醋是以酿造醋为基料,经进一步加工制成,如五香醋、蒜醋、姜醋、固体醋等。

食醋的原料

食醋的制作原料一般可分为主料、辅料、填充料和添加剂。

（1）**主料**　主料是指能生成醋酸的重要原料，分为淀粉质原料、糖质原料（水果、糖蜜）和酒类原料三大类。目前，酿醋用的主要原料有以下几类：薯类，如甘薯、马铃薯等；粮谷类，如高粱、玉米、大米（糯米、粳米、籼米）、小米、青稞、大麦、小麦等；粮食加工下脚料，如碎米、麸皮、细谷糠、高粱糠等；野生植物，如橡子、菊芋等；果蔬类，如苹果、红枣、葡萄、番茄等；酒类，如白酒、酒精等；其他物质，如糖糟、酒糟、糖蜜等。

（2）**辅料**　固体发酵制醋需要大量的辅助原料。辅料一般采用细谷糠和麸皮。它们既可以为制醋补充一些有效成分，又可对制醋起到疏松作用，形成食醋的色、香、味成分。

（3）**填充料**　固态发酵制醋和速酿法制醋都需要填充料，填充料的作用是调整淀粉浓度，吸收酒精及浆液，保持一定空隙，使醋醅疏松，给发酵创造有利条件。填充料与出醋率有密切的关系。含淀粉多的原料，填充料用量多，含淀粉少的原料，填充料用量少。常用的填充料有谷糠、花生壳、稻皮、玉米芯等。

（4）**添加剂**　添加剂能不同程度地提高固形物在食醋中的含量，从而改进食醋的色泽、风味及食醋的体态。这些添加剂主要有食盐、砂糖、香辛料等。食盐可以防止醋酸菌将醋酸分解，还有调和食醋风味的作用。砂糖能增加醋的甜味，香辛料能赋予食醋特殊的风味。

食醋的发酵微生物

酿醋中使用的微生物有曲霉菌、酵母菌和醋酸菌。曲霉属能产生丰富的淀粉酶、糖化酶、蛋白酶等，因此用于制作糖化曲。糖化曲是水解淀粉质原料的糖化剂，其主要作用是将制醋原料中的淀粉水解为糊精、葡萄糖，蛋白质被水解为肽、氨基酸，有利于下一步酵母菌的酒精发酵以及之后的醋酸发酵。酿醋用的酵母菌与生产酒类使用的酵母菌相同，为了增加食醋的香气，有的厂还添加产酯能力强的产酯酵母进行混合发酵。醋酸菌具有氧化酒精生成醋酸的能力。醋酸是在酿制过程中继酒精生成之后生成的。

食醋的生产方法

采用淀粉质原料酿制食醋,必须经过糖化、酒精发酵和醋酸发酵三个阶段。

糖化剂有大曲、小曲、麸曲、红曲、液体曲和淀粉酶制剂。大曲、小曲和麸曲的制备与白酒生产中的制备方法相同。红曲是将红曲霉接种在培养基上经培养后得到的。将曲霉菌在发酵罐中进行液体通风培养,得到的含有丰富酶系的培养液叫液体曲。

使糖液或糖化醪进行酒精发酵和醋酸发酵的原动力是酵母菌和醋酸菌。含有大量强活力酵母菌、醋酸菌的培养液在酿酒、酿醋工艺中被称为酒母和醋母。新的酿醋方法中,酒母和醋母是采用优良菌种通过纯培养的方法制得的,传统方法中,曲及环境中落入物料中的酵母菌、醋酸菌繁殖后充当了酒母和醋母。

(1) **一般固态酿醋法**　甘薯干粉碎,与细谷糠混合均匀,润水、蒸熟、冷却,拌入麸曲和酒母,在发酵容器中进行糖化和酒精发酵,再加入醋母和粗谷糠进行醋酸发酵。发酵过程中通过倒醅来降低温度,倒醅方法是将醋醅移入空容器内。醋酸发酵结束后及时加入食盐,再通过淋醋将成熟醋醅中的有用成分溶解出来,得到醋液。为改善食醋的风味,将成熟醋醅或醋液进行贮存、后熟,这个过程为陈酿,然后澄清,调配后加热到80℃以上进行灭菌,再包装即得成品。

(2) **酶法液化通风回流制醋**　碎米浸泡磨浆后加入淀粉酶再加热,以进行液化和糖化,冷却后加入酒母进行液体酒精发酵,然后向酒液中加入醋母、麸皮和砻糠进行固体醋酸发酵,结束后再加食盐,经淋醋、调配、灭菌得成品。在发酵过程中,利用自然通风和醋汁回流代替倒醅。

(3) **液体深层发酵法**　大米经浸泡、磨浆、液化、糖化后接入酒母、乳酸菌和生香酵母进行酒精发酵,然后接入醋母,在发酵罐中进行醋酸发酵。为了改善醋的风味,可延长陈酿的时间,在主料中添加蛋白质原料或在醋酸发酵前添加蛋白质水解醪。

(4) **速酿法**　以白酒为原料,在速酿塔中经醋酸菌的氧化作用,将酒精氧化成醋酸,再经陈酿制成,所以也称塔醋,主要在东北地区生产。

味精概述

味精又称谷氨酸钠，是谷氨酸（氨基酸的一种）的一种钠盐，具有肉类鲜味，是常用的调味料，还具有预防和治疗肝性脑病、治疗脑震荡和脑神经损伤等医疗效果。

按照谷氨酸钠含量的不同，一般可将食用味精分为 99％、95％、90％ 和 80％ 四种规格，其中后三种是用精制食盐与谷氨酸钠按一定比例混合而成的。

味精的原料

谷氨酸发酵的原料为发酵培养基。发酵培养基的主要成分有碳源、氮源、生长因子和无机盐等。

碳源的种类很多，如糖类、脂肪、某些有机酸、某些醇类和烃类等。谷氨酸生产菌大多数利用葡萄糖、果糖、蔗糖和麦芽糖等，有些菌种能利用乙醇、醋酸和正烷烃，只有极少数可以直接利用淀粉。谷氨酸发酵以糖蜜和淀粉水解糖为主要碳源。

氮源是合成菌体、蛋白质、核酸等含氮物质和合成氨基酸的底物，由于形成谷氨酸需要足够的 NH_4^+ 存在，还需要一部分氨来调节 pH。因此，谷氨酸发酵需要的氮源数量比普通工业发酵大得多，并且碳氮比要适当。实际生产中一般用尿素或氨水作为氮源并调节 pH。

谷氨酸生产菌的生长因子是生物素，生产上用玉米浆、麸皮水解液、豆饼水解液以及糖蜜等代替纯生物素来配制培养基。有些谷氨酸生产菌还需要亮氨酸、维生素 B_1 等作为生长因子。谷氨酸发酵所需的无机离子有磷、硫、钾、镁、钙、铁等。

味精生产的工艺过程

生产味精的工艺过程可分为五个阶段：

（1）**培养基的配制、灭菌和空气净化**　培养基分为斜面培养基、一级种子和二级种子培养基、发酵培养基。一级种子培养基应该营养丰富，有利于菌体的生长繁殖。二级种子培养基的组成和原料来源应与发酵培养基相一致,但配比上可有差异,以保证二级种子接到发酵罐后能很快适应环境,缩短发酵周期。发酵培养基的组成和配比因菌种、设备、工艺条件和原料来源不同而异。培养基配制好后应及时灭菌。无菌室、消毒锅、空罐、实罐、管路、消泡剂和尿素等均应灭菌,空气应经过净化,总之,凡是与生产菌种接触的一切物料、材料都应是无菌的,以防止染菌。

(2)种子扩大培养　保藏在斜面上的菌体移接到斜面培养基上,在30～32℃下恒温培养18～24小时,取出后存放在4℃冰箱内,随时取用,这个过程叫做活化。一级种子培养在三角瓶中进行,按1%接种量接种,将三角瓶置于摇床上,转速为220转/分,在30～32℃下振荡培养10～12小时。二级种子用种子罐培养,种子罐大小按照发酵罐大小和接种量确定。一般接种量为0.2%～0.5%,温度为32～34℃,培养时间为6～8小时。

(3)谷氨酸发酵　将发酵培养基加入到发酵罐中,加入无菌尿素,接入培养好的种子,通入无菌空气,在32℃进行保温发酵。发酵过程中控制pH、搅拌速度(溶解氧)、菌体生长量和泡沫等并定期检查,以保证谷氨酸大量生成。

发酵时间不同,谷氨酸产生菌种对糖的浓度要求也不一样,一般低糖(12.5%)发酵的整个发酵过程为36～38小时,中糖(14%)发酵为45小时。

(4)谷氨酸的提取　谷氨酸的提取有等电点法、离子交换树脂法、等电点离子交换法和盐酸盐法、锌盐法、等电点锌盐法、钙盐法和电渗析法。

当溶液的pH等于谷氨酸的等电点时,谷氨酸的溶解度最小,利用这个性质将谷氨酸从发酵液中提取出来,这种方法叫做等电点法。在进行等电点提取操作之前,先将菌体除去。发酵液经等电点法提取谷氨酸后,得到的溶液称为等电点母液。

离子交换树脂法是将发酵液通过装有离子交换树脂的交换柱,谷氨酸与树脂中的离子发生交换吸附到树脂上,再通过洗脱操作与树脂分离,谷氨酸溶液得到浓缩和纯化,再通过等电点法提取谷氨酸。

将等电点母液通过离子交换树脂法得到谷氨酸溶液,再与下一批发酵液合并,通过等电点法提取谷氨酸,这种方法叫做等电点离子交换法。

谷氨酸盐在浓盐酸中的溶解度很小,而其他氨基酸盐的溶解度比较高,因此可将它与其他杂质分开。谷氨酸盐可生成谷氨酸，这种提取方法叫做盐酸盐法。

锌盐法是在一定 pH 下，谷氨酸与锌离子生成难溶于水的谷氨酸锌沉淀，然后在酸性条件下使谷氨酸锌溶解，再调节 pH，使谷氨酸结晶析出。等电点锌盐法是用等电点法将发酵液及并入发酵液的谷氨酸锌中的谷氨酸提取后，母液再用锌盐法处理，得到的谷氨酸锌加入到下一批发酵液中一并处理。

谷氨酸钙在高温下有较大的溶解度，因此可将谷氨酸钙在高温下同菌体等不溶性杂质分开，然后再将谷氨酸钙溶液冷却，使谷氨酸钙沉淀析出。谷氨酸钙经碳酸氢钠脱钙，直接生成谷氨酸钠。这种方法叫做钙盐法。

在外加直流电场的作用下，离子通过离子交换膜的迁移运动称作电渗析。采用二次电渗析法处理除去菌体后的发酵液或等电点母液，先在谷氨酸的等电点下进行电渗析，除去各种离子(盐类)，再在高于等电点的条件下进行电渗析，除去非电解质，得到的处理液经过离子交换柱进行浓缩和纯化。

(5) 由谷氨酸制造味精　向粗谷氨酸中加入碱，生成谷氨酸一钠的过程称为谷氨酸的中和。在中和过程中，要防止没有鲜味的谷氨酸二钠的生成。向中和液中加入硫化钠除铁，用活性炭或离子交换树脂脱色，然后浓缩，进行结晶。生产结晶味精时，向浓缩液中加入晶种，将晶体离心干燥即可。生产粉末味精时，使溶液冷却析出晶核，结晶后混盐磨粉得成品。

虾酱蟹酱的生产

选用体质结实、新鲜的小虾或 9～10 月份捕捞的蟹为原料，洗净沥水，蟹去壳。将新鲜虾或蟹放入缸中，加入其重量 30%～35% 的食盐，拌匀腌渍。发酵酱缸放在室外，缸口加盖，借助日光加温促进成熟。每天用木棒搅拌并捣碎两次，每次约 30 分钟。捣碎后压紧抹平，使发酵均匀，一直进行到发酵大致完成为止。如需长时间保存，须置于 10℃ 以下。发酵时可加入茴香、花椒、桂皮等香料，混合均匀，以提高制品风味。

虾油的生产

虾油是虾类发酵后的营养液,含有丰富的蛋白质和氨基酸,是味美价廉、营养丰富的调味料,一般在每年的 10～11 月份生产。虾油所用原料与虾酱相同。将原料清洗后放入缸内,置室外日晒夜露两天后,早晚各搅拌 1 次,3～5 天后,缸面有红沫出现即可加盐搅拌。每天早晚各加盐 1 次,同时搅动,发酵半月左右成熟,规定盐量用完后继续日晒夜露,早晚搅动。搅动时间长、次数多,发酵成熟均匀,腥味少,质量好。晒过伏天后开始炼油,炼油时先除去缸面浮油,然后加入煮沸冷却的淡盐水,搅动 2～4 次,早晚各 1 次,以促进油与杂质的分离,然后取出缸里的虾油,前后取出的虾油除去杂质、泡沫即得虾油制品。

以新工艺生产的虾油系列产品,是用糠虾自身的多种酶在一定温度下水解体内蛋白质、糖类、脂肪后生成氨基酸、虾香素为主体的复合性水溶性虾酱油提取物,以其特有的虾香和浑厚的海鲜风味被视为调味珍品。其过程为:选用新鲜糠虾为原料,洗净后瞬时杀菌,加入原料重 10%～15% 的食盐,入发酵罐 37℃保温发酵数小时,再添加适量花椒、大料、茶叶等进行配卤、压滤,使虾油与虾酱分离。澄清的虾油滤液中可加入适量稳定剂,在装罐前将虾油煮沸数分钟,趁热滤去沉淀和悬浮杂质。

鱼露的生产

鱼露是以鱼为原料经腌制发酵提炼的一种味道鲜美、营养价值高的氨基酸调味液,其所含的多肽、氨基酸等成分比酱油原汁高得多。鱼露中谷氨酸含量丰富。传统鱼露生产主要以海水鱼为原料,采用高盐自然发酵,生产周期约 1 年。现代工艺在传统制作方法上进行了改进,原料中加酶水解,接种发酵菌种保温发酵,发酵周期可缩短到 3 个月,产品可达一级鱼露标准。

任何种类的鱼均能加工成鱼露。同一缸(池)的鱼大小应均匀,以便同时完成发酵过程。将鱼按新鲜度分级,新鲜鱼用盐量为鱼重的 25%～30%,次鲜鱼加盐 30%～50%。用盐量根据气温变化可适当增减,气温高时盐量增加。鱼盐混匀后倒入池或缸中,上层用盐封顶,用重物压下,使腌渍发酵的鱼全部浸没在液体中。整个腌渍发酵期间应置日光下,提高发酵温度。

有条件的可人工保温在 35～40℃,促进发酵。

不同种类的鱼经腌渍发酵后,可提取不同量的特等鱼露,特等鱼露在发酵时不加水。发酵时加入盐卤水或盐水得到的发酵液(腌鱼水)可直接调配成不同等级的鱼露,也可经煮沸、除去液面上漂浮的杂质后,调整其浓度在18～22 波美度,保温 1 小时左右和鱼鲊(提取特等鱼露后的原料)混合发酵。如果没有腌鱼水,可用反复提取过的鱼鲊或质量较差的原料。

加水进行蒸煮,之后,白天日晒搅拌,日晒夜露15～30 天,过滤后配制成各级鱼露。优等鱼露在过滤时加入特等鱼露,颜色为琥珀色;一级鱼露为红色透明液体;二级鱼露为橙黄色透明液体;三级鱼露为黄色透明液体。

酶香鱼的生产

酶香鱼是用发酵方法加工的腌制品,其特点是在食盐的控制下使鱼肉蛋白质适度分解,提高食用的风味和滋味,同时更易于被人体消化吸收。酶香鱼加工用的原料为鳓鱼、黄鱼、鲳鱼等,以鳓鱼为最好。广东、福建等省具有较悠久的加工历史,经验丰富。其加工期为 5～6 月和 9～10 月。

鳓鱼,俗称鲙鱼、白鳞鱼、曹白鱼,肉质肥美,在腌渍发酵过程中,鱼体自身的各种酶及自然污染的微生物对鱼体蛋白质进行分解,产生多种呈味物质,使酶香鳓鱼制品具有特殊的酶香气味。

酶香鳓鱼的制作过程及其要求如下:

选用的原料必须新鲜,最好是鳞片完整,产卵前较大的鳓鱼,不宜采用冷藏鱼。洗去体表黏液,分级后腌渍。

左手握鱼脊部,腹部向右,拇指掀开鳃盖,右手用木棒从鳃部向鱼腹塞盐,再在两鳃和鱼体上敷盐,然后即进行入桶腌渍。预先在桶底撒一层薄盐,再将鱼投入桶内,排列整齐,使鱼头向桶边缘,鱼背压鱼腹,一层鱼一层盐。鱼体发酵时间根据气温高低调整,20℃左右时为 2～3 天,25～35℃时为1～2 天,在发酵期间不加压石,发酵过后即加压石,以卤水浸没鱼体 3～4 厘米为度,然后加盖,腌渍成熟 6～7 天。

出料时,在原卤中洗去盐粒等物,如果卤水已经变浑浊,再用饱和盐水洗涤 1 次,注意保持鳞片完整,洗净沥干水,4 小时后包装。

有机酸概述

有机酸泛指羧酸、磺酸、亚磺酸、硫代羧酸等。一般所说的有机酸通常指羧酸。已知由微生物发酵生产的有机酸有 60 余种,具有工业生产价值的有机酸有 10 余种,如醋酸、柠檬酸、乳酸、苹果酸、衣康酸、葡萄糖酸、酒石酸等。

柠檬酸的生产

柠檬酸又称枸橼酸,是重要的有机酸之一,在轻化工及医药食品制造上有广泛用途,在食品加工中广泛用做清凉饮料、果汁、果酱、果冻、果酒、糖果糕点等的酸味剂。

(1) **生产菌种**　青霉、曲霉中的一些菌种能产生柠檬酸并分泌到培养基中,其中黑曲霉和温氏曲霉能分泌大量的柠檬酸,而黑曲霉产酸量尤其高,转化率也高,且能利用多种碳源,因而是柠檬酸生产的最好菌种。因此,工业生产几乎都是用黑曲霉作为生产菌。

用石油副产品为原料生产柠檬酸,主要以假丝酵母属为生产菌种,其次是毕赤酵母、球拟酵母、汉逊酵母和红酵母属的一些种类。

(2) **发酵生产原料**

① 碳源:生产柠檬酸的碳源物质有各种含淀粉的原料,如甘薯干粉、淀粉等,淀粉水解产物、葡萄糖、糖蜜、正烷烃、乙醇、乙酸等,还有一些食品加工中的废弃物,如苹果渣、甘薯淀粉加工中的淀粉渣等,也可作为柠檬酸发酵生产的原料。国外生产柠檬酸的主要碳源为糖蜜。用含淀粉的原料进行生产时,最好在发酵前先用淀粉酶及糖化酶进行适当的糖化。

② 氮源及微量元素:以甘薯干粉等为原料生产时可以不加氮源,淀粉等因为不含氮源需加入适量氮源,一般添加量为 $0.3\% \sim 0.4\%$。氨、氢氧化铵或磷酸铵可以大大提高产量,在代谢中形成的氨基酸也促进了柠檬酸的形成。

③ 无机盐:铜离子、锰离子、镁离子、铁离子和锌离子等为所需的微量元素,过量则造成毒害。铁离子直接影响菌体生长和柠檬酸的产量,菌体生长阶段需较高浓度的铁离子,但当进入柠檬酸分泌期,铁离子的需求则大大下

降,因此铁离子的加入量要根据原料含铁离子的量而定。铜离子可消除铁离子过高而引起柠檬酸产量下降的不良影响。低铁氰化钾等螯合剂则可以提高柠檬酸的产量。

④ 表面活性剂:一些非解离性的表面活性剂可以在发酵时使菌丝均匀分散于培养液中,从而提高柠檬酸的产量。

(3)柠檬酸深层液体通风发酵 种子经活化和扩大培养后接入发酵培养基(18％薯干粉,加入 0.05％α-淀粉酶)中。发酵温度为 32℃,通风量在 12 小时前为 1:0.1,12 小时后为 1:0.2,一般发酵周期为 112～120 小时。

(4)分离提纯 柠檬酸的分离提纯有钙盐法、直接提取法、溶剂萃取法和离子交换法等。

① 钙盐法:即是将发酵液中的柠檬酸变成钙盐沉淀,然后将此沉淀与硫酸反应,制得柠檬酸,生成的硫酸钙沉淀出来,然后将柠檬酸进一步纯化结晶。

② 直接提取法:本法适用于柠檬酸含量高、杂质少的发酵滤液,将杂质除去后浓缩结晶。

③ 萃取法:用有机溶剂将柠檬酸从发酵滤液中萃取分离出来。

④ 离子交换法:先用弱碱性的阴离子树脂吸附,用氢氧化铵洗脱,得到柠檬酸铵溶液,然后通过强酸性氢离子型树脂交换,柠檬酸游离出来。采用氯离子型阴离子树脂吸附,直接用盐酸洗脱,可简化操作步骤。

乳酸的生产

乳酸的产量与消费量仅次于柠檬酸,广泛应用于食品饮料工业、医药工业和化学工业。乳酸可通过化学合成和微生物发酵法生成。化学合成法生产的乳酸一般用于制革和化学领域,而食品饮料和医药等领域则使用糖质原料经发酵得到产品。目前乳酸的生产主要通过发酵法进行。

乳酸的生产菌种

乳酸菌是一群能利用碳水化合物(主要指葡萄糖)发酵产生乳酸的细菌的通称,属于兼性厌氧菌和厌氧菌。在乳酸发酵工艺、食品及饲料中常见的有乳杆菌属、乳球菌属、链球菌属、双歧杆菌属、明串珠菌属等。乳酸工业发

酵生产中最常用的菌种是德氏乳杆菌和保加利亚乳杆菌。

乳酸发酵培养基

发酵培养基应根据不同的菌株采用不同的原料和培养基配方来进行配制,但相差不大,配制的原则和要求是一致的:乳酸发酵中碳源的需要量较大,发酵培养基中的葡萄糖浓度应为15%左右,才能保证发酵的需求。

可用麦芽提供所需的氮源和生长因子,其添加量一般为1%~1.8%。

可由磷酸氢钙或磷酸氢铵提供磷,有些原料(如蔗糖)本身所含的矿物质元素中磷的含量已能满足发酵需要,可不再添加磷盐。

此外,还需要碳酸钙,用于中和发酵中产生的乳酸。

乳酸发酵工艺

(1)**种子制备** 种子制备是整个发酵工艺的重要部分,它直接影响发酵的结果。种子制备实际是菌种活化及扩大到满足生产所需量的过程。根据发酵规模,小量发酵试验可以用三角瓶种子直接接种,规模较大时需用种子罐进行2~3次扩大繁殖。

(2)**分批发酵进程控制**

① 泡沫的控制:由于原料及菌种不同,乳酸发酵过程中有时会出现一定量的泡沫,发酵过程中要防止泡沫溢出造成发酵液逃出及污染。其措施主要是控制发酵培养基的装料量,一般装料量控制在80%左右,罐顶留出足够的空间。

② 发酵温度:温度可以直接影响菌体的生长,此外,在乳酸发酵中还可利用较高的温度控制杂菌的生长,如德氏乳杆菌和保加利亚乳杆菌等要求发酵温度控制在50℃左右,抑制了中温型细菌的生长。

③ pH:发酵开始以后,乳酸菌将培养基中的糖迅速转化为乳酸,发酵液pH下降,当达到5以下时,菌体生长受抑制,发酵速度变慢,这时培养基中的碳酸钙则起到中和剂的作用,中和剂可以在配制培养基时一次加入,也可以以中间补料的形式分次加入。除碳酸钙外,还可以用氨水、氢氧化钠作中和剂。在发酵过程中使pH控制在5.5~6.5。

④ 搅拌:在乳酸发酵中,适当的搅拌可促进乳酸菌的生长,提高乳酸产

量。搅拌的作用是驱除二氧化碳，帮助散热，使醪液均匀，尤其在加入碳酸钙等中和剂时，搅拌可避免醪液局部碱性过高或碳酸钙被木质素吸收（以纸浆废液作为发酵培养基时）。在搅拌和通氮维持厌氧的条件下，可以提高L-乳酸的纯度并缩短发酵时间。

⑤ 补料：乳酸发酵用糖量高，在发酵过程中不能一次加入，而是分次加入，使糖浓度维持在 30～40 克/升的水平，总糖量不宜超过 150 克/升。

⑥ 发酵终止：正确判断发酵终点、适时放罐进行后处理是获得高产的重要环节，判断的依据是残糖量、乳酸产量和外观等。

（3）**发酵液预处理** 发酵结束时应尽快加入石灰乳将 pH 调至 10 左右，加热至 70～90℃灭菌，并使蛋白质变性，静置 6～12 小时使之澄清，放出上清液，沉降物压滤后滤液与上清液合并，溶液颜色深时可用活性炭脱色。

（4）**乳酸的提取** 乳酸的提取工艺有钙盐法、锌盐法、离子交换法、溶剂萃取法和脂化法等。

（5）**乳酸的精制** 可用酯化法对乳酸进行精制。乳酸或乳酸钙在催化剂（硫酸等）存在的条件下，易与甲醇、乙醇等低级醇形成酯，这些酯遇水蒸气易水解，通过酯化和水解可得到纯的乳酸水溶液，从而达到精制的目的。

苹果酸的生产

苹果酸是生物体糖代谢过程中产生的重要有机酸。苹果酸在食品工业中广泛用做酸味剂、pH 调节剂和香味剂。与柠檬酸相比，苹果酸酸味柔和，滞留时间长，口感好，加上美国食品和药品管理局对柠檬酸在儿童和老年食品中的应用限制，苹果酸在食品工业中的应用更加重要。另外，在临床上可用于治疗贫血、肝功能不全和肝衰竭等，在化学工业上用做清洁剂和除臭剂，还可作为镀镍镀铬的电镀液成分。总之，苹果酸在食品、医药、化工、化妆品、饲料等领域有广泛的应用前景。苹果酸的消费量及产量每年都稳步增长。日本是生产苹果酸最多的国家。

苹果酸的生产菌种

苹果酸发酵工业中所使用的微生物多数为丝状真菌和少数细菌。霉菌主要有曲霉属中的黄曲霉、米曲霉、寄生曲霉、温氏曲霉；根霉属中的华根

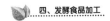

霉、无根根霉，以及出芽短梗霉、裂褶菌等；细菌中的短乳杆菌、产氨短杆菌、黄色短杆菌、脱氮副球菌、副肠道菌；酵母中的解脂假丝酵母等。

苹果酸的生产方法

L-苹果酸的生产方法可以分为以下几种：从植物果实中提取，称为直接提取法；化学合成 DL-苹果酸，然后通过拆分得到 L-苹果酸，称为拆分法；由富马酸经酶转化成 L-苹果酸，称为转化法；用糖质原料经微生物发酵生产的发酵法等。在以上几种生产方法中，工业中应用较多的是富马酸转化法。发酵法生产苹果酸又分为一步法，即利用糖质原料直接发酵生产 L-苹果酸，以及混菌发酵的两步法，即先将糖质原料发酵转化为富马酸，然后由产富马酸酶的微生物将富马酸转化为 L-苹果酸。

直接发酵法生产 L-苹果酸

(1) **菌种**　黄曲霉 A-114 菌株。

(2) **培养基**　种子培养基包括作为碳源的葡萄糖，作为氮源的豆饼粉（或尿素、硫酸铵），无机盐有磷酸二氢钾、硫酸镁、氯化钙、硫酸锰、硫酸亚铁及氯化钠等，为了防止产生的苹果酸抑制菌体的生长，需要加入碳酸钙（单独灭菌）。为消除培养中产生的泡沫，向种子罐和发酵罐中的培养基中加入 0.4% 的泡敌。

(3) **发酵**

① 种子制备：将斜面活化的菌种孢子接入摇瓶培养基中。在 33℃ 下恒温静置培养 2～4 天，待表面有大量孢子形成时接种到种子罐中，接种量为 5%，在 33～34℃ 条件下通风搅拌培养 18～20 小时。

② 培养发酵：将培养好符合要求的种子以 10% 的接种量接入发酵培养基中。发酵培养基装料量为罐体积的 70%，通入无菌空气，通风量为 0.7 立方米/（立方米·分），搅拌速度为 180 转/分，维持罐压 100 千帕，发酵温度 33～34℃，当发酵液残糖降至 1% 以下时可终止发酵。

混菌发酵(两步法)生产 L-苹果酸

混菌发酵法生产 L-苹果酸即以糖质为原料，经少根根霉或华根霉的发酵转化为富马酸(其中含有部分 L-苹果酸),然后接种普通变形杆菌、苑氏拟青霉等任一种微生物,它们可产生丰富的富马酸酶,将根霉合成的富马酸转化为 L-苹果酸。例如,将少根根霉 NRRL1526 在含 8％葡萄糖的培养基中,在 32℃条件下通气培养 2～3 天,接入普通变形杆菌继续培养 1～2 天,按开始葡萄糖计算,苹果酸产率高达 80％以上。混菌法发酵周期长,产酸率低,故尚未实现大规模工业生产。

酶转化法生产 L-苹果酸

酶转化法是以富马酸盐为原料,利用微生物的富马酸酶转化成苹果酸(盐)。酶转化法可用游离的酶或含酶的微生物细胞,也可用固定化酶或固定化细胞,用游离的或固定化的细胞进行转化最为方便经济。

(1) **游离细胞转化法** 通常采用温氏曲霉。其方法分为两步,第一步是菌体培养,在发酵罐中通气培养 36 小时左右,然后离心收集菌体,得到具有高酶活性的菌丝体;第二步是在 pH7.5 的 18％的富马酸溶液中接入 2％的湿菌体,于 35℃条件下,以 150 转/分的转速搅拌,转化 24～36 小时,富马酸转化率可达 90％以上。

(2) **固定化细胞转化法** 目前研究最多的是用产氨短杆菌或黄色短杆菌为菌种,用化学合成的富马酸钠为底物,进行固定化细胞转化形成苹果酸。其具体步骤是:先进行细胞培养,离心收集细胞,然后用聚丙烯酰胺凝胶或卡拉胶包埋,将包埋后的细胞凝胶块(约 3 毫米大小)放在含有富马酸和胆汁的混合液中,pH 为 7.0,在 37℃下浸泡 20 小时。再将凝胶块装到反应柱中,将富马酸钠溶液(pH7.0)逆向通过细胞柱,柱温为 37℃,柱上端流出苹果酸液。

苹果酸的提取与精制

无论是通过发酵法还是酶转化法生产苹果酸,都需要做进一步的提取和精制,以去除杂质,得到纯的苹果酸结晶。苹果酸的提纯方法有钙盐沉淀法、吸附法、电渗析法等。

(1) **传统的钙盐沉淀法提取工艺** 将发酵液过滤,除去菌丝体,得到的滤液浓缩后加入硫酸调节 pH,然后加入碳酸钙,滤液中的苹果酸和碳酸钙反应生成苹果酸钙和二氧化碳,然后调节 pH 至 7.5,收集苹果酸钙,洗涤。在苹果酸钙沉淀中加入温水,再加入无砷硫酸,使 pH 达 1.5 左右,继续搅拌 30 分钟,反应生成苹果酸和硫酸钙。过滤后得到粗制苹果酸溶液,其中含有微量富马酸、金属离子和色素。通过活性炭和离子交换柱处理,进一步脱色和去除杂质。得到的苹果酸溶液减压浓缩并添加晶种进行结晶,过滤,结晶在 $40\sim50℃$ 条件下真空干燥即得到苹果酸结晶成品。

(2) 从酶转化法得到的混有 1% 以上富马酸的溶液中提取苹果酸工艺　将转化液浓缩至苹果酸含量为 50%,冷却至 $20\sim30℃$,使未转化的富马酸结晶析出。过滤除去富马酸结晶,滤液在 $70℃$ 条件下减压浓缩至苹果酸浓度为 $65\%\sim80\%$,再冷却至 $20℃$ 使富马酸结晶再析出,为防止苹果酸与富马酸同时析出结晶,温度不宜低于 $20℃$。除去富马酸结晶后使苹果酸溶液冷却至 $20℃$,加入苹果酸晶种,缓缓搅拌约 3 小时,使苹果酸结晶析出,过滤,将结晶真空干燥后即得到苹果酸结晶品。

微生物发酵生产工业化酶制剂的优点

酶的种类繁多。凡是动植物体内存在的酶,几乎都能从微生物中得到,有许多酶目前还只能在微生物中发现,而未能从动植物中找到。

菌种易诱变,代谢易调控。微生物代谢方式多种多样,又极易受外界因素的影响,很容易通过诱变等简便的育种方法改变原来的代谢途径,得到预想的代谢途径,实现代谢的人为调控。

生产周期短,酶的产量大。微生物的代谢速度比高等生物高得多,其繁殖速度快,生产效率高,生产周期短,培养简便,并可通过控制培养条件提高酶的产量。

酶制剂生产的基本工艺流程

微生物发酵法生产酶制剂,分为固态发酵、液态发酵法和载体发酵法三大类。由于载体发酵法还没有用于大规模生产,下面介绍固态发酵法和液态发酵法。

(1) 固态发酵法

① 原料处理:固态发酵大多直接以淀粉质原料为碳源,以麸皮为氮源。

因此,原料只需蒸熟即可达到微生物利用和杀灭污染微生物的要求,处理较方便。

② 菌种培育与接种:菌种活化后,可以用液态法培养、固态法培养,也可以用表面法培养,或者麸皮培养进行扩大培养,而后按一定的比例接种。

③ 无菌要求:固态发酵大多在开放的环境中进行,无菌要求相对较低。

④ 发酵工艺:影响产酶的主要条件是培养基的 pH、培养温度和通风量。固态发酵在开放的环境中进行,操作简便,管理容易,发酵过程中一般难以调节 pH,也往往不需要调节 pH,只要控制好温度和湿度,注意环境卫生,就可以正常发酵。

⑤ 提取纯化:固态发酵结束后,经过不同的提取纯化处理,得到不同的纯品酶。最简单的就是将成熟曲烘干、粉碎、过筛,得到粗酶粉。精制则要先加水抽提,其后的操作与液态发酵法从发酵液中精制酶相差不大,分离除去固形物后,真空浓缩,再用盐析或有机溶剂沉淀,纯度需要再高一点的则要经过离子交换层析等方法进一步纯化。

(2) 液态发酵法

① 原料处理:液态发酵法大多为清液发酵或少量带渣发酵,不能直接以淀粉质原料为碳源,而要以葡萄糖等单糖为碳源进行发酵。因此,原料需要先进行糖化水解,工艺较复杂。

② 菌种培育与接种:菌种活化后,用液体法进行扩大培养,根据发酵罐的大小、接种量多少,确定要经过几级扩大培养,生产中往往需要好几级种子罐。扩大培养及发酵过程中要注意环境卫生,不要给杂菌污染创造任何机会。

③ 无菌要求:液态发酵无菌要求较高,大多在密闭的容器中发酵,控制因素较多而且复杂,如加压、通无菌空气等。

④ 发酵工艺:液态发酵工艺较复杂,影响因素较多。影响产酶的主要条件是培养基的 pH、培养温度和通风量。发酵过程中往往需要调节 pH、流加物料、通风,为控制杂菌污染增加了难度。发酵过程中需严格控制温度、搅拌速度、通风量,并要对 pH、温度、溶氧、二氧化碳、底物、产物等参数进行现场监测,以便将发酵状态控制在最佳状况。

⑤ 提取纯化:胞内酶和胞外酶的提取纯化工艺是不一样的。胞外酶发

酵结束后,根据需要,可采用不同的提取纯化工艺,得到不同的成品酶。最简单的是将发酵液除去固形物,稀酶液添加稳定剂和防腐剂后直接出厂,也可以经过真空浓缩得到较浓的酶液。要精制则要除去固形物后浓缩,再用盐析或有机溶剂沉淀,纯度需要再高一点则要经离子交换层析和超滤等分离方法进一步纯化。

淀粉酶的生产

淀粉酶是水解淀粉物质的一类酶的总称。广泛存在于动植物和微生物中。它是最早实现工业化生产并且应用最广、产量最大的一类酶制剂。按照水解淀粉的方式不同,可将淀粉酶分为四大类:α-淀粉酶、β-淀粉酶、葡萄糖淀粉酶和解枝酶(异淀粉酶)。此外,还有一些与工业有关的淀粉酶,如环化糊精生成酶、α-葡萄糖苷酶(又称葡萄糖苷转移酶)等。

α-淀粉酶的生产

工业上大规模生产和应用的 α-淀粉酶主要来自细菌和霉菌,特别是枯草杆菌,我国葡萄糖化工业使用的液化酶 BF-7658、美国的 Tenase 等属于这一种。

霉菌 α-淀粉酶大多采用固体曲法生产,固体培养法以麸皮为主要原料,酌量添加米糠或豆饼的碱水浸出液,以补充氮源。在相对湿度 90% 以上,发酵 pH 为微酸性,32~35℃ 的温度下发酵 36~48 小时,立即在 40℃ 条件下烘干或风干,即得工业生产用的粗酶。

细菌 α-淀粉酶则以液体深层发酵为主。细菌在中性至微碱性的环境中发酵,温度 37℃,通气搅拌,发酵时间为 24~28 小时。发酵液常以麸皮、玉米粉、豆饼粉、米糠、玉米浆等为原料,并适当补充无机氮源,此外还需添加少量镁盐、磷酸盐、钙盐等。固形物浓度一般为 5%~6%,高的可达 15%。对于较高浓度的发酵液,为了降低发酵液的黏度,有利于氧的溶解及菌体生长,原料可先用 α-淀粉酶液化,有机氮源可用豆饼碱水浸出液代替。结束发酵时,离心或以硅藻土作为助滤剂除去菌体及不溶物。在钙离子存在下经过低温真空浓缩后,加入防腐剂、稳定剂以及缓冲剂,成为成品。这种液体的细菌 α-淀粉酶呈暗褐色,带不愉快的臭味,在室温下放置数月而不失活。

为制备高活性的α-淀粉酶并使贮运方便,可把发酵液用硫酸盐盐析或有机溶剂沉淀,制成粉状酶制剂,最好贮存在25℃条件以下较干燥、避光的地方。

工业上回收α-淀粉酶常用盐析、有机溶剂沉淀和淀粉吸附三种方法,其中盐析法用得比较普遍。用于α-淀粉酶的中性盐有硫酸铵、硫酸钠等,其中以硫酸铵最为常用,因为此盐的溶解度较大。

β-淀粉酶的生产

β-淀粉酶过去主要是从麦芽、大麦、甘薯、大豆等高等植物中提取。近年来,发现不少微生物都能产生β-淀粉酶,微生物β-淀粉酶对淀粉的作用与高等植物的β-淀粉酶是一致的,但在耐热性等方面都比高等植物更适合于工业化应用。

目前,对产β-淀粉酶菌种研究较多的是多黏芽孢杆菌、巨大芽孢杆菌、蜡状芽孢杆菌、环状芽孢杆菌和链霉菌等。它们有可能发展成为微生物β-淀粉酶的生产菌种。由于异淀粉酶和β-淀粉酶可以相互配合使用,可以筛选同时具有这两种酶的菌种。现举一例说明β-淀粉酶生产的基本过程。

巨大芽孢杆菌合成耐热β-淀粉酶的发酵培养基组成为:淀粉3%,葡萄糖0.5%,蛋白胨1%,玉米浆1%,磷酸氢二钾0.5%。接种后在34℃搅拌培养48小时,发酵液酶活性达25.5单位/毫升。将发酵液于8 000转/分的条件下离心20分钟,除去菌体,上清液中加硫酸铵,沉淀得粗酶制剂。将其溶解于醋酸盐缓冲液中,酶液用自来水透析3天,逐滴加入25%醋酸铅溶液,使其中杂质沉淀,离心除去沉淀。再用硫酸铵盐析得较纯的酶制剂。

蛋白酶的生产

蛋白酶是水解蛋白质的一类酶的总称。由于每一种酶都有其作用的最适pH,目前蛋白酶的分类多以产生菌的最适pH为标准,分为酸性蛋白酶、中性蛋白酶和碱性蛋白酶。

酸性蛋白酶的生产

(1) 菌种 至今为止,已用于生产酸性蛋白酶的微生物有曲霉属、青霉属、毛霉属、根霉属、酵母和细菌等。其中以曲霉属中的黑曲霉为主,产生的蛋白有一定的耐酸性和耐热性。杜邦青霉产生的蛋白酶也有耐酸和耐热的特性。

(2) 发酵工艺

① 发酵培养基:产酸性蛋白酶的微生物的发酵培养基都基本选择麸皮、米糠、玉米粉、淀粉、饲料鱼粉、豆饼粉、玉米浆等各种碳氮源,按各种不同比例混合,添加无机盐配成各种培养基。

② 接种量:适当控制接种量与菌株产酸性蛋白酶的活力关系很大,接种量并非越大越好。用宇佐美曲霉 537 生产酸性蛋白酶时,5% 的接种量比 10% 要好。

③ pH:对于生产酸性蛋白酶的菌株来说,培养基的起始 pH 对其产量有较大的影响。不同的菌种对起始 pH 的要求也各有不同。

④ 温度:酸性蛋白酶的生产对于温度的变化很敏感。黑曲霉的正常发酵温度为 30℃,斋藤曲霉为 35℃,根霉和微紫青霉为 25℃。

⑤ 通风量:通风量较大对产酸性蛋白酶有利,但通风量对产酶的影响还随着培养基和菌种不同而异。有的菌株对通风量要求较高,在发酵前期风量不宜过大,过大反而不利于产酶,但在发酵后期 48 小时以后,风量应适当加大。通风量不足对黑曲霉菌丝体的生长无明显影响,但对酶产量有严重的影响。

⑥ 氧载体:氧载体能使培养基中的氧传递速度加快,产生的气泡少,对菌丝体的剪切力小,能明显提高菌株产酸性蛋白酶的量。常用的氧载体有正十二烷、全氟化碳、液态烷烃等。

(3) 酸性蛋白酶提取工艺

酸性蛋白酶粗酶液中含有的杂质主要有淀粉酶和色素等,提取的方法主要有沉淀结晶法和离子交换层析法,下面以斋藤曲霉酸性蛋白酶的提纯为例具体说明。

① 沉淀结晶法:将粗酶液适当浓缩后加入吸附剂以吸附杂质淀粉酶,它们以沉淀的形式析出,过滤后向上清液中加入乙醇沉淀蛋白酶,再加入醋酸缓冲溶液溶解蛋白酶,使其中含有的杂质沉淀下来(可过滤除去杂质)。酶液用硫酸铵盐析析出蛋白酶沉淀,将沉淀溶于水中,加丙酮后使溶液饱和,在 0℃ 的温度下放置 4~5 天,蛋白酶结晶析出。

② 离子交换柱层析法:为除去酶液中的色素,可将粗酶液先用吸附色素的树脂在 pH 2.8～3.0 的条件下处理,然后溶于缓冲液中,通过装有弱酸性阳离子交换树脂的柱子,淀粉酶和蛋白酶结合到树脂上,再用不同 pH 的缓冲液洗脱,分别使淀粉酶和蛋白酶洗脱下来,收集蛋白酶液,经过硫酸铵盐析和丙酮结晶得到蛋白酶晶体。

中性蛋白酶的生产

(1) **菌种及培养基** 产生菌有枯草芽孢杆菌、巨大芽孢杆菌、地曲霉、酱油曲霉、米曲霉和放线菌中的灰色链霉菌等。

发酵培养基常用的碳源有葡萄糖、淀粉、玉米粉、米糠、麸皮等,主要的氮源是豆饼粉、鱼粉、血粉、酵母和玉米浆等。一般来说,枯草芽孢杆菌深层培养所用的培养基浓度比较高,曲霉培养则浓度较低。

(2) **发酵工艺** 以放线菌 166(微白色链霉菌)为例。

① 种子培养:先将沙土管保藏的菌种移植入茄子瓶斜面培养基中,28℃培养 10 天左右,使孢子大量生长。将茄子瓶中的孢子制备成悬浮液,接入种子罐中,在 28～29℃和 180 转/分的条件下,20 小时前通风量为 1:0.4,20 小时后通风量为 1:0.5,培养 40 小时左右,转入发酵罐。

② 发酵:5 000 升标准发酵罐,装料 3 000 升,接种量 10%,发酵温度 28～29℃,搅拌 180 转/分,通风量控制为 20 小时前 1:0.4,20～24 小时 1:0.6,40～50 小时 1:0.8。

③ 提取:向发酵液中加入 0.6%的氯化钙溶液,再加硫酸铵至最终浓度 55%,搅拌 1 小时,静置 20～24 小时压滤,湿酶在 40℃以下鼓风干燥,粉碎后即为成品。

放线菌 166 中性蛋白酶的性质:最大的特点是对蛋白质分解能力强,作用范围广。对蛋白质的水解率可达 80%,对多数蛋白,如酪蛋白、血清蛋白、血红蛋白、血纤维蛋白、血清 γ-球蛋白、明胶、大豆蛋白、麻仁蛋白等均可水解。凡现在已知各种蛋白酶能作用的蛋白质,放线菌蛋白酶均可作用,并且还能作用于其他蛋白酶不易作用的蛋白质,且可使其分解至氨基酸。

放线菌中性蛋白酶在 35℃以下稳定,其最适反应温度为 40℃,最适反应 pH 为 7～8,比其他蛋白酶的应用要广泛得多。

碱性蛋白酶的生产

碱性蛋白酶是一类作用的最适 pH 为 9～11 的蛋白酶,又称丝氨酸蛋白酶。

(1) 生产菌种　可产生碱性蛋白酶的菌株很多,但用于生产的菌株主要是芽孢杆菌属的几个种,如地衣芽孢杆菌、解淀粉芽孢杆菌、短小芽孢杆菌和嗜碱芽孢杆菌,以及放线菌中的灰色链霉菌、费氏链霉菌等。

(2) 发酵工艺　以地衣芽孢杆菌 2709 碱性蛋白酶的生产为例。

地衣芽孢杆菌 2709 碱性蛋白酶是国内最早投产(1971 年)的碱性蛋白酶,也是产量最大的一类蛋白酶,其产量占商品酶制剂总量的 20% 以上。此酶主要用于制造加酶洗涤剂,也用于制革和丝绸脱胶等。

① 种子培养:将斜面种子接入茄子瓶培养后制成悬液,接入种子罐培养液中。接种量 5%,在 36℃ 下通风(1∶0.7),搅拌 250 转/分,培养 18～20 小时左右。

② 发酵:10 000 升发酵罐中装发酵培养基 5 000 升,接种量 10%。在 36℃ 下通风(前期 1∶1.5,后期 1∶0.2)搅拌 40 小时左右。

(3) 提取　地衣芽孢杆菌菌体细小,发酵液黏度大,直接采用常规离心或板框过滤的方法进行固液分离十分困难,而且也得不到澄清滤液。目前,国内一般工厂都采用无机盐凝聚的方法或直接将发酵液进行盐析。前者即向发酵液中加入一定量的无机盐,使菌体及杂蛋白聚集成大一些的颗粒,再进行压滤,此法虽能除去菌体,但过滤速度仍较慢,且色泽较深。后者即直接将发酵液进行盐析,得到酶、菌体、杂蛋白的混合体系。

为解决上述问题,可采用絮凝法来处理发酵液,即向发酵液中加入碱式氯化铝,使终浓度为 1.5%,然后用碱将发酵液 pH 调节到 8.5 左右,再加入聚丙烯酰胺,使终浓度为 80 毫克/升,在 50 转/分的搅拌速度下搅拌 7 分钟后,静置一段时间,然后在一定真空度下抽滤,向滤液中加入硫酸钠,使终浓度为 55%,静止 24 小时后,倾去上清液,加硅藻土 2%,压滤后干燥,磨粉,即为成品酶。絮凝法的优点是过滤速度快,滤液澄清,经盐析后,所得到的酶活性有所提高,外观色泽比无机盐法制得的酶粉浅得多。

微生物发酵生产食品添加剂

食品添加剂是指为改善食品品质(包括感官)和防腐而加入食品中的化学合成物质或天然物质。微生物性食品添加剂是指通过培养微生物或发酵的方法而制取的食品添加剂。这类添加剂具有天然、安全无毒等优点,因而具有良好的开发前景。

黄原胶的生产

(1) **黄原胶的性质**　黄原胶又名汉生胶,是 20 世纪 70 年代发展起来的一种微生物发酵产品,是一种无毒无害的酸性杂多糖。黄原胶是一种浅黄色至浅棕色粉末,稍带臭味,有以下性能和特点:具有良好的水溶性;黏性好(1‰的黄原胶水溶液强度相当于同样浓度的明胶溶液的 100 倍);对热和冷不敏感,食品加工中所需的高温高压处理和冷冻不会破坏黏度性能;对 pH 稳定,尤其在酸性系统中有极好的溶解性和稳定性,但 pH<4 或 pH>10 时黏性上升;优良的悬浮性;能与大多数盐类配伍;乳化性能良好;保水性好,在食品加工或贮藏中能防止水珠的渗出;提高食品的营养价值;不溶于乙醇;与角豆胶合用可提高弹性,与瓜尔豆胶合用可提高黏性。

(2) **黄原胶的发酵生产**　黄原胶是由黄单孢菌属中的野油菜黄单孢菌产生的一种胞外多糖,其生产以蔗糖或葡萄糖、玉米糖浆为碳源,蛋白质水解物为氮源,加入钙盐和少量的磷酸氢二钾、硫酸镁和水制成培养液,接种后,在 pH6.0~7.0 的条件下发酵 50~100 小时而得。发酵液杀菌后加入异丙醇或己醇使黄原胶沉淀而制得。

乳酸菌素的生产

乳酸菌素是细菌素的一种,是乳酸链球菌的代谢产物之一,又称乳酸链球菌肽,为白色或略带黄色的结晶粉末或颗粒,略带咸味,是目前世界上唯一允许用于食品防腐的细菌素。能抑制肉毒梭状芽孢杆菌的繁殖和毒素形成。乳酸链球菌素加入到食品中后,可受到牛奶、肉汤等大分子物质的保护,稳定性大大提高。

乳酸链球菌素是由乳酸链球菌在控制条件下发酵生产的，所得的发酵醪经蒸汽喷射杀菌，再由压缩空气浓缩，或经酸化、盐析后喷雾干燥制得。

红曲米的生产

红曲米又称红曲、赤曲、红米、福米。外表为棕红色到紫红色的米粒，断面为粉红色，略有酸味。溶于热水及酸、碱溶液和氯仿，溶液呈红色。

将稻米（籼稻、粳稻、糯稻）加水浸泡，蒸煮至熟，打散，冷却至 45℃，接种紫红曲霉、安卡红曲霉或巴克红曲霉等，经发酵制成。我国常用于生产红曲米的菌种为安卡红曲霉，将菌种在 30℃培养基质内静置培养约 3 周，菌株在培养基质内大量增殖，菌丝体呈深红色，基质亦呈深红色，取出干燥而得。

微生物发酵生产功能性食品

与微生物有关的功能性食品和普通食品一样，具有营养功能（第一功能）和感官功能（第二功能）。此外，还具有调节人体某一特殊生理活动的功能，即所谓第三功能。这类功能性食品也称保健食品，如功能性低聚糖、香菇多糖、螺旋藻等。

功能性低聚糖

功能性低聚糖是一类不被人体所利用，但可被双歧杆菌所利用的低糖，包括水苏糖、棉籽糖、帕拉金糖、低聚果糖、低聚木糖、低聚半乳糖、低聚异麦芽糖、低聚乳果糖、低聚龙胆糖等。双歧杆菌是人体必需的一类生理性细菌，保持双歧杆菌在体内（尤其在肠道）的优势有益于人体健康，因而功能性低聚糖成为一种重要的功能性食品基料。

（1）**低聚果糖的生产**　工业生产上一般采用黑曲霉等产生的果糖转移酶作用于高浓度（50％～60％）的蔗糖溶液，经过一系列的酶转移作用获得低聚果糖产品。

首先将筛选出的高酶活黑曲霉菌株接种于 5％～10％蔗糖液培养基中，在 30℃下振荡培养 2～4 天，获得具有较高的果糖转移酶活性的黑曲霉菌丝体。为了有利于酶活性的提高，在培养基中可适当添加氮源物质（如蛋白胨和硝酸铵,0.5%～0.75%)和无机盐(硫酸镁和磷酸二氢钾,0.1%～0.15%)。可采用固定化增殖细胞(用海藻酸钙包埋)来连续生产低聚果糖。然后将50%～60%的蔗糖糖浆在50～55℃温度下以一定速率流过固定化酶柱或固定化床,使酶作用于蔗糖发生转移反应,接着用活性炭脱色、膜分离技术和离子交换法脱盐等手段分离提纯低聚果糖,最后浓缩可得低聚果糖含量为55%～60%的液体糖浆制品。若进一步分离提纯,可精制出低聚果糖含量在95%左右的高纯度低聚果糖产品。

(2) **低聚半乳糖的生产** 低聚半乳糖是由β-半乳糖苷酶作用于乳糖而制得的β-低聚半乳糖,它的热稳定性较好,即使在酸性条件下也是如此。它不被人体消化酶所消化,具有很好的双歧杆菌增殖活性。成人每天摄取8～10 g,1周后其粪便中双歧杆菌数大大增加。

自然界中的许多霉菌和细菌都可产生β-半乳糖苷酶,如嗜热链球菌、黑曲霉和米曲霉。以高浓度的乳糖溶液为原料,β-半乳糖苷酶促使乳糖发生转移反应生成β-低聚半乳糖,再按常法脱色、过滤、脱盐、浓缩,即得低聚半乳糖浆,进一步分离精制可得高纯度低聚半乳糖产品。

螺旋藻的生产

螺旋藻是一类低等植物,它的蛋白质含量极高(60%以上),必需氨基酸组成平衡且含量丰富,含6种维生素,其中维生素B_6含量特别高,是动物肝脏的35倍,是已知生物中含量最高的一种。β-胡萝卜素、γ-亚麻酸等含量也很高,螺旋藻还含有多种人体必需的微量元素,如铁、锌、铜、硒等,它们不仅易被人体吸收利用,还可有效调节机体平衡及酶的活性。研究表明,螺旋藻还含有小分子多糖、糖蛋白等生物活性物质。

螺旋藻的生产应具备和掌握好以下几个环节:藻种、培养基质、大池培养以及采收和干燥。

(1) **藻种** 目前国内外使用的藻种为钝顶螺旋藻和极大螺旋藻,国内大多采用钝顶螺旋藻。在培养过程中应对藻种进行生产性能考察,根据需要进行驯化和复壮,以防退化和变异。

(2) **培养基质** 国内外广泛使用的培养基质由下列成分组成:碳酸氢钠4.5克、硝酸钠1.5克、氯化钠(粗盐)1.0克、硫酸钾1.0克、磷酸二氢钠

0.5 克、硫酸亚铁 0.01 克、硫酸镁 0.2 克、氯化钙 0.04 克,淡水 1 000 毫升。培养过程中,根据温度、光线、pH 及藻体形态特征不断补添新的培养液。基质 pH 通常为 9。

(3) **大池培养**　藻种的大池接种量应适中,培养 4～5 天即可采收。培养过程中要定时记录气温、水温、pH 等,清除杂物,定时搅拌。最适的培养温度为 25～35℃,搅拌可以使营养物质和藻体均匀,同时排出过多的氧。用碳酸氢钠控制 pH 在 10 左右。

(4) **采收和干燥**　采收和干燥是关键的环节,也比较困难。藻液的过滤一般采用斜筛、重力曲筛,脱水设备采用三足式离心机或真空吸滤机,干燥可采用喷雾干燥技术。

食用菌发酵制品概述

食用菌是一种可供人们食用的大型真菌,如蘑菇、香菇、草菇、平菇、金针菇、白木耳、猴头菇、竹荪、松茸、牛肝菌,也包括传统上作为药用的大型真菌,如灵芝、茯苓等。食用菌营养全面,含有蛋白质、脂肪、多糖、维生素、无机盐、核苷酸等,其特点是蛋白质含量高,脂肪含量较低,是一种理想的保健食品。

食用菌的生产法分为深层培养和固体基质栽培两大类,以往多用固体基质培养的方法生产子实体,以其子实体为对象将其进行适当的处理,提取并利用子实体中具有营养保健价值的真菌多糖、核苷酸类、微量元素等制成各种营养保健食品,这类食品加工属于非发酵食品范畴,由于栽培上的各种限制往往不如深层培养省时、省力。食用菌的深层培养将传统的固体露天栽培法发展成为液体深层发酵生产菌丝体,并以此生产出各种具有食用菌特有营养及风味的新型保健食品。实际上,食用菌的子实体、菌丝体、培养液均可用来生产食品。

食用菌液体深层培养就是用发酵罐液体培养基进行发酵,可在较短时间内(10 天左右)得到大量菌丝体,用这种方法生产得到的是菌丝体和代谢产物,研究表明,菌丝体中所含营养成分与固体培养所得子实体中营养成分基本相同,这就为发酵生产食用菌制品提供了可靠的保证。

食用菌深层发酵的基本工艺流程如下:试管母种在摇瓶中扩培后进入

种子罐培养,然后进入发酵缸深层发酵,得到的菌丝体过滤后再加工得到制品。

香菇深层发酵及其制品

取成熟的香菇,切去菌柄,用 75％酒精作表面灭菌,用无菌接种环插入两片菌褶间,并轻轻抹过菌褶,此时接种环上就粘上了孢子,用它在斜面试管培养基上画线,25～26℃培养,7～10 天后看到菌丝体。将斜面上的菌丝体接入装有培养基的摇瓶中,25℃振荡培养 8 天,得一级摇瓶种子,一级摇瓶种子按 10％接种量扩大培养,得二级摇瓶种子,然后按 10％接种量接入种子罐中,25℃通气培养 6～7 天。将生产种子按 10％接种量接入发酵罐中,25℃通气培养 6 天后发酵液变稠,颜色由棕黄色变为淡褐色,并散发出淡淡的酒香味时,即可终止发酵。

在上述发酵罐中加入 0.06％～0.1％的柠檬酸,调节 pH 为5.5,再通入蒸汽,使发酵液温度升高到 45～55℃,保持 5～6 小时后将发酵液升温至75℃,维持 30 分钟,使其中的酶失活,并稳定香菇液的成分,趁热用过滤机过滤,即得香菇滤液。根据不同的口感要求,香菇滤液中可加入酸味剂、甜味剂、稳定剂,之后进行均质、装罐、杀菌,即得香菇发酵饮品。

灵芝深层发酵及其制品

野生灵芝取菌盖前端呈浅黄色组织切成 0.2 立方厘米小块,并用 75％酒精作表面灭菌处理,接种于斜面培养基上,于 28℃黑暗条件下培养,至菌丝长出为止。将分离菌株接种于液体种子培养基中,于温度 28℃、相对湿度 80％～90％的条件下静置培养 3～4 天。将上述液体种子以 10％的接种量逐级放大,在 28℃振荡培养约 3 天,然后以 10％接种量接入发酵罐中,在 28℃条件下振荡培养至菌体含量占 25％～28％,有悦人的浓郁芳香时即可终止发酵。

将发酵液用胶体磨研磨,并根据口感需要添加少量奶粉、稳定剂调配后进行均质、脱气、装罐,121℃杀菌 15～20 分钟,即可获得色泽乳白、体态均一、口感良好的灵芝蛋白液成品。

五、软饮料的生产

软饮料的概念

饮料是经过加工制造的、供人们饮用的食品,以能提供人们生活必需的水分和营养成分,达到生津止渴和增进身体健康为目的。饮料品种丰富多彩,风味各异,适合各类人群饮用。根据饮料中是否含有酒精,将饮料分为含酒精饮料(包括各种酒类)和不含酒精饮料(并非完全不含酒精,如所加香精的溶剂往往是酒精,另外发酵饮料可能产生微量酒精)。按照饮料的组织形态来分,饮料分为固体饮料(如咖啡)、共态饮料(如冰激凌)和液体饮料(如橙汁)三种。

什么是软饮料呢?一般认为非酒精饮料即为软饮料。不同的国家对软饮料的定义是不同的。

在美国,软饮料是指人工配制、酒精(用做香精等配料的溶剂)含量不超过0.5%的饮料,不包括纯果汁、纯蔬菜汁、乳制品、大豆乳制品以及茶叶、咖啡、可可等以植物性原料为基础的饮料。它可以充碳酸气,也可以不充碳酸气,还可以浓缩加工成固体粉末。

日本没有软饮料的概念,只称为清凉饮料,包括碳酸饮料、水果饮料、固体饮料,与美国的最大差别是将天然果汁也包括在软饮料之列。

英国将软饮料定义为任何供人类饮用而出售的需要稀释或不需要稀释的液体产品,包括果汁饮料、汽水(包括苏打水、奎宁汽水、甜化的汽水)、姜啤以及加药或植物的饮料,不包括水、天然矿泉水(包括强化矿物质的)、果汁(包括加糖和不加糖的、浓缩的)、乳及乳制品、茶、咖啡、可可或巧克力、蛋制品、粮食制品(包括加麦芽汁含有酒精的粮食制品,但不能醉人的除外)、肉类、酵母或蔬菜等制品(包括番茄汁)、汤料、能醉人的饮料以及除苏打水以外的任何不甜的饮料。

我国国家标准(GB10789—2007)中规定:饮料是指经过定量包装的供直接饮用或用水冲调饮用的,乙醇含量不超过质量分数为 0.5％的制品,不包括饮用药品。

软饮料的分类

① 碳酸饮料类:在一定条件下充入 CO_2 的软饮料,不包括由发酵法自身产生 CO_2 的饮料,其成品中 CO_2 容量(20℃时容积倍数)不低于 2.0 倍。

② 果汁(浆)及果汁饮料类:果汁(浆)和果汁饮料类实际上包括果汁(浆)和果汁饮料两大类。果汁(浆)是用成熟适度的新鲜或冷藏水果为原料,经加工所得的果汁(浆)或混合果汁类制品。果汁饮料是在果汁(浆)制品中加入糖液、酸味剂等配料所得的果汁饮料制品,可直接饮用或稀释后饮用。

③ 蔬菜汁饮料类:由一种或多种新鲜或冷藏蔬菜(包括可食的根、茎、叶、花、果实、食用菌、食用藻类及蕨类等)经榨汁、打浆或浸提制得的制品。

④ 含乳饮料类:以鲜乳或乳制品为原料未经发酵或经发酵后,加入水或其他辅料调制而成的液体制品,包括配制型含乳饮料和发酵型含乳饮料。

⑤ 植物蛋白饮料类:用蛋白质含量较高的植物的果实、种子,以及核果类和坚果类的果仁等与水按一定比例磨碎、去渣后,加入配料制得的乳浊状液体制品,其成品蛋白质含量不低于 0.5％。

⑥ 瓶装饮用水类:指密封在塑料瓶、玻璃瓶或其他容器中可直接饮用的水,其原料水除了允许使用臭氧之外,不允许有外来添加物。

⑦ 茶饮料类:茶叶经过抽提、过滤、澄清等加工工序后制得的抽提液,直接装罐或加入糖类、酸味剂、食用香精、果汁、植物抽提液等配料调制而成的制品。

⑧ 固体饮料类:用糖、食品添加剂、果汁(或不加果汁)或植物抽提物等为主要原料,加工制成的粉末状、颗粒状或块状的经冲溶后饮用的制品,其成品水分小于 5％。

⑨ 特殊用途饮料类：为人体特殊需要而加入某些食品强化剂或为特殊人群需要而调制的饮料，比如运动饮料、营养素饮料和其他特殊用途饮料。

⑩ 其他饮料类：除了上述 9 种类型以外的软饮料，还包括果味饮料、非果蔬类植物饮料、其他水饮料和其他饮料等类型。

软饮料的原料——水

水在饮料中占 85% 以上，所以水的质量好坏直接影响饮料质量的好坏。泉水、井水、湖水和江河水等天然水在自然界中是不断循环的，在循环过程中会有各种物质溶解混入其中，因此天然水都含有杂质，这些杂质能直接影响到饮料产品的味道、气味、口感和外观，甚至可能会危害人身的健康，所以作为饮料用水，必须把水中的杂质和有害成分减到最低限度。为了保证饮料的质量，对达不到国家标准的水要进行水处理。

天然水中都有哪些杂质呢？天然水中的杂质主要分为两大类：第一类是可见的悬浮物，如泥沙类杂质、微生物以及蛋白质和腐殖质等有机物；第二类是不可见的、在水中形成真溶液的分子和离子，主要包括溶解在水里的钙、镁、钠、铁等的金属盐类和氧气、二氧化碳和硫化氢等可溶性气体。

水中所含无机盐构成了水的硬度和碱度。根据水里所含 Ca^{2+} 和 Mg^{2+} 的多少，天然水被分为硬水和软水：溶有较多量 Ca^{2+} 和 Mg^{2+} 的水叫做硬水；溶有少量的 Ca^{2+} 和 Mg^{2+} 的水叫做软水。当水的硬度过大时，对饮料生产会产生一些不良影响，如碳酸氢钙等会与有机酸反应产生沉淀，影响产品感官性，而且非碳酸盐硬度过高时饮料会出现盐味。另外，在洗瓶时在浸瓶槽上形成水垢等。人们经常通过物理（沉淀、过滤、蒸馏等）和化学（电渗析、离子交换）等工艺方法把硬水中的杂质降低到最低限度，这样的水处理过程称为水的软化。

水的碱度是指水中能与强酸发生中和反应的物质的总量，主要由水中的碱性物质氢氧化钠、氢氧化钙、氨气、碳酸盐、碳酸氢盐、硅酸盐、磷酸盐等构成。水的碱度过大时同样会对饮料生产产生不良影响：与金属离子发生反应形成水垢，产生不良气味；与饮料中的有机酸反应，改变饮料的酸甜比和风味；影响碳酸饮料中二氧化碳的溶入量；使饮料的酸度下降，使微生物易在饮料中生存；生产果汁型碳酸饮料时，会与果汁中的某些成分发生反应，生成沉淀等。

　　了解了天然水的杂质以及硬度、碱度对软饮料的影响,那么软饮料用水有什么特殊要求呢?软饮料用水的水源主要是指自来水、深井水、泉水。饮料用水首先要符合国家标准——"生活饮用水卫生标准(GB5749)"。从下表中可以看出,饮料用水对水质的要求比一般饮用水在浊度、色度、硬度、碱度等方面都更为严格。因此必须对不符合饮料用水要求的水质进行改良,这个过程称为水处理。在水处理之前,应首先对水质进行精密分析,了解水中杂质种类、状态,并确定用水量,以便决定水处理选用的工艺、设备。

饮用水与饮料用水在指标上的差异

指标	饮用水	饮料用水
浊度/度	<3	<2
色度/度	<15	<5
溶解性总固体/毫克·升$^{-1}$	$<1\ 000$	<500
总硬度(以 $CaCO_3$ 计)/毫克·升$^{-1}$	<450	<100
铁(以 Fe 计)/毫克·升$^{-1}$	<0.3	<0.1
高锰酸钾消耗量/毫克·升$^{-1}$	—	<10
总碱度(以 $CaCO_3$ 计)/毫克·升$^{-1}$	—	<50
游离氯/毫克·升$^{-1}$	≥ 0.3	<0.1
致病菌	—	不得检出

水处理的方法

　　(1) **沉淀**　通常是用大池,将水引到池里静置。在静置过程中可以不加任何物质和药剂,这样的静置法称为简单静置。另一种是凝置,就是在池里加明矾、硫酸亚铁一类的凝结剂。如果原水较清,可采用简单静置。如果是泥沙含量较多的水,就得添加凝结剂,采用凝置。水中的悬浮物大多是沙和黏土之类的无机物和少量的有机物。水在池里的时间越长,沉淀的杂质越多,一般静置时间在 24 小时以上。

　　(2) **过滤**　过滤是将经过静置的清水通过砂石聚成的滤层过滤,这样

不但可以彻底清除悬浮物,而且能除去大部分的霉菌、细菌等微生物,所以过滤改良水是最重要的步骤。

(3)**软化**　饮料用水在使用前必须进行软化处理,使水的硬度降低。硬水软化的方法主要有石灰软化法、离子交换法、电渗析法和反渗透法等。石灰软化法是在水中加入石灰等化学药剂,在不加热条件下除去 Ca^{2+} 和 Mg^{2+} 来降低水的硬度。离子交换法就是将原水通过离子交换树脂,离子交换树脂能把水中不需要的离子通过交换而暂时占有,把自身的离子换到水中去,从而使水得到软化。电渗析法是将水通过一个离子交换膜,在直流电场的作用下,以电位差作为推动力,使水中的阴、阳离子定向移动,离子交换膜并不能允许所有的离子都通过,只能让水中一部分离子进入另一部分水中,从而达到软化的目的。反渗透与电渗析一样,是一项膜分离技术,但反渗透不是靠电位差,而是利用压力差作为推动力,以足够的压力使水通过反渗透膜分离出来,从而达到除盐的目的。

(4)**消毒**　水经混凝、沉淀、过滤、软化处理后,水中大部分微生物随同悬浮物质、胶体物质和溶解杂质等已被除去,但仍有部分微生物存留在水中,为了保证产品质量和消费者的健康,对水要进行严格的消毒处理。目前常用的消毒方法有氯消毒、紫外线消毒和臭氧消毒。水的加氯消毒是世界各国目前最普遍使用的饮料水消毒法。

软饮料的常用辅料

软饮料的常用辅料有二氧化碳、甜味剂、稳定剂、防腐剂、酸味剂、着色剂、香料及其他辅料。

二氧化碳在软饮料中的作用

二氧化碳是碳酸饮料中的重要成分,是碳酸饮料的特征。二氧化碳在碳酸饮料中的作用主要包括以下几点:

带出人体内的热量,给人以凉爽感。当人们喝入碳酸饮料后,由于受热及压力下降,饮料中的碳酸分解成二氧化碳和水,当二氧化碳从体内逸出时会带走热量,使人觉得凉爽,所以含二氧化碳的碳酸饮料在夏天有消暑的作用。

可产生特殊的风味。二氧化碳可与饮料中其他成分配合产生特殊的风味,二氧化碳从饮料中逸出带出香味,增强风味特征。

抑制饮料中微生物的生长繁殖,延长货架期。饮料中的二氧化碳改变了微生物正常生长繁殖的环境条件,造成缺氧环境,从而抑制了微生物的生长。一般认为 $3.5 \sim 4$ 倍以上的含气量可完全抑制微生物生长,并使其死亡。

二氧化碳的来源

在实际生产中,所需要的二氧化碳通过哪些途径来获得呢? 一般是通过化学反应,或者利用发酵的副产物,或者利用天然二氧化碳,具体有以下五种途径:

① 碳酸盐和无机酸的作用:通常是用小苏打,根据反应式,1 千克小苏打在标准状态时可以产生 270 升的二氧化碳,实际可得到 250 升。

$$2NaHCO_3 + H_2SO_4 == Na_2SO_4 + 2H_2O + 2CO_2 \uparrow$$

在利用这个反应获得二氧化碳时,硫酸的纯度是很重要的,最好是用药用的或化学纯的硫酸。

② 石灰石的热分解:在制造石灰石和水泥时产生大量的二氧化碳。通过一定的设备和工艺,可以获得廉价的二氧化碳。其反应方程式为

$$CaCO_3 == CaO + CO_2 \uparrow$$

③ 工艺发酵的副产品:某些物质发酵的副产品是二氧化碳,其反应方程式为

$$C_6H_{12}O_6 \longrightarrow 2C_2H_5OH(乙醇) + 2CO_2 \uparrow$$

比如啤酒生产厂每生产 200 吨啤酒将排出 7 400 千克的二氧化碳,有时其浓度可达 99%,发酵副产物二氧化碳的回收利用可以避免浪费。

④ 土法制取二氧化碳:可把 6 份药用小苏打和 5 份柠檬酸一起装在容器内生产二氧化碳,其原理是小苏打在酸性环境中能够释放二氧化碳和水。

⑤ 天然二氧化碳:天然二氧化碳是天然气气井中喷出的气体,其纯度可达到 99.5%。

二氧化碳的净化

以上方法获得的二氧化碳,除了天然二氧化碳纯度较高外一般都含有

杂质,所以在使用前要对二氧化碳进行净化处理。具体采用什么方法净化二氧化碳应当根据二氧化碳的来源和杂质的情况而定。

在酒厂酿酒时收集的气体或在煅烧石灰时收集的气体一般采用的净化方法是:用 $1\%\sim3\%$ 的高锰酸钾溶液进行氧化水洗,然后将二氧化碳通过活性炭过滤柱进行过滤。

天然二氧化碳是来自天然二氧化碳气井的产品,其纯度一般较高,气体经过脱硫净化处理后装入钢瓶直接用于饮料生产。

由中和法生产的二氧化碳可通过 $5\%\sim10\%$ 的碳酸钠溶液,以中和气体带来的酸雾,最后通过 $1\%\sim3\%$ 的高锰酸钾溶液,去掉还原性杂质。

来源于化工厂的废二氧化碳大多是收集了生产合成氨、尿素的过程中所产生的废气。这样得到的二氧化碳通常带有显著的硫化氢味和各种异味,必须经过碱洗、水洗、干燥和用活性炭脱臭处理。

为了便于净化后的二氧化碳贮藏和运输,有时需要将其液化,液化的过程是将净化后的气体首先经过分子筛干燥,再加压、冷却液化。

甜味剂

甜味剂是指赋予食品甜味的食品添加剂。在软饮料中添加甜味剂除了能赋予软饮料甜味以外,还有一定的营养作用。下面介绍几种常用的甜味剂。

(1) **白砂糖**　这是使用最普遍的一种甜味剂,使用时需要注意白砂糖的质量。一般用优级或一级砂糖,质量比较差的砂糖要净化处理后才能使用,否则装瓶后会产生大量泡沫,各种沉淀絮凝物质及不正常的气味。

(2) **果葡糖浆**　果葡糖浆是一种澄清透明、黏稠、无色的液体,主要成分是果糖和葡萄糖。果葡糖浆的酸度与蔗糖液的酸度相比更接近饮料的酸度,所以能较好地保持饮料的稳定性,且果葡糖浆的主要成分接近于天然果汁,具有水果清香,口感好。

(3) **蛋白糖** APM　这是由天然氨基酸天门冬氨酸和苯丙氨酸组成的蛋白甜剂,通常呈白色晶体状,无不愉快的口感,不产热,在酸性溶液中有较好的稳定性,被联合国食品添加剂专家联合委员会确认为国际 A(1)级低卡、高甜度、美味、营养型甜味剂。

（4）**糖精钠**　糖精钠又称可溶性糖精、水溶性糖精，通常呈白色、无色晶体或粉末状，无热量，适宜在糖尿病、肥胖症等患者的低热食品中使用，但不适宜于婴儿食品。GB2760－2011规定，糖精钠可以在饮料（包装饮用水类除外）中使用，其最大使用量为0.15克/千克（以糖精计）。

稳定剂

稳定剂又叫增稠剂，用于改善或稳定食品、饮料的物理性质和组织状态的一种添加剂。

传统使用的稳定剂有淀粉、明胶、琼脂、果胶等。近年来，随着食品饮料工业不断发展，研制出许多利用天然植物和农副产品制取的新型稳定剂。觉见的有羧甲基纤维素、海藻酸钠、果胶、黄原胶等。目前生产上市的果茶、粒粒橙、酸奶等都离不开稳定剂。这里不再一一介绍它们的特点，只以粒粒橙饮料为例来说明稳定剂的作用。

粒粒橙的主要特征是使橘粒砂囊均匀地悬浮于饮料中，利用悬浮稳定剂一般都能达到此目的，如羧甲基纤维素钠、琼脂、海藻酸钠和果胶等。在实际生产工艺中，为了达到有效的杀菌作用，往往需要热料装罐，这就提高了实际生产的难度。因为大多数稳定剂受温度影响，温度越高，黏性越小，越不易使橘粒砂囊悬浮，也就很难装罐。

防腐剂

防腐剂是能够杀死微生物或抑制微生物繁殖的物质。饮料中含有一定的营养物质，所以其很容易受到微生物的侵害。为了延长食品饮料的保存时间，常常需要加入一定量的防腐剂。常用的防腐剂有苯甲酸及苯甲酸钠、山梨酸及山梨酸钾等。使用防腐剂时需要注意的问题是：尽可能地减少染菌的可能性和染菌程度；防腐剂的使用应符合我国食品添加剂使用卫生标准；山梨酸钾对眼睛有刺激性，如溅入眼中，需尽快用水冲洗再治疗。

酸味剂

酸味剂又称酸度调节剂，是能调节食品酸度的食品添加剂。酸味剂对饮料的风味起着重要的作用,除了提供酸度之外,还具有防腐,掩盖金属味,帮助其他呈味物质呈味的作用。另外,酸味剂还有助于溶解纤维素及钙、磷等物质,促进消化吸收。

常用的酸味剂有柠檬酸、酒石酸、苹果酸,加入这些酸味剂可模仿水果风味。饮料中有时也加入乳酸、醋酸、氨基酸进行调和。磷酸属于无机酸,多用于非水果型软饮料,如可乐等。

着色剂

为了改善饮料的色泽,往往按不同品种的饮料要求添加相应的着色剂。着色剂习惯上又称为食用色素,按其来源和性质可分为食用天然色素和人工合成色素。天然色素有红曲色素、紫胶色素、甜菜红、姜黄、胡萝卜素等。人工合成色素有胭脂红、苋菜红、柠檬黄等。

人工合成色素的特点是色泽鲜艳,性质稳定,使用方便,溶解性好,价格便宜。天然色素的特点是安全性高,能更好地模仿天然物的颜色,但价格贵,性质不稳定,在水中溶解度差。随着食品安全标准的提高及回归自然的需要,使用天然色素是一个发展方向。

香料

香精、香料是饮料的特征部分,在饮料中,香精、香料虽然仅占 $0.01\%\sim0.1\%$,但正是香精、香料赋予饮料某种特定的香型和相应的名称,而且它们能够增进食欲,有利于消化吸收。饮料生产多用水溶性香精,近年来也常用乳浊香精。使用香精应注意的问题是:香精易于挥发,不适于在高温下添加,在饮料生产中一般在糖浆调配后期加入,以减少挥发;香精在饮料中的使用量对香味效果的影响很大,用量太小香气不足,用量太大则过于浓郁,所以在添加之前应该反复地做加香实验,以确定最佳的添加量。一般用量范围是 $0.02\%\sim0.15\%$。

其他辅料

(1) **乳化剂** 乳化剂的作用是使饮料中的脂类成分能很好地分散于饮

料中而不至于出现分层现象。常用的乳化剂主要有单甘酯、蔗糖酯、大豆磷脂等。

（2）**抗氧化剂**　添加抗氧化剂的目的在于防止因饮料中易被氧化的物质发生氧化而变质（如产生异味和氧化褐变、褪色等）。软饮料中一般使用水溶性抗氧化剂，常用的有维生素 C、亚硫酸盐类等。

（3）**酶制剂**　GB2760－2011 中规定了食品加工中允许使用的酶，使用时应具有工艺必要性，在达到预期目的的前提下应尽可能降低使用量，其残留量不应对健康产生危害，不应在最终食品中发挥功能作用。如果胶酶可用于果汁饮料的澄清、发酵，可将果胶物质分解而降低果汁黏度，破坏胶体保护作用，从而提高果汁的出汁率，加速和加强澄清作用，可按照生产需要适量是使用。

碳酸饮料的分类

碳酸饮料是指含有二氧化碳的软饮料，俗称汽水，通常由水、甜味剂、酸味剂、香精香料、色素、二氧化碳气体及其他原辅料组成。碳酸饮料因含有二氧化碳气体，不仅能使饮料风味突出，口感强烈，还能产生清凉爽口的感觉，是人们在炎热的夏天消暑解渴的优良饮品。

（1）**果汁型碳酸饮料**　指原果汁含量不低于 2.5% 的碳酸饮料，如橘汁汽水、橙汁汽水、菠萝汁汽水和混合果汁汽水等。果汁汽水具有原果特有的色、香、味，不仅可以消暑解渴，还有一定的营养作用，属于高档汽水，一般可溶性固形物为 8%～10%，含酸 0.2%～0.3%，含二氧化碳 2～2.5 倍，是属于大力发展的汽水品种。由于加入果汁的形态不同，可分为澄清型和浑浊型果汁汽水。

（2）**果味型碳酸饮料**　指以果香型食用香精为主要赋香剂，原果汁含量低于2.5%的碳酸饮料。用蔗糖、柠檬酸、色素以及果香型食用香精配制成的各种水果香型的汽水，是目前产量较稳定的汽水品种，主要起清凉解暑的作用，如柠檬汽水、橘子汽水等。产品一般含糖量 8%～10%，含酸 0.1%～0.2%，含二氧化碳 3～4 倍。

（3）**可乐型碳酸饮料**　指含有焦糖色素、可乐香精、水果香精或类似可乐果、水果香型的辛香和果香混合香气的碳酸饮料。无色可乐不含焦糖色

素。可乐型汽水是世界上碳酸饮料生产的主要产品之一,代表产品为可口可乐、百事可乐等。国内可乐型饮料如天府可乐、红雪可乐、崂山可乐等。国内的可乐饮料在外观和香型上近似于可口可乐,但其特征添加剂为中草药,因而我国所产的各类可乐除具有其他可乐的优点外,还有一定的保健作用。

(4) **低热量型碳酸饮料** 指以甜味剂全部或部分代替糖类的各种碳酸饮料和苏打水。成品热量低于 75 千焦/100 毫升。

(5) **其他型碳酸饮料** 指除上述四种类型以外,含有植物抽提物或非果香型的食用香精以及补充人体运动后失去的电解质、能量等的碳酸饮料。如姜汁汽水、运动汽水等。

从感官角度来分,汽水可分为透明型和浑浊型两类,二者的区别在于生产工艺不同。透明型是通过澄清、过滤的手段获得清澈透明的产品,果味型及某些果汁型汽水均属此类。浑浊型则是通过均质和添加浑浊剂的方法,使果汁中的果肉均匀地悬浮于汽水之中,使其呈浑浊状态而更加接近天然果汁,如浑浊型果汁汽水等。

碳酸饮料生产的灌装方法

碳酸饮料生产目前大多采用两种方法,即二次灌装法和一次灌装法。

两种灌装方法的主要区别是:二次灌装法是先将调味糖浆定量注入容器中,然后加入碳酸水至规定量,密封后再混合均匀,这种方法又称现调式灌装法、预加糖浆法或混合法。一次灌装法是指将调味糖浆与水先按一定比例泵入汽水混合机内,进行定量混合后再冷却,然后将该混合物碳酸化后再装入容器,这种方法又称为一次灌装法、成品灌装法或前混合法。碳酸饮料关键的工序是糖浆制备和碳酸化。

糖浆的制备

将定量的糖溶解,可采用冷溶解法或热溶解法。冷溶解法就是在室温条件下不经过加热,将砂糖加入水中搅拌溶解,热溶解法就是将水和砂糖按比例加入到夹层锅中,通入蒸汽加热,在高温下搅拌溶解。冷溶解每千克处理水内可溶解 500 克左右砂糖,而热溶糖量可达 700 克左右。再按照批产量的大小将一定量的辅料,如甜味剂、防腐剂、食用香精等分别用开水或温水溶解后加入到糖液中。多种辅料一起添加时投料的一般顺序是糖液、防腐剂、调味机、酸味剂、果汁、乳化剂、稳定剂、色素、香精,再加水定容。原辅料添加完之后进行搅拌,调和均匀,并经过滤机过滤。

碳酸化过程

碳酸化是指水吸收二氧化碳的过程,水和二氧化碳的混合作用实际上是一个化学反应过程,即

$$CO_2 + H_2O \xrightleftharpoons{\text{压力}} H_2CO_3$$

在一定的温度和压力下,二氧化碳在水中的最大溶解量叫做二氧化碳在水中的溶解度。这时气体从液面逸出的速度和气体进入液体的速度达到平衡,叫做饱和,该溶液称为饱和溶液。未达到最大溶解量的溶液叫做不饱和溶液。碳酸化的目的就是使一定量的二氧化碳溶解到饮料中去。影响二氧化碳溶解度的因素有二氧化碳的分压力、水温、气液接触面积与时间等。温度不变时,二氧化碳分压增高,二氧化碳在水中的溶解度就会上升。压力较低时,在压力不变的情况下,水温降低,二氧化碳在水中的溶解度会上升,反之则下降。气体溶入液体不是瞬间完成的,需要一定的作用时间,以产生一个动态平衡的环境。但仅仅增加气液接触面积来增加二氧化碳的吸收量是不够的,还应该从扩大气液接触面积来考虑,可把溶液喷雾成液滴状或薄膜状。

各种气体的溶解量不仅决定于各气体在液体中的溶解度,而且决定于该气体在混合气体中的分压,所以空气的存在会降低二氧化碳的溶解度,要尽量提高二氧化碳气体的纯度。

碳酸化是在一定的气体压力和液体温度下,在一定的时间内进行的。一般要求尽量扩大气液两相接触面积,降低液温并提高二氧化碳压力,因为单靠提高二氧化碳的压力会受到设备的限制,单靠降低水的温度效率低而且能量损耗大,所以大都采用冷却降温和加压相结合的方法。

碳酸化过程一般是在碳酸化器和汽水混合机内进行的。碳酸化器实际上是一个普通的受压器,汽水混合机的类型则有很多。

碳酸饮料中溶解了多少二氧化碳对饮料的味道影响很大,如二氧化碳

含量过高,使饮料的甜味、酸味减弱,二氧化碳含量过少时,碳酸气对人的刺激太轻微,失去碳酸饮料应有的口感。也就是说碳酸饮料中二氧化碳含量的高低,并不是衡量质量的唯一标准。特别是风味复杂的碳酸饮料,二氧化碳含量过高反而会冲淡饮料应有的独特风味。对于含挥发性成分低的柑橘型碳酸饮料尤其如此。有些碳酸饮料由于所用香料含易挥发的萜类物质,若二氧化碳含量过高,还会破坏原有的果香味而变苦。不同品种的碳酸饮料应具有不同的二氧化碳含量。一般说来,果香型汽水和果味型汽水含 2～3 倍容积的二氧化碳,可乐型汽水和勾兑苏打水含 3～4 倍容积的二氧化碳。

碳酸饮料的灌装容器及灌装原理

我国碳酸饮料的灌装容器主要有玻璃瓶、易拉罐和 PET 瓶等。对易拉罐、PET 瓶等一次性容器和新玻璃瓶,由于出厂时包装严密,在搬运、贮存时不易受污染,比较容易清洗,一般不需要消毒,只需用无菌喷淋洗涤即可用于装罐。对于多次使用的回收玻璃瓶,由于瓶内残留物的存在,很容易繁殖各种微生物,同时瓶子内外均很脏,因此需要专用的洗涤剂和消毒液进行洗刷和消毒,以符合卫生要求。特别是由于碳酸饮料在灌装过程中不进行加热灭菌,为了确保产品质量,应该把玻璃的洗涤作为最重要的工序之一。工厂里采用的洗瓶方式有毛刷刷洗式和液体冲击式。

碳酸饮料灌装原理有压差式灌装、等压式灌装和负压式灌装。灌装设备多为 16～32 个灌装头,灌装速度为 6 000～14 000 瓶/时或 22 000 罐/时左右。

橘汁汽水的生产

橘汁汽水是一种颇受大众欢迎的饮品,其原料常见易购,制作方法简单。生产橘汁汽水的配方是:蔗糖 5.5%～11.5%,柠檬酸 0.1%～0.15%,橘汁 3%～5%,二氧化碳 2%～4%,香精不超过 0.08%,糖精不超过 0.015%,苯甲酸钠 0.05%。

可以采用下列工艺流程:洗瓶→冲瓶→配料→灌浆→灌水→压盖→检验→贮存保管

将合格的空瓶放入碱液消毒池内浸泡 10 分钟,碱液浓度为 1%～3%,温度为 50～70℃,以洗去瓶内外的杂质、污物,然后把瓶子放入清水中用刷瓶器或毛刷彻底刷洗干净,然后冲瓶。冲瓶水必须经杀菌后方可使用,一般在水中加氯,使冲瓶水含有效氯不低于 3×10^{-6}。冲瓶后用灯光检验,挑出破碎或有污垢的瓶子。

配料前先将适量砂糖用无菌水加温溶化,为防止变色,温度不宜超过105℃。糖精、防腐剂和柠檬酸分别用开水溶化。配料时先将橘汁加热至40~50℃左右,与所需糖液在配料容器中混合均匀,然后分别加入糖精、色素及柠檬酸,并加适量无菌冷却水,最后加入香精。为保证汽水中有足够的二氧化碳含量,料液的温度不得超过15℃,有条件的可降低到4℃左右。

调整糖液贮存器内的糖液容量,开动灌浆机,将糖液灌入瓶内。操作人员应随时检查糖液是否符合规定注入量标准。冲洗干净灌水机,调整混合机温度至3~7℃,开动灌水机,把碳酸水灌入瓶中,同时迅速放入压盖机轧盖,密封(瓶盖应贮藏于洁净容器内,使用前用75%酒精喷射消毒,并用消过毒的纱布盖好)。

将漏气和含有杂质的汽水剔除,取合格产品装箱。在运输过程中应轻拿轻放,仓库内不应受到阳光的强烈照射。要分批存放,先放先提。这种汽水外观呈鲜艳的橘红或橘黄色,主要成分配制要按配方,色素、糖精和防腐剂须符合国家卫生标准,菌落总数不超过100个/毫升,大肠杆菌不超过6个/毫升。

碳酸饮料常见的质量问题及保证产品质量的途径

(1) 有沉淀物生成(包括絮状物的产生和不正常的浑浊现象)　出现这种现象的原因:一是产品污染了微生物,所以在生产中要减少微生物的污染,造成不利于微生物生长繁殖的环境;二是由于原辅料质量差或处理不当,在实际生产中要严格按有关标准验收原辅材料,如色素、果汁、白砂糖等。尽量稳定原辅材料购进渠道,减少由于厂家、产地等造成的质量差别。

(2) 变色(包括褐变和褪色)　褐变包括酶促褐变和非酶褐变,酶促褐变是由于产品中果汁原料所含的多酚氧化酶造成的;非酶褐变则是由美拉德反应等造成的。产生褪色的原因主要有:光线的照射,使耐光性弱的物质(主要为色素)变性褪色;温度过高,使耐热性弱的色素变性褪色或加速物质氧化还原反应的褪色。所以要加强成品的管理,尽量避光保存,避免过度曝光,贮存时间不能过长,贮存温度不能过高。

(3) **变味** 造成汽水味道改变的原因有:原辅材料质量差和处理不妥,如二氧化碳中杂质含量高,又加上净化方法不妥;来源于空气中的氧气使物质氧化而变味,如香精(特别是萜类)的氧化变味;配制时间过长、温度过高引起挥发性物质挥发逃逸,如香精,造成香味不足;微生物污染,微生物的代谢产物使产品变味,如酵母产酒精、醋酸菌产酸等;酸甜比例失调,配料不妥造成变味;二氧化碳气压过高或过低,使风味失调。生产中要选择适当的配方及合理的工艺,包括合理的糖酸比、正确的调配顺序、选择合适的各种原辅材料的处理工艺。

(4) **气不足和爆瓶** 产生气不足和爆瓶的原因有:碳酸化效果差;储藏温度高和二氧化碳含量又大,气体体积增加;瓶质量太差,耐压性小。生产中要选择性能良好的生产机械与设备,特别是碳酸化设备和灌装系统,加强瓶质量的检验。

(5) **可见性杂质** 可见性杂质主要有:严重污染的旧瓶未洗干净,如残留有玻璃片、昆虫尸体、纸屑等;在调配过程中掉进杂质。所以在生产中要注意卫生,杜绝昆虫的进入。

果蔬汁的定义和分类

以新鲜或冷藏果蔬为原料,经过清洗、挑选后,采用物理的方法,如压榨、浸提、离心等方法得到以果蔬汁为原料的果蔬汁液,称为果蔬汁,因此果蔬汁也有"液体果蔬"之称。以果蔬汁为基料,通过加糖精、香料、色素等调制的产品,称为果蔬汁饮料。

果蔬汁饮料除了能够提供人们所需的水分,起到消暑解渴的作用以外,它的主要作用在于其特殊的营养生理意义。

果蔬汁是果蔬的汁液部分,含有果蔬中所含的各种可溶性营养成分,如矿物质、维生素、糖、酸等和果蔬的芳香成分。

果蔬汁含有一些其他食品比较缺乏,甚至非常缺乏的对人体组织有益的化学成分。

某些食品含有不利于人体健康的化学成分,但在果蔬原汁和果蔬汁中这些成分的含量相当少,甚至不含这些成分。

果蔬汁中的碳水化合物主要是葡萄糖和果糖,这两种糖都很容易被人体吸收。

果蔬汁还是一种很好的碱性食品,可以中和鱼肉类酸性食品,避免食用过多肉类而造成的体内酸性物质的积累。

果蔬汁还含有一系列酚类物质,它们能减少血管壁的渗透率和脆弱性,具有防止毛细血管失血的独特作用,某些酚类物质还可以抑制某些炎症,有些还具有抗氧化作用,能防止果蔬原汁中维生素 C 的氧化分解。

参照中华人民共和国国家标准(GB10789－2007)饮料通则,将果汁和蔬菜汁分为以下几类:果汁(浆)和蔬菜汁(浆)、浓缩果汁(浆)和浓缩蔬菜汁(浆)、果汁饮料和蔬菜汁饮料、果汁饮料浓浆和蔬菜汁饮料浓浆、复合果蔬汁(浆)及饮料、果肉饮料、发酵型果蔬汁饮料、水果饮料、其他果蔬汁饮料。

果蔬汁的生产

果蔬汁的产品类型比较多,但总结起来,各类产品的加工可以用以下工艺流程图来概括说明。

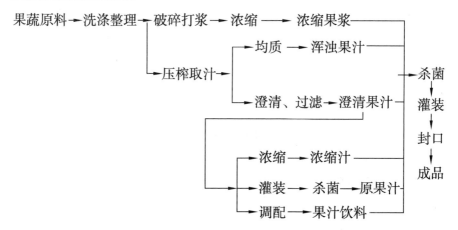

因为果蔬汁的产品种类比较多,所以从工艺流程上来看比较复杂,实际上这一个工艺流程图包括了六种果蔬汁产品的加工工艺,它们分别是浓缩果浆、浑浊果汁、澄清果汁、浓缩汁、原果汁和果汁饮料,这些产品的生产既有共性又有不同。知道了澄清果汁是如何生产的,其余的产品在澄清果汁的基础上增添了一些特殊的工序制作而成。

澄清果汁的生产

制作果蔬汁的原料要求具有良好的感官品质,营养价值高,出汁率高,新鲜无病虫害,没有腐烂,无机械伤,成熟度和糖酸比适宜。适宜做果汁的水果有苹果、梨、山楂、樱桃、桃、猕猴桃、草莓、石榴、葡萄等。适宜做蔬菜汁的有番茄、甘蓝、胡萝卜、芹菜、菠菜、冬瓜等。

清洗的目的是为了去除果蔬表面的灰尘、泥沙、微生物和农药残留。取汁的方式有压榨取汁和浸提取汁,如山楂就适宜用浸提取汁。浸提取汁的缺点是加了水,所以不能做原果汁,可以做浓缩果汁。对于压榨取汁来讲,破碎的工艺要求果块不能太大也不能太小,直径不要大于1厘米。压榨设备有带式榨汁机、气囊式榨汁机、螺旋榨汁机、裹包式榨汁机和柑橘类果实榨汁机等。

取汁后要进行静止澄清,果胶含量高的品种可以在果汁中加入果胶酶以分解果汁中的果胶,来促进澄清,放置一定时间后过滤得到澄清果汁。

取汁以后就开始进入杀菌的工艺,果蔬汁的杀菌主要有热杀菌和冷杀菌。所谓冷杀菌是相对于加热杀菌而言,无须对物料进行加热,利用其他灭菌机理杀灭微生物,因而避免了食品成分因热而被破坏。冷杀菌方法有多种,如放射线辐照杀菌、超声波杀菌、高压杀菌、紫外线杀菌、静电杀菌等。目前果蔬汁的杀菌大都采用热杀菌中的高温短时杀菌工艺以及超高温瞬时杀菌工艺,后一种可直接进行无菌灌装。

目前市场上直饮型的果蔬汁及其饮料的包装基本上是四种形式并存:纸包装、塑料瓶、金属罐和玻璃瓶。一般果蔬汁采用的灌装方式有热灌装、冷灌装和无菌灌装。热灌装是指果汁在经过加热杀菌后不进行冷却,而是趁热灌装,然后密封、冷却,灌装容器一般采用金属罐、玻璃瓶和 PET 塑料瓶。冷灌装是指果汁经过加热杀菌后,立即冷却至 5℃ 以下灌装、密封,包装容器一般采用 PET 塑料瓶。热灌装和冷灌装在灌装前包装容器需经过清洗消毒。采用无菌灌装必须满足三个基本条件,即食品无菌、包装材料无菌和包装环境无菌。无菌灌装的具体操作是果蔬汁经过加热杀菌后立即冷却至 30℃ 以下,而包装材料经过过氧化氢或热蒸汽杀菌后,在无菌的环境条件下灌装。包装容器主要有纸包装和塑料瓶。目前普遍使用的纸包装是利乐包和康美包。

其他类型果汁的特殊生产操作

（1）**浑浊汁的均质过程**　对于制作浑浊果汁，可以在取汁后进行均质处理。均质的目的是使果蔬汁中的悬浮果肉颗粒进一步破碎细化，大小更为均匀，同时促进果肉细胞壁上的果胶溶出，使果胶均匀分布于果蔬汁中，形成均一稳定的分散体系。均质一般通过高压均质机来完成。

（2）**浓缩果汁的浓缩过程**　浓缩果汁的浓缩方法主要有三种：真空浓缩法、冷冻浓缩法和反渗透浓缩法。

真空浓缩法是在一定的真空度下，在减压的温度下进行浓缩。这种方法可以防止长时间的高温煮制浓缩对果蔬汁色、香、味带来的不利影响，较好地保存果蔬汁的品质。浓缩温度一般为 25～35℃，不宜超过 40℃，真空度为 0.096 兆帕。

冷冻浓缩法是利用冰与水溶液之间的固液平衡原理，将水以固态冰的形式从溶液中分离的一种浓缩方法。果蔬汁的冷冻浓缩就是将果蔬汁进行冷冻处理，当温度达到果蔬汁的冰点时果蔬汁中的部分水呈冰晶析出，果蔬汁浓度得到提高，果蔬汁的冰点下降。当继续降温达到果蔬汁的新冰点时形成的冰晶扩大，如此反复，由于冰晶数量增加和冰晶扩大，果蔬汁浓度逐渐增大，最终至被浓缩的溶液全部冻结。

反渗透技术是一种膜分离技术，借助压力差将溶质与溶剂分离。反渗透需要与超滤和真空浓缩结合起来才能达到较为理想的效果。

其过程为：浑浊汁→超滤→澄清汁→反渗透→浓缩汁→真空浓缩→浓缩汁。

（3）**果蔬汁的调配**　果蔬汁的调配是果蔬汁制作过程中一个比较重要的工序，这是因为一些纯果蔬汁由于太酸或风味太强或色泽太浅，口感不好，外观差，需要与其他果蔬汁复合后才能直接饮用。许多蔬菜汁由于没有水果特有的芳香味，而且经过热处理易产生煮熟味，所以需要调整和复合。非纯果蔬汁饮料虽在加工过程中添加了大量的水分，但通过添加香精、糖、酸甚至色素来进行弥补，使产品的色、香、味达到理想的效果。此外，果蔬生产中还强化一些营养成分（如强化膳食纤维、维生素和矿物质等），如美国生产的橙汁中都添加了钙。

具体的果蔬汁调配方法有：利用不同种类或不同品种果蔬的各自优势进行复配，如利用玫瑰香品种提高葡萄汁的香气，利用深色品种改善产品色泽；许多热带水果香气浓厚，悦人，是果蔬汁生产中很好的复配原料；根据情况添加香精、色素、酸、糖、维生素、矿物质、膳食纤维等成分。

苹果甜果汁的生产

现代科学证明，食用苹果能够降低血胆固醇、降血压、保持血糖稳定，且能降低过旺的食欲、有利于减肥，苹果汁能杀灭传染性病毒，治疗腹泻并预防蛀牙。国外的一项临床医学研究发现，苹果汁对锌缺乏症具有惊人疗效，这项研究被称为"苹果疗法"。与常用的含锌药物疗法相比，苹果汁比含锌高的药物更具有疗效，且具有安全、易消化吸收并易为患者接受的特点。

生产苹果甜果汁的具体工艺流程：原料选择→原料处理→预煮→打浆→配料→均质→加热→装罐→密封→杀菌、冷却。

选择新鲜良好、汁多纤维少、充分成熟的果实，可采用"国光"占65％、"红玉"占35％的搭配方式，剔除伤烂等不合格果。清洗，用去皮机去皮，修除斑点、病虫害等，立即浸于1％～2％盐水中，然后用清水漂洗1～2次。

果块100千克，加浓度为15％的糖液105千克，在铝锅中加热预煮10～12分钟至软，总量约为190千克。果块连同汁液分别用筛板孔径为0.8毫米和0.4毫米的打浆机各打浆一次。果汁100千克加柠檬酸40克混合搅拌，用70％糖液调至果汁糖度为14.5％。原果汁含量不低于45％。以100～120千克/厘米^{2}的压力进行均质。若有条件，在均质前先在600毫米汞柱以上真空脱气。果汁加热至85～90℃后迅速装罐。玻璃罐和罐盖宜先消毒，装罐时汁温不低于75℃。用封机密封。趁热投入100℃沸水中煮3～10分钟，然后分段冷却。由于玻璃瓶罐导热能力较差，杀菌后不能直接投入冷水中冷却，否则易引起破裂，应进行分段冷却。

这种工艺制得的苹果甜果汁的特点是：呈淡黄色；具有苹果甜果汁罐头应有的风味，无异味；汁液浑浊均匀，浓淡适中，长期静置后允许有少许沉淀及轻度分离；原果汁含量不低于45％，可溶性固形物含量为14％～18％（按折光计），总酸度0.2％～0.7％（以苹果酸计）。

果蔬汁饮料常见的质量问题

（1）**褐变** 褐变是指产品的色泽变为褐色,如苹果汁在加工时和贮藏期间颜色会由浅黄色、黄色变成浅褐色或深褐色,包括酶促褐变和非酶褐变。

（2）**维生素的损失** 维生素,尤其是维生素 C 易被氧化,不仅造成维生素的损失,还因为维生素 C 的氧化引起果蔬汁饮料质量劣变,维生素 C 还会参与褐变。影响果蔬汁中维生素 C 稳定性的因素包括果蔬汁的酸度、热处理程度、饮料中的氧含量、贮藏温度、果蔬汁酶的存在等。

（3）**沉淀** 果胶、单宁、蛋白质、淀粉等物质是造成果蔬汁饮料浑浊的主要原因,可通过澄清、过滤工艺尽可能地除去。如果澄清处理效果不良或因其他原因混入杂质时,将会造成果蔬汁出现沉淀现象。因此在生产中需针对这些因素进行一系列检验,如后浑浊检验、果胶检验、淀粉检验等。

（4）**农药残留** 食品中的农药残留已日益引起消费者的注意,软饮料的农药残留主要来自果蔬原料本身,所以果蔬汁原料应尽量采用绿色和有机食品。果蔬原料清洗时,根据使用农药的特性,选择一些适宜的酸性和碱性清洗剂也能有助于降低农药残留。

（5）**果蔬汁掺假** 有些生产企业为了降低生产成本,果蔬汁或果蔬汁饮料产品中的果蔬汁含量没有达到规定的标准。国外已制定了一些果蔬汁的标准成分和特征性指标的含量,通过分析果蔬汁及饮料样品的相关指标含量,并与标准参考值进行比较,来判断果蔬汁及饮料产品是否掺假。例如,利用脯氨酸和其他一些特征氨基酸的含量与比例作为柑橘汁掺假的检测指标。

含乳饮料的分类

含乳饮料不但解渴,还具有一定的营养价值,其口味酸甜,并有奶香味,特别受到儿童的喜爱。含乳饮料是指以鲜乳和乳制品为原料(经发酵和未经发酵)经加工制成的饮品。在我国,含乳饮料分为两类:配制型含乳饮料和发酵型含乳饮料。

配制型含乳饮料是指以鲜乳和乳制品为原料,加入水、糖液、酸味剂等调制而成的制品。配制型含乳饮料的主要品种有咖啡乳饮料、可可乳饮料、果汁乳饮料、巧克力乳饮料、红茶乳饮料、蛋乳饮料、麦精乳饮料、配制乳酸饮料等。

发酵型含乳饮料是指以鲜乳和乳制品为原料,经乳酸菌类培养、发酵制得的乳液中加入水、糖液等调制而制得的制品。在实际生产中,发酵型含乳饮料的产品品种很多,包括浓缩型乳酸菌饮料、稀释型乳酸菌饮料。按照是否杀菌可分为活性乳酸菌饮料和非活性乳酸菌饮料两类。如果添加果汁或其他的调味料又可以生产多种风味的乳酸菌饮料。

可可乳饮料的生产

可可乳饮料是用乳、糖和可可为主要原料,另加香料、稳定剂等制作的饮料。可可乳饮料的制作方法与咖啡乳饮料、巧克力乳饮料等其他配制型含乳饮料的生产工艺相似。

可可乳生产的工艺流程:原料乳的验收→过滤、净化→均质→预巴氏杀菌→冷却→配料→杀菌→灌装→成品。

原料乳经过严格检验,达到标准后才能用于生产。如果用乳粉做原料,多采用全脂乳粉,用 45~50℃ 的温水,通过乳粉还原设备进行还原,待乳粉完全溶解后,停止罐内的搅拌,让乳粉在 45~50℃ 的温度下水合 20~30 分钟。

原料乳过滤、净化除去乳中的尘埃和杂质,然后均质。均质的目的就是将脂肪球在强的机械作用下破碎成小的脂肪球,以防止乳脂肪的上浮分离,并改善乳的吸收和消化程度。通常均质的温度是 65℃,均质压力为 10~20 兆帕。待原料乳或还原乳粉均质后,先进行预巴氏杀菌 63~65℃,15 秒,随即冷却至 4℃ 贮存,待用。

之后配料,对于质量较好的原料,可以用 5~10 倍的糖将干料混匀,并通过混料设备使干料均匀分散于水中,升温至 80~90℃,保温 20~30 分钟,以保证稳定剂的溶解,然后将其冷却,即可加入到牛乳中。若糖的质量难以保证,可先将糖溶解于热水中,经煮沸 15~20 分钟,过滤后再使用。由于可可粉中含有大量的芽孢,同时含有许多颗粒,为了保证产品的灭菌效果并改进产品的口感,必须先将可可粉进行预处理。预处理的方法为:用 40~50℃ 的温水溶解可可粉,然后将可可浆加热到 85~90℃,并在此温度下保持 20~30

分钟,最后冷却加入到牛乳中。

配料后进行二次杀菌,一般采用 115～121℃,15～20 分钟,然后灌装即为成品。

乳酸饮料的生产

乳酸饮料是利用脱脂奶粉,经乳酸菌发酵(发酵后的酪蛋白可细粒化和溶化),然后调味,加酸,再经碳酸饮料化即成乳酸饮料,是一种发酵保健饮料。若采用大豆植物蛋白来生产,可将豆脱皮,磨浆,热处理脱臭,均质发酵,调配,再经碳酸饮料化即为产品。这种饮料多采用活体乳酸菌发酵,酸甜适宜,健脾开胃,有益消化,调理肠胃,能抗肌体内腐败菌的滋生。饮用该饮料后食量有明显好转,长期饮用对降低胆固醇有一定作用。生产的具体流程是:

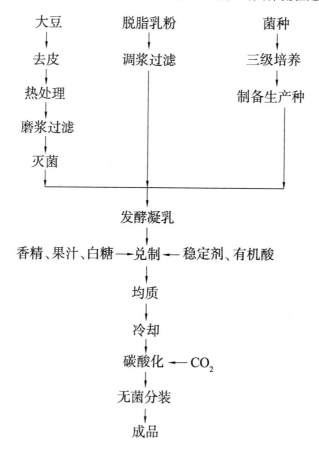

选用新鲜、含蛋白质较高、无霉烂的大豆,用机械方法脱去豆皮,在85℃热水中浸泡20分钟,大豆与用水量之比为1∶2.5至1∶3.0,经热水处理作用可脱去豆腥臭味,并使豆中酶类钝化。将浸泡后大豆磨浆,边磨边慢慢加水,每千克大豆加水8~9千克,过滤除去豆渣,再用胶体磨把豆浆磨细,然后过滤。

接种:生产中使用的乳酸菌首先进行活化处理,其方法是首先将纯种在发酵液中接种,醪液用量按每次生产种用量而定,将2‰~3‰种量接入取出的灭菌发酵醪液,可适当加些营养液,促使生产种适应生产条件。若混合使用嗜热链球菌和保加利亚杆菌,可使产品风味更加优良,有自然香味。

发酵:按发酵醪液量加3‰~5‰的工业生产纯菌种,发酵温度控制在35~36℃,发酵时间为6~8小时,当pH降至4.3~4.5,外观上已经呈凝乳状。冷却至25~30℃并加入蔗糖,加糖时用发酵醪液来溶解且经严格灭菌,加入有机酸(乳酸、柠檬酸),加入果汁、稳定剂、香精等。为了便于调配饮料,配制后再预热至60℃进行均质,然后消毒,成为浓缩型饮料,再加入4~6倍消毒后的水冲稀,充二氧化碳,即得乳酸饮料。

含乳饮料常见的质量问题

(1) **主要营养成分含量低** 国家标准规定含乳饮料的蛋白质和脂肪含量均不得小于1%,这就要求饮料企业要把好产品质量关,从原料、生产工艺入手使产品品质符合国家标准。

(2) **微生物污染** 乳是营养丰富的食品,容易污染微生物。按照国家标准规定,巴氏杀菌乳菌落总数不得超过10 000 cfu/mL,大肠菌群不得超过40 mpn/100mL,霉菌不得超过10 cfu/mL,酵母不得超过10 cfu/mL,致病菌(沙门菌、金黄色葡萄球菌、志贺菌)不得检出。

(3) **产品标签混乱** 食品标签的标准规定是国家强制性标准,标注的正确与否直接影响消费者对产品的了解和判断。一些企业还故意混淆含乳饮料与纯牛奶、酸牛奶等产品的区别,在产品包装上用大字体标出"纯牛奶""酸牛奶"等字样,而在旁边用小字体打着"饮料""饮品"等字样,企图蒙骗消费者。

植物蛋白饮料

目前,以豆奶为主的植物蛋白饮料因其营养丰富、风味优良、销售饮用方便等特点已在现代化饮料工业中一枝独秀。

我国的国家标准 GB10789－96 中规定植物蛋白饮料类是用蛋白质含量较高的植物的果实、种子,核果类和坚果类的果仁等与水按一定比例磨碎、去渣后,加入配料制得的乳浊状液体制品。其成品蛋白质含量不低于0.5%。

植物蛋白饮料分为豆乳饮料、椰子乳(汁)饮料、杏仁乳(露)饮料和其他植物蛋白饮料。豆乳类饮料是以大豆为主要原料,经磨碎、提浆、脱腥等工艺制成的无豆腥味的食品。其制品又分为纯豆乳、调制豆乳、豆乳饮料。椰子乳(汁)饮料是以新鲜、成熟适度的椰子果肉为原料,经压榨制成的椰子浆加入适量水、糖类等配料调制而成的乳浊状制品。杏仁乳(露)饮料是以杏仁为原料,经浸泡、磨碎、提浆等工序后,再加入适量的水、糖类等配料调制而成的乳浊状制品。其他植物蛋白饮料如核桃、花生、南瓜子、葵花子等与水按一定比例浸泡经磨碎、去渣等工序后,再加入糖类等配料调制而成的制品。

植物蛋白饮料的主要原料为植物核果类及油料植物的籽仁。这些籽仁含有大量脂肪、蛋白质、维生素、矿物质等,是人体生命活动中不可缺少的营养物质。植物蛋白及其制品内含大量亚油酸和亚麻酸,但却不含胆固醇,长期食用不仅不会造成血管壁上的胆固醇沉积,而且还能有助于溶解已沉降的胆固醇。植物籽中含有较多的维生素 E,可防止不饱和脂肪氧化,去除过剩的胆固醇,防止血管硬化,并减少褐斑,并且有预防老年病发生的作用。

由于核果类及油料植物的籽仁各部分的细胞大小、形状以及化学组成极不相同,因此植物蛋白饮料的加工工艺比较复杂。植物蛋白饮料的加工主要是根据各种核果类籽仁及油料植物的蛋白质营养价值与功能特性所定。籽仁经过浸泡、破碎、磨浆、均质、灭菌等加工工序,避开蛋白质等电点,并通过加入各种乳化稳定剂,使之形成"蛋白—油脂""蛋白—卵磷脂"或"蛋白—油脂—卵磷脂"的均匀乳浊液。

传统豆浆的制法

近年来,随着人们对植物蛋白食品的重视,豆浆作为一种新型和保健型饮料也有了较大发展,其中以日本最为突出,消费量增长快,品种多,有麦芽、咖啡、蔬菜和果汁等各种调制豆浆。中国制作豆乳的历史悠久,传统的生产方法是把大豆放在水里浸泡几个小时,然后碾磨成水浆,再过滤出含蛋白质丰富的豆乳,煮沸后饮用。

(1) **工艺流程**　原料大豆→选豆去杂→浸泡→磨浆→过滤→煮浆→成品。

(2) **具体操作**　将大豆去杂后加部分水进行浸泡,一般在 8～10℃水中浸泡 16 小时左右。当大豆颗粒饱满、平滑没有沟纹时浸泡即可结束。浸后的大豆用石磨或砂轮磨进行磨浆,一边加水,一边加入大豆,将磨出的浆水与部分热水混合。一般 0.5 千克黄豆出 5 千克浆,加水量不要一次加足,应留些水用来冲洗豆渣。大豆蛋白质在 70～80℃时的浸出率最高。采用多道加水萃取过滤的方法。在头遍浆过滤后的渣子里加部分水,浸泡,过滤,再重复一次,三遍过滤的豆浆混合后即成豆乳。对豆浆进行煮制,煮浆的目的主要是使生豆乳中的胰蛋白酶抑制素、凝血素、脂肪氧化酶、尿素酶等失活,消除脂肪氧化酶所引起的豆腥味和苦味,杀灭乳中的微生物并提高产品的消化率。一般煮浆温度为 95～98℃,时间为 3～5 分钟,蒸汽压力为 2 千克/平方厘米,因蛋白质对热十分敏感,所以要防止蛋白质的过热变性。在煮浆过程中,要加入消泡剂,以消除泡沫。

传统豆浆制造上的问题

传统豆浆有令人不愉快的豆腥味和苦涩味,有鼓胀性,容易腐败,难以杀菌,加热还会使风味下降,乳化稳定性也比较差,消泡也难。

(1) **豆腥味及苦涩味**　生大豆有独特的生臭味和苦味,主要由在大豆中存在的脂肪氧化酶的作用下生成的己醇、正己醛等成分产生。用加热方法也不能完全去除,但在成熟的大豆粒中几乎没有这些成分。脂肪氧化酶存在于许多植物中,以大豆中脂肪氧化酶的活性为最高。

(2) **肠内产气因素**　喝豆浆的人往往出现胀肚现象,造成肠内产气的因子是大豆内的低聚糖,主要是鼠李糖和水苏糖在肠内发酵引起的。这是因为人体消化道内没有消化这些低聚糖的酶系,所以不能被人体吸收。

（3）**生理有害物质**　未经处理的大豆中含有胰蛋白酶抑制素、凝血素、致甲状腺肿大因子、皂角素等,食后对人体有害,但经过超高温灭菌处理或湿热处理,则可完全消除。

豆浆新工艺

由于传统豆汁存在许多问题,近年来,随着科技的发展,出现了许多新技术、新工艺,豆汁的质量不断得到改善。这些新技术包括豆腥味和苦涩味的去除技术等。

（1）**豆腥味的去除技术**

① 整粒大豆、去皮大豆在磷酸盐存在下,用热水或蒸汽进行间接或直接加热处理,再以 $80\sim100℃$（含有 $0.1\%\sim5\%$）碳酸氢钠的水溶液中加以磨碎,可去除豆浆的豆腥味和苦涩味。

② 将浸泡尚未吸水的大豆用 $70\sim95℃$ 的热水磨浆,并在 $90\sim100℃$ 温度下进行加热处理,并在 $150\sim200$ 千克/平方厘米压力下均质处理,制取豆浆。

③ 整粒大豆在 $120\sim200℃$ 温度下加热,干燥处理,脱皮后（或经粗碎）在碱性钾盐溶液中高温浸渍,膨润软化,在碱性状态下磨浆和乳化,中和制得豆浆。

④ 将大豆在 $90\sim120℃$ 的温度下加热 5 分钟,浸泡后,在 pH 达 9 以上的碱性条件下磨浆,并从中分离出无豆腥味的豆浆。

⑤ 将豆浆加热处理后加碱性物质,使其为碱性,至少加一种还原性糖以去除豆腥味。

⑥ 将干燥大豆粉碎成 420 微米以下粒度的粉粒,用 $80\sim100℃$ 的水混合而呈浆状,使粉粒软化,并使脂肪氧化酶失去活性,然后均质化,加酶分解纤维素和果胶以制造大豆饮料。

（2）**豆浆苦涩味的去除技术**

① 在豆乳饮料制造前处理中,将大豆浸于 $65℃$ 热水中,并加入少量碳酸氢钠,浸泡 $2\sim5$ 个小时,将这些溶液与大豆一同磨浆。

② 将大豆放入沸水中加热 5～7 分钟,然后用碳酸氢钠水溶液磨浆,加热至 70℃,过滤成豆浆。

③ 在 pH 为 2～6 的条件下,用酸性蛋白酶作用于由大豆抽提的蛋白溶液,中和使 pH 为 6～7,通过活性炭处理,制取无苦涩味的豆乳。

制作高钙质豆浆

豆浆所含有的蛋白质、亚油酸和烟酸(维生素 F)高于牛奶,且维生素 E 和矿物质营养成分的含量也很高,又不含会引起高血压和动脉硬化的胆固醇。一般制得的豆浆具有含钙较低的缺点,与牛奶相比,每 100 克牛奶含钙 120 毫克,而每 100 千克豆浆含钙仅 15 千克,若因此而直接把钙质添加到豆浆中来提高钙含量,会使豆浆中的蛋白质发生凝胶化现象。以下介绍一种既能防止豆浆发生蛋白质凝胶化现象,又能提高豆浆钙质含量,从而制得高钙质豆浆的方法。

将 2 000 克去皮大豆浸泡于 15℃的水中 10 小时,然后去除水分,将 14 000克开水缓慢地加入大豆中,并且用磨碎机进行湿法粉碎,使之成为含有纤维的乳状液。用滤布滤得 12 升生豆浆。随着搅拌把生豆浆煮沸 5 分钟后,补充因煮沸而蒸发掉的水分,冷却到常温,然后添加相当于豆浆重量 0.2%～1.0%的碳酸氢钠,并且搅拌至溶解为止。然后添加相当于豆浆重量 0.4%～1.2%的乳酸钙,搅拌后经高压杀菌处理,就制成高钙质豆浆。

采用这种方法制成的高钙质豆浆,其黏度低,在 5℃的冷藏库中存放一周不发生凝胶化现象。

植物蛋白饮料常见的质量问题

植物蛋白饮料常见的质量问题是复杂而众多的,产生的原因也是多方面的。

(1) 常见现象

① 饮料贮藏一段时间后呈稠样化,饮料流动性差,严重时呈凝固状。产生的原因可能是:杀菌温度或杀菌时间不到位,或封口不严,微生物侵入;杀菌或工艺中受热时间过长,温度过高,使蛋白质、脂肪等变性,使饮料增稠。

② 整瓶饮料呈豆花状或有絮状物悬浮、沉淀等现象,原因为:饮料用水

硬度过高,水中过多钙、镁离子与蛋白质结合,使蛋白质凝固变性。

③ 贮藏数天后即出现明显油层上浮现象。如花生奶、核桃露常常在 3～5 天后就出现数毫米厚油层。原因为:乳化稳定剂选择不当、稳定剂用量不当或溶解时不充分等都造成油析现象;加工工艺不合理,如均质不好、杀菌控制不好也会出现上述现象。

④ 沉淀物多,贮存一个月后,包装物底部出现大量沉淀物,做离心试验时沉淀量大于 2‰以上。原因是:水质太差,硬度过高;生产用原料有问题,原料选择或处理不当;原料磨浆后,过滤精度不高,使大颗粒聚集沉淀;乳化稳定剂选择不当,蛋白质分子未能充分乳化稳定,而聚集形成大的蛋白质颗粒沉淀下来。

(2) 保证质量的关键因素

① 原料的选择是首要因素。一定要选取籽粒饱满、无霉变、无虫蛀的原料。贮存不善或太久的植物蛋白原料,如大豆、花生会因为脂肪氧化作用而产生哈喇味、豆腥味、青草味等不愉快的味道,直接影响饮料风味和稳定性。

② 水质也是重要因素。要求水质、硬度在 4 德国度以下,酸碱度在 pH6.5～7.5 之间。对重金属含量也有严格要求,如铁含量不高于 0.15 毫克/升、锰含量不高于 0.05 毫克/升。

③ 选用合适稳定剂也是至关重要的。植物蛋白饮料含有一定量蛋白质、脂肪、淀粉等其他物质,决定了产品在加工、贮存时具有不稳定性。选择添加适当乳化剂、增稠剂共同作用,可防止油脂分离上浮,防止蛋白质颗粒和淀粉出现沉淀问题。稳定剂选择的原则:不能有异味,或造成产品风味负面影响的物质;易溶解,使用简单方便;对油脂、蛋白质、淀粉同时起到稳定作用,但不能浓度过大,不能有糊口感;稳定剂应对植物蛋白特有不良风味有一定包埋作用,消除异味、杂味。

④ 加工工艺对饮料稳定性有较大影响,如均质时压力、温度,杀菌时温度、时间等因素,也直接关系产品的品质及稳定性。均质时温度在 60℃～75℃为佳,一般采用二次均质,第一次压力 20～25 兆帕,第二次压力 30～35 兆帕;杀菌时间要控制好,不能过久,升温与降温时间要尽量缩短,一般 15 分钟之内为好。有的企业由于升、降温不够及时,使饮料受热时间过长,如长达 1.5～2 小时,这样生产出的产品颜色发暗,口感品质下降,稳定性很差。

要做好高品质植物蛋白饮料,可以从产品风味、口感要求入手,决定所要选的原料、稳定剂等,综合产品加工工艺等多种条件,设计合理配方与工艺流程,才能生产出高品质的浓香型植物蛋白饮料。

瓶装水概述

瓶装水,又称瓶装饮用水,是指密封在容器中,并出售给消费者直接饮用的水。瓶装泛指用于装水的包装容器,包括塑料瓶、塑料桶、玻璃瓶、易拉罐、纸包装等。世界各国对瓶装水的分类不太一致,我国 GB10789－1996 年将瓶装饮用水分为三大类:饮用天然矿泉水、饮用纯净水和其他饮用水。

欧洲是当今世界瓶装水工业最发达的地区,开发利用矿泉水的历史较长,主要生产国有法国、意大利。我国瓶装水工业起步较晚,人均年消费量 4升左右,目前瓶装水的生产量达到 544 万吨。

近几十年来瓶装水在全世界得到迅速发展,其主要原因有以下几个方面:水资源污染严重;膜过滤技术应用于水处理;塑料容器的出现促进了瓶装水工业的发展;人类更加注意矿物质营养。

总之,在未来很长的一段时间内,瓶装水在饮料领域的地位将更加重要,瓶装饮用水工业具有很大发展潜力和无法比拟的市场空间。

饮用天然矿泉水

天然矿泉水是在特定的地质条件下形成的一种宝贵的地下液态矿产资源。以水中所含的适于医疗或饮用的气体成分、微量元素和其他盐类而区别于普通地下水资源,主要包括饮用矿泉水和医疗矿泉水。矿泉水是以泉水中所含盐类成分、矿化度、气体成分、少数活性离子及放射性成本的多寡来定义的,与泉水、一般地下水是不同的。我国国家标准规定,饮用天然矿泉水必须是从地下深处自然涌出的或经人工揭露的未受污染的地下矿泉水,含有一定量的矿物盐、微量元素和二氧化碳气体,通常情况下其化学成分、流量、水温等在天然波动范围内相对稳定。国家标准还确定了达到矿泉水标准的界限指标,如锂、锶、锌、溴化物、碘化物、偏硅酸、硒、游离二氧化碳及溶解性固体中必须有一项(或一项以上)成分符合规定指标才可认为是天然矿泉水。这九种指标也就是矿泉水的类型。

现在市场上大桶装、小瓶装矿泉水品牌繁多、五花八门。我国矿泉水大多是单一型,如偏硅酸型、锶型这两类各约占总数的 30%。其次是偏硅锶型,又称为复合型矿泉水,是两种指标同时达到标准的矿泉水,约占总数的 25%。还有单一的溴型,单一的锌型、低钠型、锗型等。个别的矿泉水含有多种组分达到标准,如有的是偏硅酸、锶,低钠、钠、锌型、溴型,游离二氧化碳型等,都是极其稀有和珍贵的。

矿泉水除按界限特征组分分类外,还有按化学类型进行分类的,即按水中常量组分阴离子含量所占百分比进行划分的。这主要可分为:重碳酸盐水,重碳酸盐－硫酸盐水,重碳酸盐－氯化物水;硫酸盐水,硫酸－重碳酸盐水,硫酸盐－氯化物水;氯化物水,氯化物－重碳盐水、氯化物－硫酸盐水。这种分类是以水中盐类特点进行划分的,虽然在我国现行标准中未作为分类标准,但是对确定水的类型有重要参考作用。

近年来,世界范围的水质污染、人们对自来水的担心引起了矿泉水生产量的大幅度增加。一些工业化国家的自来水不同程度地被诸如酚、农药、洗涤剂、镉、砷、汞、铅、氰等污染,使天然的没有污染的矿泉水成为人们饮用的首选饮料。矿泉水对人体有许多保健作用:

① 一瓶矿泉水至少含有 1 000 毫克的盐类或 250 毫克的二氧化碳气体,可以补充人体必需的微量元素,促进人体健康。矿泉水中溶解的二氧化碳对人体的肠胃有很好的刺激作用,它使肠胃产生有益的蠕动,有助于食物的消化吸收。碳酸氢盐可以中和胃酸、帮助消化、缓解胃痛。

② 在营养学上,食物的酸碱平衡对人体健康非常重要。那些经过人体消化吸收和代谢后呈残留酸性基团的食物如肉、鱼等称为酸性食物;那些呈残留碱性基团的食物如蔬菜、水果等称为碱性食物;而没有残留物或残留物呈中性的食物如食盐等称为中性食物。食物在体内必须达到酸碱平衡,人才能健康生存,否则,就会造成机能失调,引起疾病。

③ 矿泉水对一些疾病还有治疗功能。如含碳酸－碳酸氢钠的矿泉水对消化机能紊乱及肾盂、输尿管和膀胱慢性疾病、酸性尿等有治疗功能;含碳酸的食盐泉水——碳酸氢钠矿泉水对胃炎(特别是胃酸过低引起的胃炎)、大肠炎、肝和胆道疾病有疗效;矿泉水对慢性肝炎、胃和十二指肠溃疡、糖尿病、肥胖症等均有一定的疗效。

④ 健康的人饮用矿泉水也会起到健胃、调节代谢机能、抗病防病的效

果。一些严重病人如严重肾炎、肝腹水患者不能饮用含钠盐高的矿泉水,而只能饮用矿化度极低的水。

饮用天然矿泉水的生产

(1) 天然矿泉水生产的工艺流程

① 不含气天然矿泉水生产的工艺流程

水源→抽水→贮存→沉淀→粗滤→精滤→灭菌→灌装→检验→成品

② 含二氧化碳矿泉水的生产工艺流程

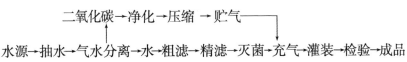

(2) **具体操作**　矿泉水引水的目的是在自然条件允许情况下,得到最大可能的流量,防止水与气体的流失,防止地表水和潜水的渗入和混合;完全排除有害物质污染和生物污染的可能性,防止水由露出口到利用处物理化学性质发生变化,水露出口设备对水的涌出和使用极为方便。

为排除不愉快的气味,避免装瓶后产生氧化物沉淀,降低成品矿泉水中金属离子的浓度,在不改变矿泉水的特性和主要成分的条件下,可对瓶装水采取曝气工艺,也就是使矿泉水和经过净化的空气充分接触,这样可脱去各种气体,二氧化碳则可在灌装前重新补充,矿泉水硬度下降,达到饮用要求。

过滤的目的是除去水中不溶性杂质及微生物,主要为泥沙、细菌、霉菌及藻类等,防止矿泉水装瓶后在贮藏过程中出现浑浊和变质,使水质清澈透明,清洁卫生。水处理一般需经过粗滤和精滤,粗滤一般是矿泉水经过多介质过滤,能截流水中较大的悬浮颗粒物质,起到初步的过滤的作用。目前众多厂家在过滤时还使用助滤剂如硅藻土、活性炭等。精滤可以采用砂滤棒过滤,也可以使用微孔过滤和超滤方法进行。但微滤不能滤掉病毒,所以为了保证矿泉水质量,灭菌后的矿泉水需再经过一道微滤去除残存在矿泉水中的菌体。

目前常用的灭菌方法是紫外线灭菌。用紫外线进行水质灭菌,具有接触时间短、杀菌能力强、处理后水无味无色等优点。也可采用臭氧杀菌。瓶和盖的消毒采用消毒剂如双氧水、次氯酸钠、过氧乙酸、二氧化氯、高锰酸钾等进行消毒,消毒后用无菌矿泉水冲洗,也可以用臭氧或紫外线进行消毒。

目前国内外饮料类矿泉水有充气和不充气两大类。充气饮料矿泉水是指矿泉水经过引水、曝气、过滤后再通入二氧化碳气体;不充气饮料矿泉水则在经过引水、曝气、过滤后直接装瓶,或因水质条件的特殊不经曝气而直接装瓶。充气一般是在汽水混合机中完成,其具体过程和碳酸饮料是一致的。

天然饮用矿泉水生产中存在的质量问题

一般情况下,作为饮料矿泉水,必须具备下列基本条件:口感良好、水质纯正、风格典型;含有有益于人体健康的成分;有害成分和放射性物质不得超过卫生标准;装瓶后在一年以上的保存期间,水质外观和口味不发生变化;在细菌检验上满足饮用水的卫生标准。因此,开发饮用矿泉水,要对矿泉水的水源、水质的化学成分、有害物质及细菌学检验进行综合评价,以确定是否具备饮料矿泉水的品质。矿泉水生产过程中如果处理不当,经过一定时间的贮藏,矿泉水会出现一些质量问题。

(1) **变色** 瓶装矿泉水贮藏一段时间后,水体会有发绿和发黄的现象出现。发绿主要是矿泉水中藻类物质和一些光合细菌引起的,由于这些生物含有叶绿素,在较高的温度和有光的条件下,这些生物利用光合作用进行生长繁殖,从而使水体呈现绿色。通过有效的过滤和灭菌处理,能够避免这种现象的产生。水体变黄主要是管道和生产设备材质不好在生产过程中产生铁锈引起的,只要采用优质的不锈钢材料和高压聚乙烯就可解决。

(2) **沉淀** 矿泉水贮藏过程中经常会出现各色沉淀(红、黄、褐)和白色沉淀等,引起沉淀的原因很多。矿泉水在低温长时间贮藏时出现轻微白色絮状沉淀,是正常现象,是矿物盐在低温下溶解度降低引起的,返回高温贮藏沉淀就会消失。对于高矿化度和重碳酸型矿泉水,由于生产和贮藏过程中密封不严,瓶中二氧化碳逸出,pH 值升高,形成较多的钙、镁的碳酸盐白色沉淀,这可以通过充分曝气后过滤去除部分钙、镁的碳酸盐白色沉淀,充入二氧化碳降低矿泉水 pH 值,同时密封,减少二氧化碳逸失,使矿泉水中的钙、镁以重碳酸盐形式存在。红、黄和褐色沉淀,主要是铁、锰离子含量高引起的,可以通过防止地表水对矿泉水的污染和进行充分的曝气来预防。

(3) **微生物** 矿泉水生产中经常出现的问题是微生物指标难以把握,

需要对整个生产过程加以控制,除了对矿泉水进行灭菌处理外,还要防止矿泉水源的污染,注意生产设备的消毒、灌装车间的净化、瓶和盖的消毒,以及生产人员的个人卫生。严格按照饮料厂卫生要求进行生产。

饮用纯净水的生产

饮用纯净水是以符合生产饮用水卫生标准的水为原料,通过电渗析法、离子交换法、反渗透法、蒸馏法及其他适当的加工方法制得的,密封于容器中且不含任何添加物可直接饮用的水。纯净水在加工过程中除去了水中的矿物质、有机物及微生物。

(1) **生产工艺** 原水→加压泵→过滤→活性炭过滤→离子交换→反渗透→贮水桶→消毒。

(2) **具体操作** 原水往往要先经过预处理,预处理的目的主要是降低水的色度和浑浊度。一般采用机械过滤或砂滤棒过滤作为初滤,再用蜂房式或烧结管式微孔过滤。生活饮用水作为原水,水中溶解总固形物含量不超过 1 000 毫克/升。脱盐的目的是除去水中的盐分以达到饮用纯净水的标准。脱盐的方法有电渗析法、离子交换法、反渗透法、蒸馏法。与前面饮料用水的处理是一致的,目前饮用纯净水常用的消毒方式是紫外线消毒和臭氧消毒。

茶饮料概述

茶饮料在 GB10789－2007 饮料通则中的定义为以茶叶的水提取液或其浓缩液、茶粉等为原料,经加工制成的饮料;在拟定中的茶饮料轻工行业标准中的定义为以茶叶抽提液、茶粉及茶叶抽提液的浓缩液为原料,经加工、调配(或不调配)等工序制成的饮料。可见,以茶叶的水提取液、茶浓缩液或速溶茶为主要原料,经过滤、调配、杀菌、灌装等加工工序,含有一定量的茶叶有效成分且具茶叶风味的液态制品称为茶饮料。茶饮料主要分为茶汤饮料、果汁茶饮料、果味茶饮料及其他茶饮料四类。其中茶汤饮料是指将茶汤(成浓缩液)直接灌装到容器中的制品;果汁茶饮料指在茶汤中加入水、原果汁(或浓缩果汁)、糖液、酸味剂等调制而成的制品,成品中原果汁含量不低于 5.0%(质量与体积之比);果味茶饮料是指在茶汤中加入水、食用香精、糖液、酸味剂等调制而成的制品;其他茶饮料是指在茶汤中加入植(谷)物抽提液、糖液、酸味剂等调制而成的制品。此外,按照产品的不同物态可分为液态的茶饮料和速溶的固体状茶饮料。液态的茶饮料又有加气(一般为二氧化碳)和不加气之分。从消费观念来看,茶饮料按照茶叶的品种不同而可以分为绿茶、红茶、乌龙茶、花茶等。有的茶饮料还以乌龙茶、沱茶、龙井茶、碧螺春茶、功夫茶等消费者喜欢喝的茶叶来命名。有的还以饮用的方式来命名,如通过自动售货机的冷却或加热而称为冰茶、暖茶之类等。

茶饮料既具有茶叶的独特风味,又具有营养、保健功效,是一类天然、安全、清凉解渴的多功能饮料。茶饮料的特殊功效主要源于茶叶经热水萃取并能溶于水中的可溶性成分。茶汤中的主要化学成分有茶多酚类、生物碱、蛋白质和氨基酸、可溶性糖、色素、维生素、矿物质。茶叶具备了我国卫生部规定的保健食品的十三种保健功能中的多项。同样,茶饮料对人体健康也有重要作用:

补充人体水分。茶饮料与其他软饮料一样,具有良好的迅速补充人体水分的作用。

增加营养物质。茶叶中含有丰富的营养物质,六大营养素含量齐全,特别是维生素、氨基酸、矿物质含量丰富,常饮可以补充营养,促进身体健康。

医疗保健作用。茶饮料以茶叶为主要原料,含有茶多酚、咖啡因、茶色素等多种保健和药用成分。现在研究证实,常饮对人体有良好的医疗保健效果:醒脑提神;止渴、解热、消暑;利尿;明目;促进消化;解毒、消炎及抗菌整肠;缓解糖尿病的症状;促进血液循环,降血压、血脂,缓解心绞痛等;抗放射物质;抗氧化,能清除自由基及抗癌等。

液体茶饮料物质的生产

(1)**工艺流程** 茶叶→热浸提→过滤→冷却→精滤→调配→过滤→加热→灌装→封罐→杀菌→冷却→检验→成品。

(2)**具体操作** 选择茶叶时应注意原料茶叶种类和产地的不同,采取搭配的形式。浸提用水会影响茶香及引起茶液混浊,应该用去离子水。浸提时一般采用带搅拌的浸提装置或大型茶袋上下浸提装置,也有采用加压热水喷射浸提或逆流浸提设备的。浸提温度一般控制在$85\sim95℃$,时间在$10\sim15$分钟。浸提后滤去茶渣,迅速冷却,再精滤。

　　将精滤后的茶浸提液稀释至适当的浓度。按制品的类型要求,可不添加任何其他配料制成单一茶饮料,也可加入糖、酸味剂、原果汁(或浓缩果汁)、香精、香料及非果蔬植物抽提液等配料制成其他类型的茶饮料,如果汁茶饮料、果味茶饮料等。调配后过滤,除去可能存在的沉淀物。

　　过滤后的混合液经板式热交换器加热至 85～95℃,进行热灌装。PET瓶或纸包装则是采用 UHT 杀菌,冷却后进行无菌灌装。茶饮料的灌装容器有金属罐、纸盒和 PET 瓶等。

　　茶饮料属于低酸性饮料,pH 在 6.0 以上,需要高温灭菌。单一茶饮料采用 121℃、5 分钟以上或 115℃、15 分钟的杀菌工艺,可达到预期杀菌效果。其他茶饮料根据产品所含配料的不同而采取不同的杀菌工艺。例如,含乳制品或含谷物抽提液的奶茶及麦香奶茶等需采用 121℃、30 分钟的杀菌工艺;含果汁的果汁茶饮料类则因含果汁而呈酸性,可适当降低杀菌温度。

速溶茶的生产

　　速溶茶也称为饮茶,是茶叶提取、浓缩的精制品。它冲水即溶,没有余渣,几乎不含汞、铅一类有害的重金属和农药残留。因此,速溶茶又以“纯净”这一特色赢得了广大消费者的信赖。它既能单独冲泡,又便于与牛奶、果汁或蜂蜜制品调饮,还适合加工成各种别具茶味的汽水、果酒、西点、糖果、冻糕、冰淇淋和餐后甜食等;倘若辅以风味独特的植物性营养成分(包括食用真菌及其代谢产物)乃至适当的中草药,既可以改善茶的色、香、味,并显著增益茶的保健作用,又不失茶的应有风格。速溶茶是一种开发价值很高的新兴茶类,茶叶资源丰富的国家尤其应注意研发利用。

　　一般来说,加工固态速溶茶基本上分为拼配、轧碎、提取、净化、浓缩、干燥和包装等七个环节。

　　精选原料是加工速溶茶的基本环节。特点不同的地区茶、季别茶只有恰当配合,调剂品质,才能降低成本,保持原料茶品质的相对稳定,制造出香气和味道符合消费者要求的速溶茶产品。例如,红茶拼配 10％～15％ 的绿茶,不但有利于提高速溶茶的鲜爽度,而且对汤色也有所改进。

　　干茶叶经过轧碎后,大部分组织破裂,表面积增大。这样,原料在提取时就大大增加了溶剂的接触面积,提高了茶叶可溶物的扩散速度。轧碎度一般控制在 0.4 毫米左右。过细的茶末吸水之后容易结块,溶剂渗透性差,反而降低扩散速度,并使提取液过度浑浊,给净化加重负担。

常用的提取方法有浸提、淋洗等。在提取过程中必须保证速溶茶不产生粗老气和不良苦涩味。比较理想的方法是用沸水在5～6分钟内将茶的可溶物加以适度提取,有利于防止熟汤味。如果采取分级淋洗,可以将不同香气品位的各级提取液分别处理,这样可以更多的保留天然茶香并充分排除原茶的粗老气。这种方法对加工低档茶是有特殊意义的。

净化的目的在于充分去除提取液的杂质和胶体浑浊。有物理净化法和化学净化法两种。物理净化法中过滤法和离心法使用得最普遍;而化学净化法中应用最多的是碱法。具体的生产过程中往往使用多种净化方法。

茶属于高热敏性物质,对浓缩设备要求比较苛刻。目前普遍使用的是各种结构的真空薄膜蒸发装置。另外,冷冻浓缩也是一种保护速溶茶风味成分的有效手段。

对速溶茶进行脱水干燥也是比较重要的一步。产品干燥后应当具有良好的速溶性,复水后依然风味不减。目前用来干燥速溶茶的设备主要是喷雾干燥和冷冻升华干燥两大类。

速溶茶的剂型可分为片状、颗粒、细粉和液体四种。这类"新型饮料"应当结合销售对象、产品特征等因素设计最完善的包装和材料。包装不但需要美观、适销的装潢,而且要方便贮存和运输,以保证速溶茶的应有品质。

茶饮料常见的质量问题

在茶饮料生产中,存在着三个关键性问题:一是茶饮料的澄清;二是风味的保持;三是汤色的变化,尤其是绿茶汤色的褐变。茶饮料的品质可用色、香、味及包装这四个质量特性来评价,上述三个问题与茶饮料的色、香、味密切相关,解决这三个问题一直是茶饮料生产中的关键。

罐装茶饮料省去了传统冲泡法所需的大量时间,适应了人们快节奏的现代生活,再加上其所具有的上述保健功效,使得世界上兴起了一股茶饮料热。市售茶饮料存在的质量问题主要有:

茶饮料在保质期内,往往发生由清澈透明变得混浊的现象,直接影响产品外观和销售。要解决这个问题就要在产品加工过程中进行"转溶"。

茶多酚和咖啡因等理化指标不合格。茶多酚和咖啡因指标是茶饮料的特征性指标,并且是茶饮料标准中的强制性条款。不同类型的茶饮料的茶

多酚和咖啡因的含量必须达到相应水平,否则就不能称为茶饮料。造成茶饮料中茶多酚和咖啡因指标不合格的原因主要是原材料中茶多酚和咖啡因的含量不足。所以对原材料检测时应严格把关,并严格控制生产工艺参数与配料计量;同时要具备必要的检测手段。

滥用食品添加剂。国家标准规定茶饮料中不得添加山梨酸(添加剂)和苯甲酸(防腐剂),否则会伤害人体肝脏等器官。

茶饮料是一种受热不稳定的体系,特别是绿茶饮料,在贮存过程中茶汤汤色易受光照、氧气和高温等的影响而发生变化,在饮料加工中主要受萃取和灭菌技术的影响。现在市场上茶饮料主要以 PET 瓶包装为主,茶汤汤色的稳定性研究显得越来越重要。关于这方面的研究比较多,例如,在萃取时加入维生素 C 和 β-CD 等添加剂、抗氧化剂可有效防止茶汤氧化。

固体饮料概述

固体饮料是指水分含量在 5% 以下,具有一定形状,须经冲溶后才可饮用的颗粒状、片状、块状、粉末状的饮料。固体饮料是相对饮料的物理状态而言,是饮料中的一个特殊品种。根据组分不同可分为果香型、蛋白型和其他类型。

果味固体饮料和果汁固体饮料都属于果香型固体饮料,是夏天防暑降温的优良饮品。果香型固体饮料具有与各种果汁相应的色、香、味,用水冲调后如同果汁一样酸甜可口。将其用凉开水冲溶后放置冰箱中冷却后再饮用,尤为美味。

蛋白型固体饮料是指含有蛋白质和脂肪的固体饮料。其主要原料是砂糖、葡萄糖、乳制品、蛋制品。可根据产品特点加入麦乳精、可可粉等,制成可可型固体饮料;也可加入香精和各种维生素,如维生素 A、维生素 B、维生素 D 等制成强化型固体饮料;还可在制作过程中添加人参浸膏、银耳浓浆等添加物。这些产品一般都有良好的冲溶性,用 8~10 倍的开水冲饮即成为各种独特滋味的含蛋白乳饮料,并具有增加热量和滋补营养等功效,适于老弱病人饮用。麦乳精和乳精的主要区别是:前者具有较浓厚的麦芽香和乳香,蛋白质和脂肪含量较高;后者的蛋白质和脂肪含量较低。此外,还可以利用大豆、杏仁、花生等含有丰富蛋白质和脂肪的植物原料生产成植物蛋白固体饮料。

其他类型的固体饮料品种繁多。咖啡、茶、可可是世界三大饮料,它们含有不同的生物碱,具有兴奋神经、消除疲劳、提高工作效率、消食等功效。近年来,咖啡、可可在我国也逐渐成为人们喜爱的固体饮料。

猕猴桃晶的生产

(1) **工艺流程**　原料→清洗→取汁→过滤→浓缩→配料→造粒→干燥→过筛→包装。

(2) **具体操作**　选用新鲜饱满、汁多、香气浓、成熟度高、无虫伤和发霉变质的猕猴桃果实。用流动清水洗净果实表面的泥沙和污物。利用打浆机将洗净后的果实打成浆状,也可用木棒捣碎。为防止果汁与空气接触时间过长而氧化,破碎要迅速。榨汁可用螺旋压榨机或手工杠杆式压汁机。预先将破碎的果肉装入洗净、热水煮过的口袋中,扎紧袋口。然后缓慢加压,使果汁逐渐外流。第一次压榨后,可将果渣取出,加入10%清水搅匀再装袋重压一次,也可以将破碎果汁加热至65℃趁热压榨,以增加出汁率。一般地,出汁率可达65%～70%。果汁要用纱布粗滤一遍。一般采用常压浓缩。所用设备为不锈钢锅,如无不锈钢锅,也可在不锈钢夹层锅内浓缩。蒸汽压力控制在2.5千克/厘米²。在浓缩过程中,应不断搅拌以防止焦煳,并尽量缩短浓缩时间。为此,应适当控制每锅的投料量,使每锅浓缩时间不超过40分钟。当用手持糖量计测得固形物含量为58%～59%时,便可出锅。在15千克浓缩汁中加入白糖粉末35千克,搅拌均匀。为提高风味还可加适量柠檬酸及香料。造粒时,一般用颗粒成型机将上述粉团拌成米粒大小。若无颗粒成型机,可用手轻轻揉搓使粉团松散。再用孔径为2.5毫米和0.9毫米的尼龙筛或金属筛过筛成粒。将造粒好的猕猴桃粉颗粒均匀铺放在烘盘中,厚度为1.5～2厘米,然后送入烘房。一般控制烘房的温度在65℃左右,约3小时,在此期间,应上下倒换一次烘盘,并将盘内猕猴桃晶上下翻动一遍,使其受热均匀,加快干燥。干燥后的成品待晾凉后立即包装。为冲饮方便,一般用小尼龙食品袋包装,每袋装20克可冲一杯猕猴桃汁。

(3) **产品特点**　成品呈黄绿色,米粒大小,无杂质,冲化后的饮料呈黄绿色,味酸甜,具有猕猴桃的味道。

冰激凌粉的生产

冰激凌粉是一种粉末状固体饮料,加水复原后具有冰激凌的味道。成品中脂肪含量约占 27%,非脂乳固形物(主要是蛋白质)也占 27% 左右,糖类约占 40%,稳定剂用量控制在 0.25%~0.4%。冰激凌粉生产中,脂肪和蛋白质主要由乳类原料提供,如乳油、牛乳、脱脂炼乳及脱脂乳粉等;糖类主要是砂糖和果葡糖浆;蛋类使用鲜蛋、全蛋粉和蛋黄粉;使用的稳定剂主要有明胶、琼脂、海藻酸钠等;通常使用的香料有香兰素、可可、咖啡、巧克力及各种水果香精等。

(1) **工艺流程**　配料→杀菌→过滤→均质→老化→浓缩→喷雾干燥→冷却→包装。

(2) **具体操作**　将各种原料按配方称量后,要注意砂糖不可一次全部加入,先加入 20%~25%,这是为了避免在后续的喷雾干燥过程中因砂糖受热产生焦糖味,其余砂糖粉碎成糖粉,在喷雾干燥完毕后加入并搅匀。香料也要在喷雾结束后加入混合料中,以免喷雾时香味散失。

按工艺要求加入夹层锅中搅拌混合,注意控制好温度和时间。混合料配制好后即可进行杀菌处理,条件为 75~80℃,保温20分钟,或 88~90℃,保温 5 分钟。杀菌后的混合料应进行一次性过滤,过滤后的混合料即可进行均质,均质可使混合料进一步细微化,在均质机内进行,均质压力为 15~20 兆帕。均质后的混合料迅速冷却到4℃以下,并在 0~4℃ 的温度下保持 4~8 小时,使混合料的黏度增加,有利于膨胀率的提高,并使其有良好的组织结构和稠度。上述混合料中所含固形物仅为 22% 左右(因砂糖仅加入了总量的 20%~25%),不能直接进行喷雾干燥,须先经浓缩。浓缩一般用真空浓缩,真空度为 87~93 千帕,沸腾温度为 55~60℃,使固形物含量为 42% 左右。然后进行喷雾干燥,喷雾干燥是使浓缩混合料借机械力(高压和离心力)的作用通过雾化器使其在干燥室中分散成雾状微细的微粒,在与热空气接触时发生强烈的热交换,使其绝大部分水分子被除去而干燥成粉末制品。通常使用的离心喷雾机或高压喷雾机进风温度为 130~150℃,干燥室内温度为 55~75℃。喷雾后的制品温度较高,需冷却到 25~30℃ 才能进行包装。

固体饮料常见的质量问题

固体饮料以食用方便、卫生、独特的风味、品种多样等优势受到消费者的欢迎。合格的产品要求松散呈粉、颗粒大小均匀一致、无潮解结块且遇水溶化快、容器底部无杂质；食品标签标注齐全；蛋白型固体饮料标签上配料表中主要成分含量的标注中，若生产单位没有注明蛋白和糖含量则无法反映产品的质量和档次，另外，固体饮料所含营养成分于高温下容易分解变质，故饮用固体饮料时最好用 50℃ 左右的温水冲调。

优质固体饮料的特征是：片状或粉状固体饮料含水不应超过 2.5％；应在 2 分钟内全部溶于冷水中，没有不溶性沉淀物；加水溶化后，香味与颜色和所用的原料相符，也与该饮料商标上的名称相符。

劣质固体饮料的特征是：外包装印制粗劣，内容不全，无保存说明，包装破裂；隔塑料袋用手揉捻，感到有团块；摇动铁筒，声音发重、发闷；温水不易冲开，或冲开后有明显沉淀物，打开包装，固体颗粒发黏；口感酸味过重，同时有辣、苦等异味。

特殊用途饮料概述

特殊用途饮料在国家软饮料分类标准中定义为"通过调整饮料中天然营养素的成分和含量比例，以适应某些特殊人群营养需要的制品"，主要强调了营养素的因素，《国家保健食品管理办法》颁布（1996 年 3 月 15 日）后，特殊用途饮料实际已属于保健食品之列，故可称为保健饮料。

对于特殊用途饮料（保健饮料），国内尚无统一分类，常见有两种分类：按保健作用分，如运动饮料、减肥饮料等；按功效成分分，如人参饮料、芦荟饮料等。无论采用哪种分类方法，在产品标识上，均应同时标明保健（功效）作用、主要功效成分和适用人群。

运动饮料的特点

运动饮料是指营养素及其含量能适应运动或体力活动人群的生理特点，能为机体补充水分、电解质和能量，可被迅速吸收的饮料。在国家标准GB10789－2007 饮料通则中规定，运动饮料属于"特殊用途饮料类"。根据运动生理的需要,运动机体需要蛋白质、糖类、维生素、矿物质、水分等营养物质。运动饮料国家标准规定了糖类、维生素、矿物质的营养素项目指标作为运动饮料各个种类通用的营养素要求。其中可溶性固形物和钠的指标为强制性(可溶性固形物含量不低于 5%、钠含量为 50～900 毫克/升),其余指标为推荐性,由企业自行决定是否采用。

运动饮料是根据运动员的饮食特点及营养需要而开发研制的。其特点是:

在规定浓度时运动饮料与人体体液的渗透压相同,这样,人体吸收运动饮料的速度为吸收水的 8～10 倍,因此饮用运动饮料不会引起腹胀,可使运动员放心参加运动和比赛。

运动饮料能迅速补充运动员在训练中失去的水分,既解渴又能抑制体温上升,保持良好的运动技能。

运动饮料一般使用葡萄糖和砂糖,可为人体迅速补充部分能量,此外,饮料中一般还加有促进糖代谢的维生素 B_1 和维生素 B_2 和有助于消除疲劳的维生素 C。

运动饮料一般不使用合成甜味剂和合成色素,具有天然风味,运动中和运动后均可以饮用。

运动饮料的生产实例

(1) **运动员饮料** 这类饮料以补充体液(水分)为主要目的。在成分方面应有足够的各种无机盐(电解质)和维生素。精度以 5～6 度为宜。色素可利用维生素 B_2 的黄色。在口味方面应设法掩盖住由于加入无机盐所带来的盐味,并应使之具有清凉感。一般常用的香料有葡萄、柑橘、柠檬等类型的香精。

原料配方:砂糖 5.5 千克,食盐 80 克,碳酸镁 25 克,固体葡萄糖1 千克,氯化钾 37 克,维生素 C 90 克,枸橼酸钠 70 克,乳酸钙 15 克,柠檬酸 120 克,柑橘香精(5858 号)100 克,葡萄香精(E-10 号)100 克,加清水配成 100 升。

运动时随汗排出的有钠和钾等无机盐,氯化钾有保持体液平衡、防止肌肉疲劳、脉率过高、呼吸浅频及出现低血压状态等作用。同时,用以代替部分食盐,使糖尿病患者的血糖值下降;防止宿醉和改善变态反应体质作用。

乳酸钙中钙、磷、铁为人体重要无机盐。钙盐能够维持血液中细胞活力,对神经刺激的感受性、肌肉收缩和血液的凝固等也有重要作用。饮料中所用的钙盐要考虑其水溶性和口味,乳酸钙是较理想的一种钙盐。

加入碳酸镁的目的主要是制酸。葡萄香精(E-10号)具有改善香味,与柑橘香精(5858号)作用,可产生清凉感,掩盖盐类口味。

(2) **氨基酸运动饮料**　本制品味道浓厚,风味好,在体内吸收后,氨基酸直接在血液中运行送到各个器官,供给肌肉需要,提高肌肉运动的机能。

配方一:支链氨基酸20克,柠檬酸1克,维生素和矿物质10克,砂糖100克,蛋黄卵磷脂8克,钠酪蛋白10～60克,水适量。

将上述物料混合后,用纯水制成1升溶液,在121℃下于蒸馏缸中杀菌4分钟,即可装瓶。

配方二:砂糖50克,支链氨基酸10克,大豆卵磷脂8克,维生素和矿物质10克,钠酪蛋白35克,柠檬酸少许,纯水适量。

将上述物料混合,用纯水配成1升溶液,加入柠檬酸调整pH至6.4～7.0,置于121℃蒸馏缸中杀菌4分钟,装瓶即可,所得饮料酸甜可口。

糖尿病患者的新型饮料

这种饮料是在一般适于糖尿病患者饮用的山梨醇饮料内,添加乳清浓缩物、杏仁粉、蜡菊浸剂和金丝桃浸剂制成。蜡菊浸剂含有一系列有价值的生物活性物质,如黄酮素,维生素 B_1、B_2、C,酚羧酸和甾族化合物等,可使糖尿病患者提高抗炎症能力、增强胃分泌功能。

蜡菊浸剂的制作方法如下:在室温下,将粉碎后的干蜡菊粉按1∶5的比例浸泡于50％～70％的酒精中14～16天。浸泡应在不透明的器皿或暗室内进行。

杏仁粉含有氨基酸、维生素E、杏仁油脂蛋白酪合物和其他生物活性化合物等。杏仁蛋白质对糖尿病患者具有较高的营养价值,它可以补充糖尿病患者因不适于食用糖类和水果所造成的体内缺少的一种营养物质。杏仁粉和金丝桃浸剂均采用一般制法。

制作这种饮料时,可采用下列配比:山梨醇3千克、乳清浓缩物2千克、杏仁粉12千克、蜡菊浸剂0.1升,金丝桃浸剂0.1升,把以上各成分按计量混合后加水至100升,然后搅匀,即得这种适于糖尿病患者饮用的营养保健饮料。

图书在版编目(CIP)数据

民以食为天/董海洲主编.—济南:山东科学技术出版社,2013.10(2020.10重印)

(简明自然科学向导丛书)

ISBN 978-7-5331-7026-4

Ⅰ.①民… Ⅱ.①董… Ⅲ.①食品加工—青年读物②食品加工—少年读物 Ⅳ.①TS205-49

中国版本图书馆 CIP 数据核字(2013)第 205781 号

简明自然科学向导丛书

民以食为天

MIN YI SHI WEI TIAN

责任编辑:冯　悦

装帧设计:魏　然

主管单位:山东出版传媒股份有限公司

出　版　者:山东科学技术出版社

　　　　　　地址:济南市市中区英雄山路 189 号

　　　　　　邮编:250002　电话:(0531)82098088

　　　　　　网址:www.lkj.com.cn

　　　　　　电子邮件:sdkj@sdcbcm.com

发　行　者:山东科学技术出版社

　　　　　　地址:济南市市中区英雄山路 189 号

　　　　　　邮编:250002　电话:(0531)82098071

印　刷　者:天津行知印刷有限公司

　　　　　　地址:天津市宝坻区牛道口镇产业园区一号路 1 号

　　　　　　邮编:301800　电话:(022)22453180

规格:小 16 开(170mm×230mm)

印张:18.5

版次:2013 年 10 月第 1 版　　2020 年 10 月第 2 次印刷

定价:29.80 元